浙江省普通高校"十三五"新形态教材

现代电工电子学

主编 吴根忠

副主编 仇翔 徐红 曹全君 韩永华

科学出版社

北京

内 容 简 介

本书是依据 2018—2022 年教育部高等学校电工电子基础课程教学指导分委员会最新修订的"电工学"课程教学基本要求而编写。全书共 16 章，主要内容包括电路基本概念和电路元件、电路的一般分析方法、正弦交流电路、三相交流电路、磁路与变压器、电动机、电气控制技术、供配电技术与安全用电、半导体器件、基本放大电路及其特性、集成运算放大器、直流稳压电路、电力电子技术、组合逻辑电路、时序逻辑电路、信号的测量和处理。每章都配有相应的习题，并以二维码的形式提供习题参考答案。

本书可作为高等院校非电类专业本科生、大专生"电工技术基础"和"电子技术基础"课程的教材，也可供相关工程技术人员参考。

图书在版编目(CIP)数据

现代电工电子学 / 吴根忠主编. —北京：科学出版社，2020.7
(浙江省普通高校"十三五"新形态教材)
ISBN 978-7-03-064906-5

Ⅰ. ①现⋯　Ⅱ. ①吴⋯　Ⅲ. ①电工-高等学校-教材②电子学-高等学校-教材　Ⅳ. ①TM②TN01

中国版本图书馆 CIP 数据核字(2020)第 066182 号

责任编辑：余 江 / 责任校对：王 瑞
责任印制：赵 博 / 封面设计：迷底书装

斜 学 出 版 社 出版
北京东黄城根北街 16 号
邮政编码：100717
http://www.sciencep.com
北京中科印刷有限公司印刷
科学出版社发行　各地新华书店经销
*
2020 年 7 月第 一 版　开本：787×1092　1/16
2025 年 2 月第五次印刷　印张：17 1/2
字数：426 000
定价：59.80 元
(如有印装质量问题，我社负责调换)

前　　言

本书是浙江省普通高校"十三五"新形态教材，是依据2018—2022年教育部高等学校电工电子基础课程教学指导分委员会最新修订的"电工学"课程教学基本要求，在吸收国内外经典教材的优点，总结多年来电工学教学团队教学实践经验的基础上编写的。针对教材面向非电类专业学生的特点，在编写过程中缩减了器件内部工作原理、基本放大电路动态分析等内容，重视器件的应用。通过二维码链接视频、文本等数字资源，把部分重点知识讲解、复杂的原理分析、例题、试卷、习题参考答案等嵌入教材，大大增加了教材的可读性。

本书在内容安排上注重从实际出发，由浅入深。第1～8章为电工技术基础的内容，第9～16章为电子技术基础的内容。本课程的先修课为高等数学和大学物理。建议课程总学时为80～120(包括实验课等)。除课堂讲授之外，还必须安排适当的习题课和实验课。本书配套有丰富的网络教学资源，编者在浙江省高等学校在线开放课程共享平台(http://www.zjooc.cn/)开设有"电工技术基础"和"电子技术基础"两门在线开放课程，面向各高校和社会开放，可供教师和学生选用。

参加本书编写工作的有吴根忠(第1～9章、第12章、第16章)、仇翔(第15章)、徐红(第13、14章)、曹全君(第10章)、韩永华(第11章)等，汤健彬对第7章中有关PLC的内容提出了很多宝贵建议并进行了修改，陈明军对第8章的内容提出了很多宝贵的建议，吴苇杭在图片的绘制和处理中给予了极大的帮助。在编写过程中，陆飞、王辛刚、庄婵飞、钟德刚以及浙江工业大学电工学课程组的其他很多老师都给予了帮助，浙江工业大学南余荣教授审阅了全书，在此一并表示衷心感谢。全书由吴根忠统稿。

本书的出版得到了浙江省普通高校"十三五"第二批新形态教材建设项目资助。

由于编者水平有限，书中难免有疏漏和不足之处，希望广大读者批评指正。

编　者

2020年2月

前　言

目　　录

第1章　电路基本概念和电路元件 ······· 1
1.1　电路的组成和作用 ········· 1
1.2　电路元件和电路模型 ········ 2
1.3　电压和电流的参考方向 ······ 2
1.4　电路的功率 ············· 3
1.5　理想电路元件 ··········· 4
　　1.5.1　理想有源元件 ········ 4
　　1.5.2　实际电源模型 ········ 5
　　1.5.3　理想无源元件 ········ 6
　　1.5.4　受控电源 ·········· 9
1.6　基尔霍夫定律 ··········· 9
习题 ··················· 11

第2章　电路的一般分析方法 ········ 14
2.1　电阻串并联的等效变换 ······ 14
　　2.1.1　电阻的串联 ········· 14
　　2.1.2　电阻的并联 ········· 15
2.2　实际电源模型的相互转换 ····· 15
2.3　支路电流法 ············ 16
2.4　节点电压法 ············ 18
2.5　叠加定理 ············· 18
2.6　戴维南定理和诺顿定理 ······ 20
　　2.6.1　戴维南定理 ········· 20
　　2.6.2　最大功率传输定理 ····· 22
　　2.6.3　诺顿定理 ·········· 22
2.7　一阶电路的瞬态分析 ······· 23
　　2.7.1　换路定律 ·········· 24
　　2.7.2　RC 电路的瞬态分析 ···· 24
　　2.7.3　一阶电路的三要素法 ··· 29
　　2.7.4　RL 电路的瞬态分析 ···· 29
习题 ··················· 30

第3章　正弦交流电路 ··········· 34
3.1　复数知识 ············· 34
3.2　正弦交流电的基本概念 ······· 34

3.3　正弦交流电的相量表示法 ······ 36
3.4　单一参数交流电路 ········· 38
　　3.4.1　纯电阻电路 ········· 38
　　3.4.2　纯电感电路 ········· 40
　　3.4.3　纯电容电路 ········· 41
3.5　RLC 串联电路的分析 ······· 44
3.6　阻抗的串联与并联 ········· 45
　　3.6.1　无源二端网络的阻抗 ··· 45
　　3.6.2　阻抗的串并联 ······· 46
3.7　正弦交流电路的功率 ······· 47
3.8　交流电路的频率特性 ······· 50
　　3.8.1　滤波电路 ·········· 50
　　3.8.2　谐振电路 ·········· 51
3.9　非正弦周期信号电路 ······· 52
习题 ··················· 54

第4章　三相交流电路 ··········· 57
4.1　三相电源 ············· 57
　　4.1.1　三相电源的星形连接 ··· 58
　　4.1.2　三相电源的三角形连接 ·· 59
4.2　三相负载 ············· 60
　　4.2.1　负载的星形连接 ······ 61
　　4.2.2　负载的三角形连接 ····· 61
4.3　三相电路 ············· 62
　　4.3.1　对称三相电路 ······· 62
　　4.3.2　不对称三相电路 ······ 63
4.4　三相功率 ············· 63
　　4.4.1　三相功率的计算 ······ 63
　　4.4.2　三相功率的测量 ······ 64
习题 ··················· 64

第5章　磁路与变压器 ··········· 66
5.1　磁路 ················ 66
5.2　变压器 ··············· 67
　　5.2.1　变压器的基本结构 ····· 67

5.2.2 变压器的工作原理 ········ 67

5.2.3 变压器的特性和效率 ······· 71

5.2.4 变压器的额定值 ········ 71

5.2.5 三相变压器 ··········· 72

5.2.6 特殊变压器 ··········· 73

5.2.7 绕组的同极性端 ········ 75

习题 ····················· 76

第6章 电动机 ················· 78

6.1 电机概述 ·············· 78

6.2 三相异步电动机的结构 ······· 78

6.2.1 定子 ·············· 78

6.2.2 转子 ·············· 79

6.3 三相异步电动机的额定值 ····· 80

6.4 三相异步电动机的工作原理 ··· 81

6.4.1 旋转磁场 ··········· 81

6.4.2 转矩和功率 ········· 81

6.5 三相异步电动机的特性 ······· 84

6.5.1 机械特性 ··········· 84

6.5.2 三相异步电动机的运行 ··· 87

6.6 三相异步电动机的起动 ······· 88

6.6.1 直接起动 ··········· 88

6.6.2 降压起动 ··········· 88

6.6.3 转子电路串联电阻起动 ··· 91

6.7 三相异步电动机的调速 ······· 91

6.8 三相异步电动机的制动 ······· 93

6.9 单相异步电动机 ·········· 93

6.10 直流电动机 ············ 94

习题 ····················· 94

第7章 电气控制技术 ············· 96

7.1 常用低压电器 ············ 96

7.1.1 刀开关 ············· 96

7.1.2 按钮 ·············· 96

7.1.3 熔断器 ············· 97

7.1.4 低压断路器 ········· 98

7.1.5 接触器 ············· 98

7.1.6 中间继电器 ········· 98

7.1.7 热继电器 ··········· 99

7.1.8 时间继电器 ········· 99

7.1.9 行程开关 ·········· 100

7.2 三相异步电动机的继电接触
控制电路 ·············· 100

7.2.1 直接起停控制电路 ····· 100

7.2.2 正反转控制电路 ······ 103

7.2.3 顺序联锁控制电路 ····· 105

7.2.4 行程控制电路 ······· 106

7.2.5 时间控制电路 ······· 108

7.3 可编程控制器 ··········· 109

7.3.1 可编程控制器的结构和
工作原理 ·········· 109

7.3.2 可编程控制器的基本指
令和编程 ·········· 111

7.3.3 可编程控制器的应用 ···· 111

习题 ···················· 114

第8章 供配电技术与安全用电 ····· 119

8.1 电力系统概述 ··········· 119

8.2 工业供电方式 ··········· 121

8.3 建筑物供电 ············ 122

8.3.1 楼宇供电 ·········· 122

8.3.2 住宅供电 ·········· 123

8.3.3 导线电缆选择 ······· 124

8.4 触电事故 ·············· 125

8.5 触电防护 ·············· 127

8.5.1 安全电压 ·········· 127

8.5.2 保护接地与保护接零 ··· 127

8.5.3 剩余电流动作保护器 ··· 132

8.6 电气防火防爆 ··········· 133

8.7 静电防护 ·············· 134

习题 ···················· 134

第9章 半导体器件 ············· 136

9.1 半导体基础知识和 PN 结 ····· 136

9.1.1 半导体概念 ········· 136

9.1.2 本征半导体 ········· 136

9.1.3 杂质半导体 ········· 137

9.1.4 PN 结 ············ 137

9.2 半导体二极管 ··········· 138

9.2.1 半导体二极管的基本知识 ·· 138

9.2.2　半导体二极管的特性
　　　　和参数 ················· 139
9.2.3　半导体二极管应用电路 ···· 140
9.2.4　稳压二极管 ··············· 140
9.2.5　发光二极管和光敏二极管·· 141
9.3　双极型晶体管 ··················· 141
9.3.1　晶体管的基本结构 ········· 141
9.3.2　晶体管的工作状态········· 142
9.3.3　晶体管的特性和参数 ······ 145
9.3.4　特殊晶体管 ··············· 147
9.4　绝缘栅场效应晶体管 ··········· 147
9.4.1　场效应晶体管的结构和
　　　　工作原理················· 147
9.4.2　场效应晶体管的特性和
　　　　参数 ····················· 149
9.4.3　场效应管与晶体管的比较·· 150
习题 ································· 150

第10章　基本放大电路及其特性 ····· 153
10.1　放大电路概述················· 153
10.1.1　放大电路的作用 ········· 153
10.1.2　放大电路的类型 ········· 154
10.2　放大电路的工作原理··········· 154
10.2.1　放大电路的组成 ········· 154
10.2.2　放大电路的工作过程····· 156
10.3　放大电路的静态工作点 ······· 156
10.4　放大电路的性能指标········· 157
10.5　放大电路的频率响应 ········· 158
10.6　放大电路的失真 ············· 159
10.7　多级放大电路 ··············· 160
10.8　差分放大电路 ··············· 161
习题 ································· 162

第11章　集成运算放大器 ············· 164
11.1　集成运算放大器概述··········· 164
11.1.1　集成运算放大器的组成 ··· 164
11.1.2　集成运算放大器的符号、
　　　　特性和参数 ··············· 165
11.1.3　理想运算放大器 ········· 166
11.2　放大电路的负反馈 ··········· 167

11.2.1　反馈的基本概念 ········· 167
11.2.2　反馈的分类与判别········ 168
11.2.3　负反馈对放大电路性
　　　　能的影响 ··············· 170
11.3　基本运算电路 ··············· 171
11.3.1　比例运算电路 ··········· 171
11.3.2　加法运算电路 ··········· 172
11.3.3　减法运算电路 ··········· 173
11.3.4　积分运算电路 ··········· 175
11.3.5　微分运算电路 ··········· 175
11.4　电压比较电路 ··············· 176
11.4.1　单门限电压比较器 ······· 176
11.4.2　滞回电压比较器 ········· 178
11.5　信号发生电路 ··············· 179
习题 ································· 182

第12章　直流稳压电路 ··············· 186
12.1　直流稳压电源概述 ··········· 186
12.2　整流电路 ····················· 187
12.2.1　半波整流电路 ··········· 187
12.2.2　桥式整流电路 ··········· 189
12.3　滤波电路 ····················· 190
12.3.1　电容滤波电路 ··········· 190
12.3.2　电感滤波电路 ··········· 192
12.4　线性稳压电路 ··············· 193
12.4.1　串联型线性稳压电路
　　　　的工作原理 ··············· 193
12.4.2　三端集成稳压器 ········· 194
12.5　开关型稳压电路 ············· 196
习题 ································· 197

第13章　电力电子技术 ··············· 201
13.1　电力电子器件 ··············· 201
13.1.1　晶闸管 ················· 201
13.1.2　绝缘栅双极型晶体管 ····· 205
13.2　功率变换电路 ··············· 206
13.2.1　可控整流电路(AC/DC) ···· 206
13.2.2　逆变电路(DC/AC) ········ 208
13.2.3　交流调压电路 ··········· 208
13.2.4　直流调压电路(DC/DC) ···· 210

习题 ·············· 210
第 14 章 组合逻辑电路 ·········· 212
14.1 数制和码制 ·········· 212
14.2 逻辑代数基础 ·········· 212
14.2.1 逻辑代数的基本运算 ····· 212
14.2.2 逻辑代数中的基本公式···· 214
14.3 逻辑函数的表示方法 ········ 215
14.4 逻辑函数的化简 ·········· 217
14.5 集成门电路及应用 ········· 219
14.5.1 TTL 门电路 ·········· 219
14.5.2 CMOS 门电路 ········· 221
14.5.3 使用集成门电路的
注意事项 ·········· 222
14.6 组合逻辑电路的分析 ······· 222
14.7 组合逻辑电路的设计 ······· 223
14.7.1 半加器和全加器 ········ 224
14.7.2 编码器 ············ 226
14.7.3 译码器 ············ 228
习题 ·············· 230
第 15 章 时序逻辑电路 ·········· 234
15.1 锁存器 ·············· 234
15.1.1 基本 RS 锁存器 ········ 234
15.1.2 钟控 RS 锁存器 ········ 236
15.1.3 钟控 D 锁存器 ········· 237
15.2 触发器 ·············· 238
15.2.1 D 触发器 ·········· 238
15.2.2 JK 触发器 ·········· 239

15.3 时序逻辑电路的分析方法··· 240
15.4 寄存器 ············ 242
15.4.1 数码寄存器 ········ 242
15.4.2 移位寄存器 ········ 243
15.5 计数器 ············ 245
15.5.1 二进制计数器 ······· 245
15.5.2 十进制计数器 ······· 248
15.5.3 其他进制计数器 ······ 249
15.6 半导体存储器 ········· 250
习题 ············· 250
第 16 章 信号的测量和处理 ····· 255
16.1 测量控制系统概述 ······· 255
16.2 传感器 ············ 256
16.2.1 电压与电流传感器 ······ 256
16.2.2 温度传感器 ········ 257
16.2.3 压力传感器 ········ 257
16.2.4 液位传感器 ········ 258
16.3 变送器 ············ 259
16.4 有源滤波器 ·········· 260
16.5 采样保持电路 ········· 262
16.5.1 模拟开关 ········· 262
16.5.2 采样保持电路 ······· 263
16.6 数/模、模/数转换器 ······ 264
16.6.1 数/模转换器 ······· 264
16.6.2 模/数转换器 ······· 266
习题 ············· 270
参考文献 ············ 272

第1章 电路基本概念和电路元件

1.1 电路的组成和作用

电路是由电路元件构成的电流流通的路径，由一些元器件为满足一定功能、按一定方式组合而成。例如，常见的日光灯照明电路是将交流电源、整流器、灯管、起辉器、开关等用导线相互连接而成的。电的应用非常广泛，电路的形式也多种多样，各不相同。

电路的作用主要有两种：第一种是实现电能的输送和转换；第二种是实现信号的传递和处理。例如，动力电路是将电能从电源传输到电动机，并通过电动机将电能转换为机械能，如图 1-1 所示。在这类电路中主要关心的是电能传送过程中的能量损耗和效率。手机电路可以接收从空中传来的数字信息，经过处理后还原为声音信息、图像信息和文字信息等。扩音机电路是先把声音经过话筒转换为电信号，通过功率放大后，传递到扬声器，把声音播放出来，如图 1-2 所示。这类电路中虽然也有能量的输送和转换，但更关心的是如何准确快速地传递和处理信息。

图 1-1 动力电路示意图   图 1-2 扩音机电路示意图

通常电压较高、流过的电流和消耗的功率较大的电路称为**强电电路**，而电压较低、流过的电流和消耗的功率较小的电路称为**弱电电路**。

将电能转换为其他形式能量的元器件或电气设备统称为**负载**。任何一个电路都包含电源、负载和连接导线等基本组成部分。在各类电路中，电源或信号源的电压或电流统称为**激励**，在激励作用下电路各处所产生的电压和电流统称为**响应**。

在分析电路时，有时候又可以把电路称为网络。当电路的某一部分只有两个端子与其他电路连接时，这部分电路称为**二端网络**，或一端口网络。内部不含电源的二端网络称为无源二端网络，如图 1-3 所示。内部含有电源的二端网络称为有源二端网络，如图 1-4 所示。

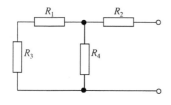

图 1-3 无源二端网络

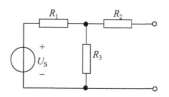

图 1-4 有源二端网络

1.2　电路元件和电路模型

电路元件分为实际电路元件(简称实际元件)和理想电路元件(简称理想元件)。实际生活或工作中常见的电阻、电感、电容、电压源等都是**实际元件**，一个实际元件往往具有多种物理性质。**理想元件**是对实际元件在一定条件下进行抽象而得到的，理想元件只具有某一种物理性质。

例如，一个实际电感元件都是由导线绕制而成的，这样的一个电感不仅具有电感量，还存在导线的电阻，而且线圈的匝间还存在着分布电容。当电感的导线电阻较小且工作频率较低时，可以忽略电阻和分布电容，此时该实际电感就可等效为一个理想电感元件。

由实际元件组成的电路称为实际电路，由理想元件组成的电路称为实际电路的**电路模型**。电路模型可以反映实际电路在一定状态时的工作情况。

1.3　电压和电流的参考方向

电压和电流都具有方向。电流的实际方向规定为正电荷运动的方向，电压的实际方向规定为由高电位指向低电位。电流和电压的实际方向都是客观存在的。在简单电路中，电流(或电压)的方向很容易判断出来。如图 1-5 所示电路中，电流 I 的实际方向是从上到下。但在由多个电源构成的复杂电路中，往往难以事先判断某条支路中电流的实际方向。如图 1-6 所示电路中，很难确定电流 I 的实际方向。

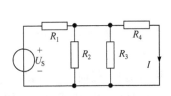

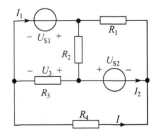

图 1-5　简单电路中的电流方向　　　　图 1-6　复杂电路中的电流方向

因此在分析和计算电路前，通常需要假设电流或电压的方向，这个方向称为**参考方向**。由于参考方向是任意假设的，因此它与实际的电流(或电压)方向不一定是相同的。当计算所得的电流值(或电压值)为正时，说明参考方向与实际方向是一致的；当计算所得的电流值(或电压值)为负时，说明参考方向与实际方向是相反的。电路图上所标示的电流或电压方向都应该看作参考方向，同样在分析或计算过程中所用到的电流或电压，也必须在电路图中标出参考方向，这样计算结果才有意义。

电流的参考方向一般用箭头表示，箭头可以标在导线或元件边上，也可以直接标在导线上，如图 1-7 所示。电流的参考方向也可以用下标表示，如 I_{ab} 表示该电流的参考方向是由 a 到 b。电压的参考方向一般用正极性"+"、负极性"–"表示，正极指向负极的方向就是电压的参考方向。电压的参考方向也可以用箭头表示，如图 1-8 所示。电压的参考方向还可以用下标表示，U_{ab} 表示电压的参考方向是由 a 指向 b。

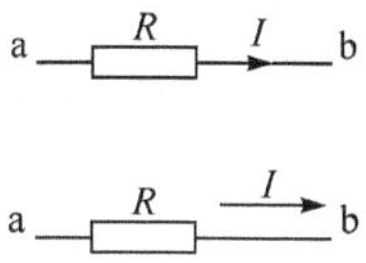

图 1-7　电流参考方向的表示方法 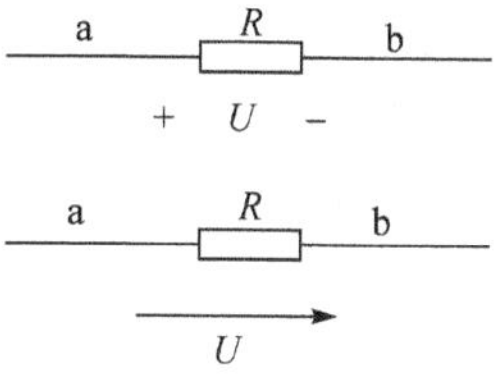　　　　　　图 1-8　电压参考方向的表示方法

电压和电流的参考方向都是可以任意设定的，但在分析某个电路元件或某部分电路的电压电流关系时，通常会将它们联系起来。当电流参考方向是从电压参考方向的"+"端指向"−"端时，或者说，当电压和电流的参考方向都用箭头来表示时，它们的方向相同，则称它们为**关联参考方向**或参考方向一致，如图 1-9 所示。反之，则称为**非关联参考方向**或参考方向不一致，如图 1-10 所示。

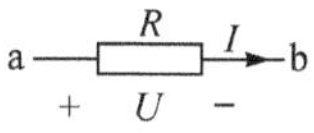

图 1-9　关联参考方向 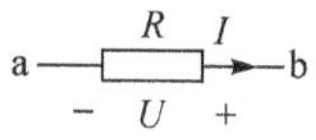　　　　　　　　　图 1-10　非关联参考方向

电路中的很多公式都是在关联参考方向下得到的，如欧姆定律(式(1-1))就是在电压 U 与电流 I 为关联参考方向时得到的(图 1-9)。

$$U = IR \tag{1-1}$$

当电压 U 与电流 I 为非关联参考方向时(图 1-10)，欧姆定律应改写为

$$U = -IR \tag{1-2}$$

在电路中任意选定一点，并规定该点的电位为零，则该点称为**参考点**。电路中任意一点与参考点之间的电压称为该点的**电位**。因此电路中每一点的电位都与参考点有关，选择的参考点不同，电路中各点的电位也随之改变。

1.4　电路的功率

电路在工作时始终存在着电能与其他形式能量的相互交换，而且，电气设备和电路各部件也都会有功率的限制，以保证设备和电路的正常工作。因此，在电路的分析和计算时，功率的计算是非常重要的。

无论电压 U 与电流 I 是否为关联参考方向，功率都可按式(1-3)计算：

$$P = UI \tag{1-3}$$

当电压 U 与电流 I 为关联参考方向时，按式(1-3)计算所得的是吸收(消耗)的功率。如果 $P>0$，表明实际确实是吸收功率；如果 $P<0$，表明实际是发出功率。

当电压 U 与电流 I 为非关联参考方向时，按式(1-3)计算所得的是发出(输出)的功率。如果 $P>0$，表明实际确实是发出功率；如果 $P<0$，表明实际是吸收功率。

例如，在图 1-6 所示的电路图中，如果电压源 U_{S1} 两端的电压 U_{S1}=10V，电流 I_1=1A，则功率 P_{US1}= $U_{S1}I_1$=10W。因为电压 U_{S1} 与电流 I_1 的参考方向是非关联的，按上述公式计算所得的是发出的功率，即该电源发出 10W 的功率。如果电压源 U_{S2} 两端的电压 U_{S2}=10V，电流 I_2=−1A，则功率 P_{US2}=$U_{S2}I_2$=−10W。因为电压 U_{S2} 与电流 I_2 的参考方向是关联的，按上述公式计算所得的是吸收的功率，所以该电压源吸收−10W 的功率，实际上是发出了 10W 的功率。

1.5   理想电路元件

电路元件是电路中最基本的组成单元。理想电路元件是从实际电路元件抽象得到的。理想电路元件分为理想有源元件和理想无源元件两大类。

1.5.1   理想有源元件

理想有源元件是从实际电源抽象得到的。当一个实际电源的内部损耗足够小，可以忽略不计时，这个实际电源就可以用一个理想电源来表示。理想有源元件分为理想电压源和理想电流源两种。

1. 理想电压源

理想电压源可以提供一个恒定的(直流电压源)或按已知规律变化的(交流电压源)电压。电压源的图形符号如图 1-11 所示，直流电压源的伏安特性如图 1-12 所示。

图 1-11   电压源图形符号   图 1-12   直流电压源的伏安特性

直流电压源的特点是：电压源两端的电压始终等于 U_S，这个电压值完全由电压源本身所确定，与外电路无关；电压源的输出电流与电压源的电压值和外电路有关，只有在外电路已知的情况下才能求出电压源的输出电流。与电压源并联的元件或支路，其两端的电压都等于电压源的电压。

理想电压源不允许短路。

当多个理想电压源串联时，可以用一个理想电压源等效替代，等效电压源的电压为这些电压源电压的代数和。

只有当两个理想电压源的电压大小相同、方向一致时，才允许并联。当多个理想电压源并联时，可以用其中任意一个电压源等效替代。

2. 理想电流源

理想电流源可以提供一个恒定的(直流电流源)或按已知规律变化的(交流电流源)电流。电流源的图形符号如图 1-13 所示，直流电流源的伏安特性如图 1-14 所示。

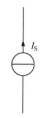

图 1-13　电流源图形符号

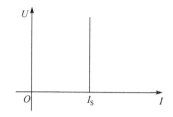

图 1-14　直流电流源的伏安特性

直流电流源的特点是：电流源的输出电流始终等于 I_S，这个电流值完全由电流源本身所确定，与外电路无关；电流源两端的电压与电流源的电流值和外电路有关，只有在外电路已知的情况下才能求出电流源两端的电压。

当理想电流源外接电阻 R 时(图 1-15(a))，电流源两端的电压 $U=I_S R$；当电流源短接时(图 1-15(b))，电流源两端电压 $U=0$；当电流源与电压源串联时(图 1-15(c))，电流源两端的电压 $U=U_S$，电压源的电流 $I=-I_S$；而在图 1-15(d)所示的电路中，电流源两端的电压 $U=U_S-I_S R$。

从上述几种情况也可以看出，凡是与电流源串联的元件，其电流都等于电流源的电流。理想电流源不允许开路。

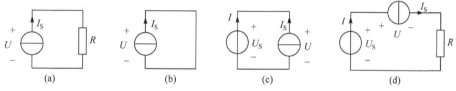

图 1-15　含有理想电流源的电路

当多个理想电流源并联时，可以用一个理想电流源等效替代，等效电流源的电流为这些电流源电流的代数和。

只有当两个理想电流源的电流大小相同、方向一致时，才允许串联。当多个理想电流源串联时，可以用其中任意一个电流源等效替代。

理想电源
例题

1.5.2　实际电源模型

理想电压源和理想电流源内部都是没有功率损耗的，而实际电压源与实际电流源内部都会有一定的功率损耗。

1. 实际电压源模型

实际电压源可以等效为一个理想电压源 U_S 与电阻 R_0 串联的模型，称为电压源模型，如图 1-16 所示。端口的输出电压 $U_{ab}=U_S-IR_0$，随着输出电流 I 的增加，端口电压 U_{ab} 会有所降低，实际电压源的伏安特性如图 1-17 所示。

电阻 R_0 也称为实际电压源的内阻，内阻越小，实际电压源的特性就越接近理想电压源。在正常工作时，实际电压源内部消耗的功率为 I^2R_0。

2. 实际电流源模型

实际电流源可以等效为一个理想电流源 I_S 与电阻 R_0 并联的模型，称为电流源模型，如图 1-18 所示。端口的输出电流 $I=I_S-U_{ab}/R_0$，随着输出电压 U_{ab} 的增加，输出电流 I 会有所降低，实际电流源的伏安特性如图 1-19 所示。

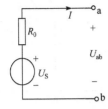

图 1-16　实际电压源的模型

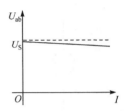

图 1-17　实际电压源的伏安特性

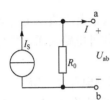

图 1-18　实际电流源的模型

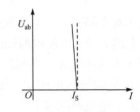

图 1-19　实际电流源的伏安特性

电阻 R_0 也称为实际电流源的内阻,内阻越大,实际电流源的特性就越接近理想电流源。在正常工作时,实际电流源内部消耗的功率为 U_{ab}^2 / R_0。

实际电源,既可以作为电源发出功率,也可以作为负载吸收功率。例如,汽车蓄电池在汽车启动时发出功率,带动发动机工作,但启动完成后,它就处于充电状态。

理想电源也有两种工作状态,可以发出功率,也可以吸收功率。当一个电路中含有多个电源时,其中的一个或几个电源可能会吸收功率,但至少有一个电源是发出功率的。

1.5.3　理想无源元件

理想无源元件包括理想电阻元件、理想电感元件和理想电容元件三种。这三种元件的参数分别称为电阻、电感和电容。因此,电阻、电感和电容这三个名称既可表示这三种理想无源元件,又可表示它们的参数。

1. 理想电阻元件

理想电阻元件是表征电路中消耗电能的理想元件。当电流流过某一电阻时要消耗电能,把电能转换为热能,所以电阻是一种**耗能元件**。当电气设备或电路的某一部分存在电能的消耗时,这部分特性就可用一个电阻元件来等效。

当电压与电流的参考方向关联时,如果电阻元件的电压和电流关系满足欧姆定律(式(1-1)),则称该电阻元件为线性电阻元件(简称电阻),线性电阻元件的电阻值 R 为一个大于零的常数,电阻的单位为欧姆(Ω)。线性电阻元件的图形符号如图 1-20 所示,它的伏安特性是一条过零点的直线,直线的斜率与电阻值 R 有关,如图 1-21 所示。

图 1-20　线性电阻元件的图形符号

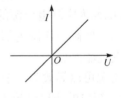

图 1-21　线性电阻元件的伏安特性

电阻的倒数定义为电阻元件的**电导**，用符号 G 表示，电导的单位为西门子(S)。

$$G = 1/R \tag{1-4}$$

电阻和电导都是电阻元件的参数。当电路"开路"时，相当于 $R \to \infty$ 或 $G=0$，当电路"短路"时，相当于 $R=0$ 或 $G \to \infty$。

在图 1-20 所示的参考方向下(关联参考方向)，电阻元件消耗的功率

$$P = UI = I^2 R = \frac{U^2}{R} \tag{1-5}$$

实际电阻
元件简介

2. 理想电感元件

理想电感元件是表征电路中储存磁场能的理想元件。假设一个线圈的匝数为 N，通过的电流为 i，产生的磁通为 Φ，则磁链

$$\Psi = N\Phi = Li \tag{1-6}$$

磁通 Φ 和磁链 Ψ 的方向与电流 i 的参考方向符合右手螺旋定则，如图 1-22 所示，当磁链 Ψ 随时间发生变化时，会在线圈两端产生感应电压。如果感应电压的参考方向与磁链符合右手螺旋定则，根据电磁感应定律可得

$$u = \frac{d\Psi}{dt} = L\frac{di}{dt} \tag{1-7}$$

电磁感应
定律简介

其中，L 称为电感元件的电感。式中，磁链 Ψ 和磁通 Φ 的单位为韦伯(Wb)，电流 i 的单位为安培(A)，电感 L 的单位为亨利(H)。

如果电感 L 为常数，这种电感称为线性电感，反之则称为非线性电感。

线性电感元件的图形符号如图 1-23 所示。它的韦安特性是一条过零点的直线，如图 1-24 所示。

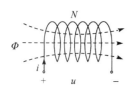 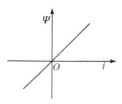

图 1-22　实际电感　　　　图 1-23　线性电感元件的图形符号　　图 1-24　线性电感元件的韦安特性

电感元件的瞬时功率

$$p = ui = Li\frac{di}{dt} \tag{1-8}$$

当电感上的电流增大时，电感把电能转换为磁场能，储存在电感内的磁场能增加，吸收功率；当电感上的电流减小时，电感把储存在内部的磁场能转换为电能，储存在电感内的磁场能减小，输出功率。电感中磁场能与电能的转换是一个可逆的过程，因此电感元件是一种**储能元件**，也称为**动态元件**。

任意时刻电感元件储存的磁场能

$$W_L(t) = \int_0^t p\,d\xi = \int_0^{i(t)} Li\,di = \frac{1}{2}Li^2(t) \tag{1-9}$$

式中，磁场能 W_L 的单位为焦耳(J)。

从时间 t_1 到时间 t_2，线性电感元件吸收的磁场能

$$\Delta W = W_L(t_2) - W_L(t_1) = \frac{1}{2}Li^2(t_2) - \frac{1}{2}Li^2(t_1) \tag{1-10}$$

因为 $p = dW_L/dt$，一般情况下不可能向电感提供无穷大的功率，所以磁场能不可能发生突变。也就是说，**电感的电流不能发生突变**。

实际电感
元件简介

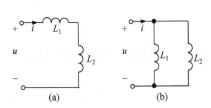

图 1-25　电感元件的串联与并联

在稳态直流电路中，由于电感电流不会随着时间变化，由式(1-7)可知，电感两端的电压为零，电感相当于短路。

两个电感串联时，如图 1-25(a)所示，其等效电感 L 可按下式计算：

$$L = L_1 + L_2 \tag{1-11}$$

两个电感并联时，如图 1-25(b)所示，其等效电感 L 可按下式计算：

$$\frac{1}{L} = \frac{1}{L_1} + \frac{1}{L_2} \tag{1-12}$$

3. 理想电容元件

理想电容元件是表征电路中储存电场能的理想元件。如图 1-26 所示，电容上储存的电荷 q 与电容两端电压 u 的比值，定义为电容 C。

$$C = \frac{q}{u} \tag{1-13}$$

式中，电荷 q 的单位为库仑(C)，电压 u 的单位是伏特(V)，电容 C 的单位为法拉(F)。

电容两端的电压 u 随时间变化时，电容上的电荷 q 也随之发生变化，电容上就会有电流流过。根据电流的定义

$$i = \frac{dq}{dt} \tag{1-14}$$

在图 1-26 所示的参考方向下，把式(1-13)代入式(1-14)，可得电容上电压与电流的关系满足

$$i = C\frac{du}{dt} \tag{1-15}$$

如果电容 C 为常数，这种电容称为线性电容，反之则称为非线性电容。

理想电容元件的图形符号如图 1-26 所示。线性电容元件的库伏特性是一条过零点的直线，如图 1-27 所示。

图 1-26　电容元件的图形符号

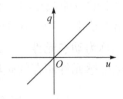

图 1-27　电容元件的库伏特性

电容元件的瞬时功率

$$p = ui = Cu\frac{\mathrm{d}u}{\mathrm{d}t} \tag{1-16}$$

当电容上的电压增加时，电容把电能转换为电场能，电容上储存的电场能增加，吸收功率；当电容上的电压减小时，电容把储存在内部的电场能转换为电能，电容储存的电场能减小，输出功率。电容中电场能与电能的转换是一个可逆的过程，因此电容元件是一种**储能元件**，也称为**动态元件**。

任意时刻电容元件储存的电场能

$$W_C(t) = \int_0^t p\,\mathrm{d}\xi = \int_0^{u(t)} Cu\,\mathrm{d}u = \frac{1}{2}Cu^2(t) \tag{1-17}$$

式中，电场能 W_C 的单位为焦耳(J)。

从时间 t_1 到时间 t_2，线性电容元件吸收的电场能

$$\Delta W = W_C(t_2) - W_C(t_1) = \frac{1}{2}Cu^2(t_2) - \frac{1}{2}Cu^2(t_1) \tag{1-18}$$

实际电容
元件简介

因为 $p = \mathrm{d}W_C/\mathrm{d}t$，一般情况下不可能向电容提供无穷大的功率，所以电场能不可能发生突变。也就是说，**电容的电压不能发生突变**。

在稳态直流电路中，由于电容电压不会随着时间变化，由式(1-15)可知，电容上的电流为零，电容相当于开路。

两个电容串联时，如图 1-28(a)所示，其等效电容 C 可按下式计算

$$\frac{1}{C} = \frac{1}{C_1} + \frac{1}{C_2} \tag{1-19}$$

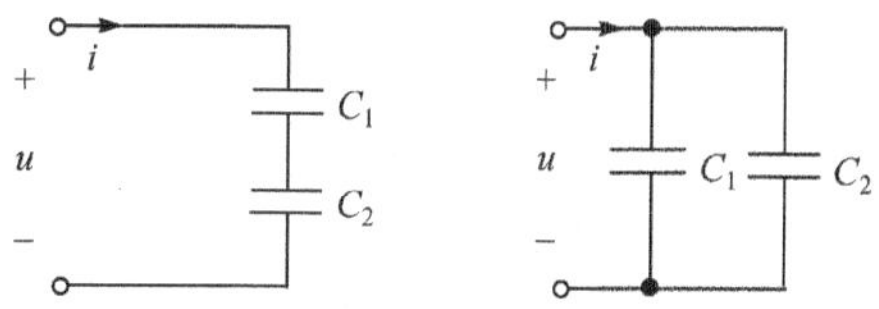

(a) 电感元件的串联　　(b) 电感元件的并联

图 1-28　电感元件的串联与并联

两个电容并联时，如图 1-28(b)所示，其等效电容 C 可按式(1-20)计算

$$C = C_1 + C_2 \tag{1-20}$$

1.5.4　受控电源

理想电压源和理想电流源也称为**独立电源**。所谓独立电源，是指电压源的电压或电流源的电流是由电源本身决定的，不受外电路的控制。与独立电源相对应的是**受控电源**。与独立电源不同，受控电源的电压或电流是受电路中其他部分的电流或电压控制的。按照控制量的不同，受控电源可分为电压控制的电压源(VCVS)、电流控制的电压源(CCVS)、电压控制的电流源(VCCS)和电流控制的电流源(CCCS)四种。当控制的电压或电流为零时，受控源的电压或电流也将为零。

受控电源

1.6　基尔霍夫定律

基尔霍夫定律是分析和计算电路的基本定律。在介绍基尔霍夫定律之前，先介绍该定律中用到的一些名词。

节点。三个或三个以上电路元件的连接点称为节点。在图 1-29 所示电路中，有 b 和 d 两个节点。

支路。两个节点之间的任意一条分支电路称为支路。支路中不能包含其他节点，同一支路流过相同的电流。在图 1-29 所示电路中，有 bad、bd 和 bcd 三条支路。

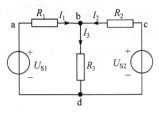

图 1-29   基尔霍夫定律

回路。由支路构成的闭合路径称为回路。在图 1-29 所示电路中，有 badb、bdcb 和 badcb 三个回路。

平面电路。如果把一个电路图画在平面上，各条支路除了节点外没有交叉，这样的电路称为平面电路。

网孔。在平面电路中，内部不包含其他支路的回路称为网孔。在图 1-29 所示电路图中，回路 badb 和回路 bdcb 是网孔，但回路 badcb 不是网孔，因为它内部包含了 bd 这条支路。

基尔霍夫定律包括基尔霍夫电流定律和基尔霍夫电压定律。

1. 基尔霍夫电流定律

基尔霍夫电流定律(KCL)：在集总电路中，任何时刻，对任一节点，流出该节点的支路电流的代数和恒等于零。用公式表示为

$$\sum i=0 \tag{1-21}$$

这里所说的电流的"代数和"是指，假如规定流入节点的电流前取"+"号，那么流出节点的电流前应取"–"号，且"流入"和"流出"都是根据电流的参考方向来确定的。例如，在图 1-29 中，对节点 b，有

$$I_1 + I_2 - I_3 = 0$$

上式可改写为

$$I_1 + I_2 = I_3$$

即流入节点的电流等于流出节点的电流，称为电流的连续性。基尔霍夫电流定律实际上是电荷守恒的体现。

基尔霍夫电流定律不仅适用于电路中的任何一个节点，也可推广应用到电路中的任意一个封闭面，这个封闭面也称为广义节点。如图 1-30 所示电路图中，对虚线所示的封闭面应用 KCL 可得

$$I_A + I_B + I_C = 0$$

2. 基尔霍夫电压定律

基尔霍夫电压定律(KVL)：在集总电路中，任何时刻，沿任一回路，所有支路电压的代数和恒等于零。用公式表示为

$$\sum u=0 \tag{1-22}$$

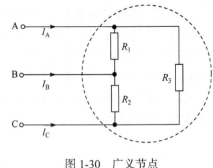

图 1-30   广义节点

在应用这个公式时，需要先设定回路的绕行方向，如果支路电压的参考方向与回路的绕行方向一致，该电压前取"+"号，反之，则取"–"号。例如，在图 1-31 所示电路中，对回路 I 应用 KVL 可得

$$U_1 + U_3 - U_{S2} = 0$$

如果把电阻元件两端的电压用电流与电阻的乘积表示，则上式可改写为

$$I_1 R_1 + I_3 R_3 - U_{S2} = 0$$

式中，各项的正负号可以这样来确定：当电流方向与回路绕行方向一致时，该电流与电阻的乘积项前取 "+" 号，当电流方向与回路绕行方向相反时，该电流与电阻的乘积项前取 "–" 号；当电压源的电压方向与回路绕行方向一致时，该电压项前取 "+" 号，当电压源的电压方向与回路绕行方向相反时，该电压项前取 "–" 号。

基尔霍夫电压定律不仅适用于回路，也可推广应用到部分电路。如图 1-32 所示电路中，如果把端口 ab 的电压 U_{ab} 当作一个电压源的电压(或者电阻两端的电压)考虑，按照图中设定的回路方向可得

$$IR + U_S - U_{ab} = 0$$

可改写为

$$U_{ab} = IR + U_S$$

式中，右侧各项的正负号可以这样确定：从 U_{ab} 的 "+" 端(a 点)出发，沿着回路绕行方向到达 U_{ab} 的 "–" 端(b 点)，当电流方向与回路绕行方向一致时，电流与电阻的乘积项前取 "+" 号，当电压源的电压方向与回路绕行方向一致时，该电压项前取 "+" 号；反之取 "–" 号。

基尔霍夫
定律例题1

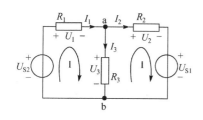

图 1-31　KVL 的应用

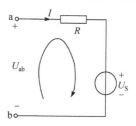

图 1-32　KVL 的推广应用

基尔霍夫
定律例题2

按照该方法，对图 1-31 中的电压 U_3 可列写出

$$U_3 = I_2 R_2 + U_{S1} = -I_1 R_1 + U_{S2}$$

上式表明，在节点 a、b 之间的电压是单值的，无论是沿 R_2、U_{S1} 构成的路径，还是沿 R_1、U_{S2} 构成的路径，这两节点间的电压值是相等的。KVL 实质上是电压与路径无关的体现。

习　题

1-1　求图 1-33 所示电路中开关 S 闭合和断开两种情况下 a、b、c 三点的电位。

1-2　求图 1-34 所示电路中的电压 U_{bc}、U_{cb} 以及电流 I。

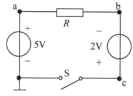

图 1-33　题 1-1 图

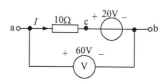

图 1-34　题 1-2 图

1-3　求图 1-35(a)中的电压 U_{ab} 以及图 1-35(b)中电压源的电压 U_S。

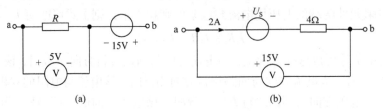

图 1-35　题 1-3 图

1-4　图 1-36 中的 N_1 和 N_2 都是有源二端网络，已知 U_1=10V，I_1=1A；U_2=10V，I_2=-1A。问这两个二端网络实际是吸收功率还是发出功率？

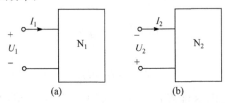

图 1-36　题 1-4 图

1-5　电路如图 1-37 所示，已知：U_{S1}=5V，U_{S2}=12V，R=10Ω。求电流 I 和电压 U_{ab}，并说明其实际方向；计算图中三个元件的功率。

1-6　在图 1-38 所示电路中，已知：U_S=12V，R_1=6Ω，R_2=14Ω，R_3=16Ω，R_4=10Ω，R_5=20Ω，R_6=12Ω。求电压 U。

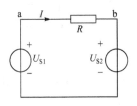

图 1-37　题 1-5 图

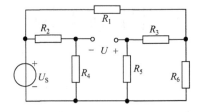

图 1-38　题 1-6 图

1-7　在图 1-39 所示电路中，已知 U_S=4V，I_S=1A。求开关 S 断开时开关两端的电压 U 和开关 S 闭合时通过开关的电流 I。

1-8　在图 1-40 所示电路中，已知 I_1=30mA，I_2=10mA。求电路中元件 3 的电流 I_3 和电压 U_3，并说明它是电源还是负载。

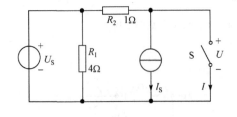

图 1-39　题 1-7 图

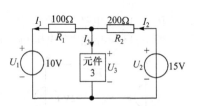

图 1-40　题 1-8 图

1-9　电路如图 1-41 所示，求电流 I_1、I_2 及两个电压源的功率，并说明是发出功率还是吸收功率。

1-10　电路如图 1-42 所示。已知 $R_1=1\Omega$，$R_2=2\Omega$，$R_3=3\Omega$，$R_4=4\Omega$，$U_{S1}=15V$，$U_{S2}=5V$，$U_{S3}=14V$。求电流 I_1、I_2 及 A 点电位 V_A。

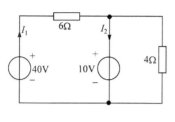

图 1-41　题 1-9 图

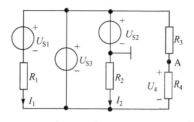

图 1-42　题 1-10 图

1-11　写出图 1-43(a)和(b)所示电路中电流的关系表达式。

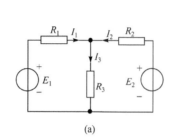

(a)

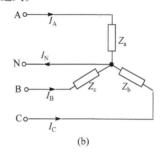

(b)

图 1-43　题 1-11 图

第 2 章　电路的一般分析方法

在第 1 章中介绍了常用的一些电路元件及模型，由这些元件或模型可以构成各种各样的电路。本章首先学习电路的一般分析方法：电路的等效变换、支路电流法和节点电压法。然后介绍电路中重要的定理：叠加定理、戴维南定理和诺顿定理的内容及应用。这些分析方法虽然是以直流电路的形式来介绍的，但同样适用于正弦交流电路。最后介绍一阶电路的瞬态分析方法。

2.1　电阻串并联的等效变换

对电路进行分析和计算时，可以把电路的某一部分进行简化，即用一个较为简单的电路来替代该电路，这种替代也称为**等效变换**。等效变换的条件是变换前后端口的伏安特性保持一致。

如图 2-1(a)所示电路中，虚线框内的几个电阻可以用一个电阻 R_{eq} 来替代，替代后的电路如图 2-1(b)所示。这个电阻称为**等效电阻**。通常进行变换的那部分电路称为**内电路**，而其余不变换的电路称为**外电路**。

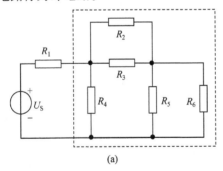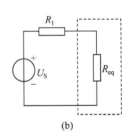

(a)　　　　　　　　　　　　　　　(b)

图 2-1　电路的等效变换

2.1.1　电阻的串联

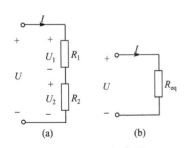

图 2-2　电阻的串联

在同一条支路中，如果有多个电阻，那么这些电阻就是串联的关系。这些串联的电阻可以用一个等效电阻来替代，等效电阻的阻值等于这些串联电阻的阻值之和。串联时各电阻上的电流相同。

如图 2-2 所示，两个电阻串联时，等效电阻为

$$R_{eq} = R_1 + R_2 \tag{2-1}$$

当端口电压 U 已知时，每个电阻上的电压可用**分压公式**

求得

$$\begin{cases} U_1 = \dfrac{R_1}{R_1 + R_2} U \\ U_2 = \dfrac{R_2}{R_1 + R_2} U \end{cases} \tag{2-2}$$

从式(2-2)可知，电阻串联时，电阻上的电压与电阻成正比。电阻串联的应用很多，例如为了限制负载电流，可以与负载串联一个限流电阻；为了调节电路中的电流，可以在电路中串联一个变阻器等。

2.1.2 电阻的并联

如果两个或两个以上电阻的两个端子分别连接在一起，这种连接方式称为并联。这些并联的电阻可以用一个等效电阻来替代，等效电阻阻值的倒数等于这些并联电阻阻值的倒数之和。并联时各个电阻两端的电压相同。

如图 2-3 所示，两个电阻并联时，等效电阻为

$$\frac{1}{R_{eq}} = \frac{1}{R_1} + \frac{1}{R_2} \tag{2-3}$$

图 2-3 电阻的并联

利用电导表示时，式(2-3)可写为

$$G_{eq} = G_1 + G_2 \tag{2-4}$$

当端口电流 I 已知时，每个电阻上的电流可用**分流公式**求得

$$\begin{cases} I_1 = \dfrac{R_2}{R_1 + R_2} I \\ I_2 = \dfrac{R_1}{R_1 + R_2} I \end{cases} \tag{2-5}$$

电阻串并联
例题

从式(2-5)可知，电阻并联时，电阻上的电流与电阻成反比。一般情况下负载都是并联工作的，如各种家用电器、照明灯等都是并联的关系。并联时任何一个负载的工作状况基本上不会受到其他负载的影响。并联的负载越多，则总的负载电阻越小，电源提供的总电流和总功率也就越大。但每个负载的电流和功率基本不变。

2.2 实际电源模型的相互转换

一个实际电源可以用电压源模型或电流源模型表示，如图 2-4 所示。电压源模型与电流源模型可以相互等效转换。

电压源模型(图 2-4(a))中，端口的伏安特性为

$$U_{ab} = U_S - IR_1 \tag{2-6}$$

电流源模型(图 2-4(b))中，端口的伏安特性为

$$U_{ab} = (I_S - I)R_2 = I_S R_2 - IR_2 \tag{2-7}$$

要使这两个模型相互等效，必须使端口的伏安特性相同。从而可得

$$U_S = I_S R_2, \quad R_1 = R_2 \tag{2-8}$$

式(2-8)是电流源模型转换为电压源模型时，电压源模型中参数的计算公式。

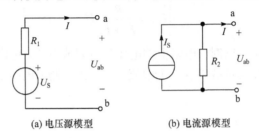

(a) 电压源模型   (b) 电流源模型

图 2-4 实际电源的两种模型

电源等效
变换例题1

电压源模型转换为电流源模型时，电流源模型中参数的计算公式如下：

$$I_S = U_S / R_1, \quad R_2 = R_1 \tag{2-9}$$

注意，电压源模型和电流源模型的这种等效变换是"**对外等效**"。对外等效是指，当电压源模型和电流源模型相互转换时，外电路中的电流、电压和功率都保持不变。但对电压源模型或电流源模型本身(也称为内电路)，则是不等效的。如图 2-4(a)和(b)中，当 ab 端开路时，电压源模型中电阻 R_1 的电流 $I=0$，电压源不消耗功率；但在电流源模型中，电阻 R_2 的电流为 I_S，电流源消耗的功率为 $I_S^2 R_2$。ab 端短路或外接其他二端网络时，情况也类似。

电源等效
变换例题2

理想电压源和理想电流源之间不能等效变换。因为对于理想电压源，其短路电流为无穷大，对于理想电流源，其开路电压为无穷大，都不是有限值，因而两者之间不存在等效变换的条件。

2.3 支路电流法

很多电路是不能仅仅依靠电阻的串并联等效变换进行化简的，这类电路一般称为复杂电路。在分析和计算复杂电路时，以支路电流作为求解对象，根据基尔霍夫电流定律和基尔霍夫电压定律分别对节点和回路列出所需的方程组进行求解的方法称为**支路电流法**。

在应用支路电流法求解电路时，必须在电路图中标注出各支路电流的参考方向。

下面结合图 2-5(a)所示电路来说明支路电流法的求解方法。

第一步，确定支路数，标注各支路电流的参考方向。

图 2-5(a)共有 6 条支路，即有 6 个待求支路电流，需要列出 6 个独立的方程。图中已标注了各个支路电流的参考方向。

第二步，确定节点数，标注节点，对节点列写 KCL 方程。注意，具有 n 个节点的电路，可以对 $n-1$ 个节点列写 $n-1$ 个独立的 KCL 方程，这 $n-1$ 个节点可以任意选取。图 2-5(a)所示电路有 4 个节点，因此，可以列写 3 个独立的 KCL 方程。标注节点如图 2-5(b)所示，独立的 KCL 方程如下：

节点 a $I_1 = I_4 + I_6$

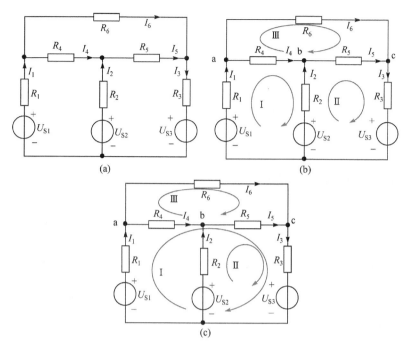

图 2-5　支路电流法电路图示例

支路电流法
例题

节点 b	$I_4 + I_2 = I_5$
节点 c	$I_5 + I_6 = I_3$

第三步，确定回路数，标注回路方向，对回路列写 KVL 方程。对于一个具有 n 个节点 b 条支路的电路，可以列写 $b-(n-1)$ 个独立的 KVL 方程。图 2-5(a)所示电路有 4 个节点，6 条支路，因此，可以列写 3 个独立的 KVL 方程。标注回路方向如图 2-5(b)所示，独立的 KVL 方程如下：

回路 Ⅰ $-U_{S1} + I_1 R_1 + I_4 R_4 - I_2 R_2 + U_{S2} = 0$

回路 Ⅱ $-U_{S2} + I_2 R_2 + I_5 R_5 + I_3 R_3 + U_{S3} = 0$

回路 Ⅲ $I_6 R_6 - I_5 R_5 - I_4 R_4 = 0$

第四步，求解上述方程组，可得各支路电流。图 2-5(a)所示电路有 6 条支路，上面已经列写了 6 个独立的方程，因而肯定可以求解。

从上述求解过程可以看出，支路电流法实际上就是基尔霍夫定律的直接应用。一般情况下，所列写的方程总数等于支路数 b。

在选择回路时，通常可以选择网孔，根据网孔所列写的 KVL 方程都是独立的。但有时候也可以根据需要来选择其他的回路。为了保证根据这些回路所列写的 KVL 方程是独立的，可以按照“每选择一个回路至少包含一条新的支路”这样一个原则来选择回路。图 2-5(a)所示电路也可以按图 2-5(c)所示选择回路，此时的 KVL 方程如下：

回路 Ⅰ $-U_{S1} + I_1 R_1 + I_4 R_4 + I_5 R_5 + I_3 R_3 + U_{S3} = 0$

回路 Ⅱ $-U_{S2} + I_2 R_2 + I_5 R_5 + I_3 R_3 + U_{S3} = 0$

回路 Ⅲ $I_6 R_6 - I_5 R_5 - I_4 R_4 = 0$

2.4　节点电压法

支路电流法简单易懂，但对于一个支路数较多的电路，在采用支路电流法进行求解时，需要列写的方程数也相应增多，计算过程较为烦琐。如果一个电路的支路较多，但节点较少，采用节点电压法更为方便。

在电路中任意选择某一节点为**参考节点**，其他节点称为**独立节点**。独立节点与参考节点之间的电压称为**节点电压**，节点电压的参考方向都规定以参考节点为负。以节点电压为求解对象，根据基尔霍夫电流定律对电路列写 KCL 方程，并由这些方程解出节点电压，这就是节点电压法。

下面以只有两个节点的电路为例，介绍如何应用节点电压法进行求解。

在图 2-6 所示电路中，选节点 b 为参考节点，a 点电位记为 U_a，则各支路电流为

$$I_1 = \frac{U_a}{R_1}, \quad I_2 = \frac{U_S - U_a}{R_2}, \quad I_3 = \frac{U_a}{R_3} \tag{2-10}$$

对节点 a 列写 KCL 方程

$$-I_1 + I_S + I_2 - I_3 = 0$$

把式(2-10)代入上式，可得

$$-\frac{U_a}{R_1} + I_S + \frac{U_S - U_a}{R_2} - \frac{U_a}{R_3} = 0$$

整理后，得

$$U_a = \frac{I_S + \dfrac{U_S}{R_2}}{\dfrac{1}{R_1} + \dfrac{1}{R_2} + \dfrac{1}{R_3}} = \frac{\sum I_S}{\sum \dfrac{1}{R}} \tag{2-11}$$

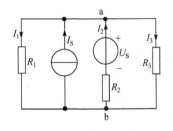

图 2-6　节点电压法

式(2-11)即为具有两个节点的电路的节点电压计算公式。

式(2-11)中，分母是各支路的电导之和，始终为正；分子为流入节点 a 的电流源的代数和(流入为正，流出为负)。如果支路上有电压源，应包含按照电源等效变换而形成的电流源，如式(2-11)中 U_S/R_2 项。

2.5　叠　加　定　理

由线性无源元件、线性受控源和理想电源构成的电路称为**线性电路**。对线性电路，可以应用叠加定理进行求解。

叠加定理可表述为：在线性电路中，任何一处的电压或电流都是电路中各个电源单独作用时，分别在该处产生的电压或电流的代数和。

下面以图 2-7(a)所示电路为例来说明叠加定理的正确性。

图 2-7(a)中，根据基尔霍夫定律，对节点 a 列写 KCL 方程为

$$I_S + I_1 = I_2$$

对回路 I 列写 KVL 方程为

$$I_1 R_1 - U_S + I_2 R_2 = 0$$

求解上述两个方程可得

$$I_1 = \frac{U_S - I_S R_2}{R_1 + R_2} = \frac{U_S}{R_1 + R_2} - \frac{I_S R_2}{R_1 + R_2}$$

$$U_2 = (I_S + I_1) R_2 = \frac{U_S R_2}{R_1 + R_2} + \frac{I_S R_1 R_2}{R_1 + R_2} \tag{2-12}$$

从式(2-12)的表达式中可以看出，I_1 和 U_2 都是电压源 U_S 和电流源 I_S 的线性组合，可改写为

$$I_1 = I_1' + I_1''$$

$$U_2 = U_2' + U_2'' \tag{2-13}$$

其中

$$I_1' = \frac{U_S}{R_1 + R_2}, \quad I_1'' = -\frac{I_S R_2}{R_1 + R_2}$$

$$U_2' = \frac{U_S R_2}{R_1 + R_2}, \quad U_2'' = \frac{I_S R_1 R_2}{R_1 + R_2}$$

式中，I_1' 和 U_2' 是将电路中的电流源 I_S 置零时的响应，即在电压源 U_S 单独作用时所产生的分量，如图 2-7(b)所示；I_1'' 和 U_2'' 是将电路中的电压源 U_S 置零时的响应，即在电流源 I_S 单独作用时所产生的分量，如图 2-7(c)所示。

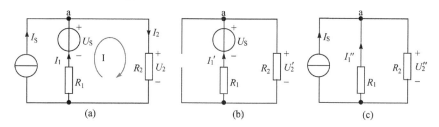

图 2-7　叠加定理

由式(2-13)可以看出，图 2-7(a)中的响应 I_1 和 U_1 是图 2-7(b)和图 2-7(c)所示电路中各响应的代数和。通常把图 2-7(a)称为**总图**，把图 2-7(b)和图 2-7(c)称为**分图**，分图中的各个响应称为**分量**。

在应用叠加定理分析和计算电路时，总的思路是把一个复杂的电路(总图)转化为几个简单的电路(分图)。在对分图进行求解时，通常只需要利用电阻的串并联或电源等效变换进行求解，不需要再用支路电流法或节点电压法等进行求解。

在分图中,通常只保留一个电源,其他的电源要除去。当其他的电压源除去时(即令 U_S=0)，电压源所在处短接；其他的电流源除去时(即令 I_S=0)，电流源所在处断开。

从数学的角度看，叠加定理就是线性方程可加性的体现。前面介绍的支路电流法和节点电压法所得到的都是线性代数方程，所以电流和电压都可以用叠加定理来求解。但功率不能

叠加定理
例题1

叠加。例如，在图 2-7(a)中，电阻 R_1 上消耗的功率为

$$P_1 = I_1^2 R_1 = (I_1' + I_1'')^2 R_1 \neq I_1'^2 R_1 + I_1''^2 R_1$$

在应用叠加定理时，分图中电流或电压的参考方向可以与总图中的参考方向一致，也可以不一致。如果分图中的参考方向与总图不一致，在叠加时该分量前应取 "–" 号；分图中不一定只保留一个电源，也可以根据需要保留两个甚至多个电源。

叠加定理
例题2

2.6　戴维南定理和诺顿定理

2.1 节介绍了一个不含独立源仅含线性电阻的无源二端网络，可以用一个电阻等效替代。那么，一个含有独立源的二端网络(称为有源二端网络)，是否也可以简化等效呢？下面以图 2-8(a)所示电路为例加以说明。在图 2-8(a)中，虚线框内是一个有源二端网络，对于电阻 R_4 来说，有源二端网络提供电能，相当于一个电源。由于这个二端网络不仅产生电能，在电阻 $R_1 \sim R_3$ 上还消耗电能，其产生电能的作用可以用一个理想电源元件来表示，其消耗电能的作用可以用一个电阻来表示。因此，这个有源二端网络就可以用实际电压源模型或实际电流源模型来表示。用实际电压源模型来表示时称为**戴维南等效电路**，如图 2-8(b)所示，用实际电流源模型来表示时称为**诺顿等效电路**，如图 2-8(c)所示。由此得出下述两个定理。

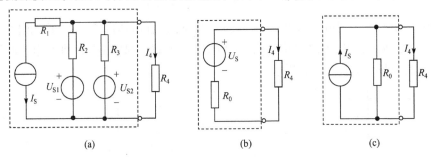

图 2-8　有源二端网络的等效变换

2.6.1　戴维南定理

戴维南定理：对外电路来说，任何一个线性有源二端网络都可以用一个电压源 U_S 和电阻 R_0 串联的模型等效替换。电压源 U_S 的电压等于有源二端网络的开路电压，电阻 R_0 等于有源二端网络除源(电压源处短路，电流源处开路)后端口的等效电阻。

下面以图 2-9(a)所示的有源二端网络为例，来说明戴维南等效电路的求解方法。

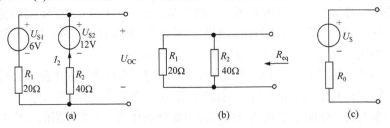

图 2-9　戴维南定理的应用

求戴维南等效电路时，通常有以下三个步骤。

首先，求出有源二端网络的开路电压 U_{OC}。**开路电压**是指有源二端网络开路时端口的电压。

在图 2-9(a)中，因为端口是开路的，电路中只有一个回路。所以

$$I_2 = \frac{U_{S2} - U_{S1}}{R_1 + R_2} = \frac{12 - 6}{20 + 40} = 0.1\,(A)$$

开路电压

$$U_{OC} = U_{S1} + I_2 R_1 = 6 + 0.1 \times 20 = 8\,(V)$$

其次，求有源二端网络的等效电阻 R_{eq}。

把图 2-9(a)除源，即把电压源除去，电压源所在处短路，得到图 2-9(b)所示电路。端口的等效电阻

$$R_{eq} = R_1 // R_2 = \frac{20 \times 40}{20 + 40} = 13.33\,(\Omega)$$

最后，画出戴维南等效电路，如图 2-9(c)所示。图中电压源 $U_S = U_{OC} = 8V$，电阻 $R_0 = R_{eq} = 13.33\Omega$。

根据戴维南定理，对外电路来说，图 2-9(a)所示的有源二端网络与图 2-9(c)所示的电压源模型是等效的。图 2-9(c)所示电路也称为图 2-9(a)所示有源二端网络的**戴维南等效电路**。

下面通过例题来说明用戴维南等效电路求解电路的具体方法。

例 2-1 电路如图 2-10(a)所示，用戴维南等效电路求电流源两端的电压 U_1。

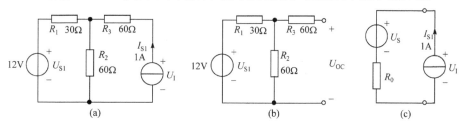

图 2-10 例 2-1 电路图

解 第一步，提取所求响应所在的支路或元件，得到有源二端网络。在图 2-10(a)中提取电流源，得到有源二端网络如图 2-10(b)所示。

第二步，求出有源二端网络的开路电压 U_{OC}。

利用分压公式可求得开路电压

$$U_{OC} = \frac{R_2}{R_1 + R_2} \times U_{S1} = \frac{60}{30 + 60} \times 12 = 8\,(V)$$

第三步，求有源二端网络的等效电阻 R_{eq}。

图 2-10(b)所示电路除源(电压源除去，以短路代替)后，可得端口等效电阻

$$R_{eq} = R_3 + R_1 // R_2 = 60 + \frac{30 \times 60}{30 + 60} = 80\,(\Omega)$$

第四步，用戴维南等效电路替代原有源二端网络，得到如图 2-10(c)所示等效电路，其中

$$U_S = U_{OC} = 8V, \qquad R_0 = R_{eq} = 80\Omega$$

戴维南定理
例题

第五步，在等效电路中求出待求量。在图 2-10(c)中，可求得

$$U_\mathrm{I} = U_\mathrm{S} + I_{\mathrm{S}1}R_0 = 8 + 1 \times 80 = 88 \ (\mathrm{V})$$

应用戴维南定理时要注意以下几点。

(1) 戴维南定理只对外电路等效，对内电路不等效。也就是说，不能根据该定理求出的等效电压源 U_S 和电阻 R_0，来求原有源二端网络内部电路的电压、电流和功率。

(2) 戴维南等效电路中电压源 U_S 的参考方向必须与开路电压 U_OC 的参考方向一致。

(3) 在分析和计算电路时，如果需要，可多次运用戴维南定理，直至成为简单电路。

(4) 戴维南定理只适用于线性的有源二端网络。如果有源二端网络中含有非线性元件，则不能应用戴维南定理求解。但外电路可以是非线性的。

2.6.2　最大功率传输定理

最大功率
传输定理
的证明

一个线性有源二端网络，其两端接上负载，当改变负载时，负载上消耗的功率也随之变化。那么，当负载为何值时，负载上消耗的功率最大呢？这就是最大功率传输定理要回答的问题。

最大功率传输定理：一个有源线性二端网络与一可变负载电阻 R_L 相连，当负载电阻 R_L 与二端网络的等效电阻 R_{eq} 相等时，负载上可获得最大功率。满足条件 $R_\mathrm{L}=R_{\mathrm{eq}}$ 时，称为**最大功率匹配**，此时负载电阻 R_L 获得的最大功率为

最大功率
传输定理
例题

$$P_{\max} = \frac{U_{\mathrm{OC}}^2}{4R_{\mathrm{eq}}} \tag{2-14}$$

式中，U_{OC} 为有源二端网络的开路电压。

最大功率传输定理的证明和例题详见二维码中的内容。

2.6.3　诺顿定理

诺顿定理：对外电路来说，任何一个线性有源二端网络都可以用一个电流源 I_S 和电阻 R_0 并联的模型等效替换。电流源 I_S 的电流等于有源二端网络的短路电流，电阻 R_0 等于有源二端网络除源(电压源处短路，电流源处开路)后端口的等效电阻。

同样以图 2-9(a)所示的有源二端网络为例，来说明诺顿等效电路的求解方法。为方便起见，图 2-9(a)重画于图 2-11(a)。

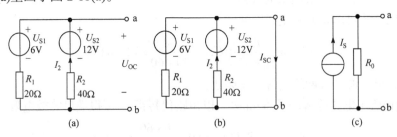

图 2-11　诺顿定理的应用

求诺顿等效电路时，通常有以下三个步骤。

首先，求短路电流 I_{SC}。

把图 2-11(a)所示有源二端网络的端口用导线短接，在该导线上流过的电流称为**短路电流**，用 I_{SC} 表示，如图 2-11(b)所示。从图中可求得短路电流

$$I_{SC} = \frac{U_{S1}}{R_1} + \frac{U_{S2}}{R_2} = \frac{6}{20} + \frac{12}{40} = 0.6\,(A)$$

其次，求等效电阻 R_{eq}。

等效电阻 R_{eq} 的求法与用戴维南定理求解相同。

$$R_{eq} = 13.33\ \Omega$$

最后，画出诺顿等效电路，如图 2-11(c)所示。图中电流源 $I_S = I_{SC} = 0.6A$，电阻 $R_0 = R_{eq} = 13.33\Omega$。

根据诺顿定理，对外电路来说，图 2-11(a)所示的有源二端网络与图 2-11(c)所示的电流源模型是等效的。图 2-11(c)所示电路也称为图 2-11(a)所示有源二端网络的**诺顿等效电路**。

从戴维南定理和诺顿定理的分析过程中可以发现，开路电压、短路电流和等效电阻之间满足

$$R_{eq} = \frac{U_{OC}}{I_{SC}} \qquad (2\text{-}15)$$

这也提供了求解等效电阻的另一种方法，即只要求得有源二端网络的开路电压和短路电流，就可按式(2-15)计算等效电阻。

式(2-15)的关系也可根据图 2-11(a)和(c)来说明。因为图 2-11(a)和(c)对外电路来说是等效的，所以，当这两个电路在 ab 端开路时(开路也是一种特殊的外电路)，ab 端的开路电压应该相等。在图 2-11(a)中，端口开路时的电压为 $U_{ab} = U_{OC}$，在图 2-11(c)中，端口开路时的电压为 $U_{ab} = I_S R_0 = I_{SC} R_{eq}$。因此有 $U_{OC} = I_{SC} R_{eq}$，与式(2-15)一致。

应用诺顿定理时要注意以下几点。

(1) 诺顿定理只对外电路等效，对内电路不等效。也就是说，不能根据该定理求出的等效电流源 I_S 和电阻 R_0，来求原有源二端网络内部电路的电流和功率。

(2) 诺顿等效电路中电流源 I_S 的参考方向与短路电流 I_{SC} 的参考方向有关。

(3) 在分析和计算电路时，如果需要，可多次运用诺顿定理，直至成为简单电路。

(4) 诺顿定理只适用于线性有源二端网络。如果有源二端网络中含有非线性元件，则不能应用诺顿定理求解。但外电路可以是非线性的。

2.7　一阶电路的瞬态分析

电路的结构和元件的参数一定时，直流电路中各处的电压和电流是不会改变的，电路工作在**稳定状态**，简称稳态。

当电路的结构发生变化时，如电路的接通、断开和改接等，或电路元件的参数发生变化时，都会使电路的工作状态发生变化。这些使电路工作状态发生变化的因素统称为**换路**。通常假设换路是在 $t=0$ 时刻发生的，换路前的最终时刻用 $t=0_-$ 表示，换路后的最初时刻用 $t=0_+$ 表示。$t=0_+$ 时刻电路中各处的电流、电压统称为**初始值**，用 $i(0_+)$、$u(0_+)$ 表示。

换路后，电路将从一种稳态转变到另一种稳态，如果电路只含有独立电源、受控源和电

阻，这种变化可以瞬间完成。但如果电路中含有储能元件(也称动态元件)电容或(和)电感，这种变化往往不是瞬间完成的，而是需要一段时间。电路在这段时间中所处的状态称为**过渡状态**，简称**瞬态(或暂态)**。电路由一个稳定状态过渡到另一个稳定状态所经历的过程称为**过渡过程**。

电路发生换路后，如果电容上的电压或(和)电感上的电流发生变化，这会引起电容中的电场能或(和)电感中的磁场能发生变化。根据 $p = \mathrm{d}W / \mathrm{d}t$，在不可能提供无穷大功率的情况下，能量的变化必须要有一定的时间。由此可见，换路是引起过渡过程的外部原因，而电容中的电场能和电感中的磁场能不能突变则是引起过渡过程的内部原因。

根据电路结构和元件参数的不同，过渡过程的时间有长有短。过渡过程时间长的可以有几秒钟、几分钟甚至更长，短的则可能只有几毫秒、几微秒甚至更短。但即使过渡过程的时间很短，在某些情况下，其影响也是不可忽视的。现代的电子技术中也经常利用过渡过程的特性来解决某些技术问题。例如，利用电容充放电的快慢实现不同时间的延时；利用过渡过程中电流电压周期性变化的特点实现电子开关器件的"软开关"技术，降低开关器件的开关损耗；而在有些场合，则需要采取必要的措施，防止过渡过程中出现的过电压或过电流对电气设备的损害。

一般情况下，当电路中只含有一个动态元件时，根据基尔霍夫定律所列的方程是一阶微分方程，这类电路称为**一阶电路**；如果电路中含有两个动态元件，且所列的方程是二阶微分方程，这类电路称为**二阶电路**。本节主要讨论一阶电路的瞬态分析。

2.7.1　换路定律

由于电容中的电场能和电感中的磁场能不能突变，而电容中储存的电场能为 $W_C = Cu^2 / 2$，电感中储存的电场能为 $W_L = Li^2 / 2$。因此电容电压和电感电流在换路前后不会发生突变，这一规律称为电路中的**换路定律**。

换路定律可表示为

$$u_C(0_+) = u_C(0_-)$$
$$i_L(0_+) = i_L(0_-)$$
(2-16)

初始值计算例题1

换路定律只适用于换路瞬间。换路后，将电容用电压等于 $u_C(0_+)$ 的电压源替代，电感用电流等于 $i_L(0_+)$ 的电流源替代，这样的电路称为 $t = 0_+$ 时刻的等效电路。

根据式(2-16)，电容电压和电感电流的初始值可以由换路前的电路求得。而其他的初始值，如电阻的电流和电压、电感的电压以及电容的电流等，则必须通过 $t = 0_+$ 时刻的等效电路求解。

初始值计算例题2

换路后的电路达到新的稳态后，电路中的电流、电压值称为**稳态值**，用 $i(\infty)$、$u(\infty)$ 表示。稳态值可以根据换路后的电路，由稳态电路的求解方法求得。注意，在直流稳态电路中，电容 C 相当于开路，电感 L 相当于短路。

2.7.2　*RC* 电路的瞬态分析

1. *RC* 电路的零输入响应

零输入响应是指换路后电路中没有激励，仅由动态元件的初始储能所产生的响应。下面通过图 2-12 所示电路来分析仅由电压源、电阻和电容构成的最简单的 RC 电路中，当开关 S 从 a 端切换到 b 端后，电路中电流、电压的变化规律。

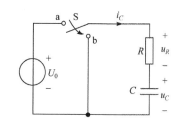

图 2-12　RC 电路零输入响应的电路图

换路前，开关 S 在 a 端，且电路已稳定，电容 C 已充电，$u_C(0_-)=U_0$。

换路后，开关 S 切换到 b 端，电容通过电阻放电，储存在电容中的电场能通过电阻释放。根据 KVL，可列出回路方程

$$u_R(t)+u_C(t)=0$$

把 $u_R(t)=Ri_C(t)$，$i_C(t)=C\dfrac{\mathrm{d}u_C(t)}{\mathrm{d}t}$ 代入上式，得

$$RC\frac{\mathrm{d}u_C(t)}{\mathrm{d}t}+u_C(t)=0 \tag{2-17}$$

这是一个关于 $u_C(t)$ 的一阶线性齐次微分方程，初始条件为 $u_C(0_+)=u_C(0_-)=U_0$。

可设该方程的通解为 $u_C(t)=A\mathrm{e}^{pt}$，代入式(2-17)，有

$$(RCp+1)A\mathrm{e}^{pt}=0$$

对应的特征方程为

$$RCp+1=0$$

特征根为

$$p=-\frac{1}{RC}$$

所以，微分方程的通解为

$$u_C(t)=A\mathrm{e}^{-\frac{t}{RC}}$$

把初始条件 $u_C(0_+)=U_0$ 代入上式，可求得积分常数 $A=u_C(0_+)=U_0$。

因此，满足初始条件的微分方程的解为

$$u_C(t)=U_0\mathrm{e}^{-\frac{t}{RC}}=u_C(0_+)\mathrm{e}^{-\frac{t}{RC}} \tag{2-18}$$

这就是放电过程中电容电压 u_C 的表达式。

电路中的电流

$$i_C(t)=C\frac{\mathrm{d}u_C(t)}{\mathrm{d}t}=-\frac{U_0}{R}\mathrm{e}^{-\frac{t}{RC}} \tag{2-19}$$

电阻上的电压

$$u_R(t)=-u_C(t)=-U_0\mathrm{e}^{-\frac{t}{RC}} \tag{2-20}$$

电阻上的电压也可以这样计算

$$u_R(t)=i_C(t)R=-U_0\mathrm{e}^{-\frac{t}{RC}}$$

如果先求得电阻上的电压 $u_R(t)$，电流 $i_C(t)$ 也可以这样计算

$$i_C(t)=\frac{u_R(t)}{R}=-\frac{U_0}{R}\mathrm{e}^{-\frac{t}{RC}}$$

以上各式中，负号表示 i_C 和 u_R 的实际方向与图中参考方向相反。

从以上表达式可以看出，电压 $u_C(t)$、$u_R(t)$ 和电流 $i_C(t)$ 都是按照相同的指数规律衰减的。衰减的快慢取决于 $1/(RC)$ 的大小。记 $\tau=RC$，称为 RC 电路的**时间常数**。当电阻的单位为欧姆(Ω)，电容的单位为法拉(F)时，时间常数 τ 的单位为秒(s)。

引入时间常数后，式(2-18)、式(2-19)可表示为

$$u_C(t)=U_0\mathrm{e}^{-\frac{t}{\tau}}=u_C(0_+)\mathrm{e}^{-\frac{t}{\tau}} \tag{2-21}$$

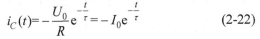

$$i_C(t)=-\frac{U_0}{R}\mathrm{e}^{-\frac{t}{\tau}}=-I_0\mathrm{e}^{-\frac{t}{\tau}} \tag{2-22}$$

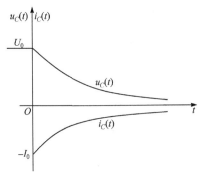

图 2-13 RC 电路零输入响应的波形图

$u_C(t)$ 和 $i_C(t)$ 的波形如图 2-13 所示。从波形图中可以看出，电压 $u_C(t)$ 从初始值 U_0 以指数形式趋向于稳态值零，电流 $i_C(t)$ 在 $t=0$ 时发生突变，由零跳变到 $-I_0$，然后按指数规律衰减到零。

时间常数 τ 的大小，反映了过渡过程持续时间的长短，它是反映过渡过程特性的一个重要指标。当 $t=0$，τ，2τ，3τ，…时，由式(2-21)可计算电容电压值如表 2-1 所示。

表 2-1 不同时刻的电容电压

t	0	τ	2τ	3τ	4τ	5τ	…	∞
$u_C(t)$	U_0	$0.368U_0$	$0.135U_0$	$0.05U_0$	$0.018U_0$	$0.007U_0$	…	0

零输入响应例题

这说明，时间常数 τ 等于电容电压衰减到初始值 U_0 的 36.8% 所需的时间。

从表 2-1 中还可以看出，从理论上讲，电路需要经过无限长的时间，电容电压才会衰减到零。但工程上一般认为经过 $3\tau\sim5\tau$，过渡过程基本结束，电路进入新的稳定状态。由此可见，时间常数越大，过渡过程持续时间也就越长。

对于仅含一个电容元件但又较为复杂的电路，可以把电容 C 提取，对剩余的有源二端网络应用戴维南定理进行简化，将换路后的电路简化为简单的 RC 电路，再利用上述方法进行求解。当然，也可以直接求出电容电压的初始值 $u_C(0_+)$ 和时间常数 τ，再应用式(2-21)进行求解。

2. RC 电路的零状态响应

零状态响应是指换路后动态元件没有初始储能，仅由激励所产生的响应。下面同样以图 2-14 所示最简单的 RC 电路中为例，分析当开关 S 闭合后，电路中电流、电压的变化规律。

假设开关 S 闭合前电容没有初始储能，电路处于零初始状态，即 $u_C(0_-) = 0$。在 $t=0$ 时，开关 S 闭合，电压源 U_S 通过电阻 R 对电容进行充电。根据换路后的电路，根据 KVL 可列出回路方程

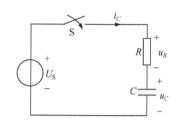

图 2-14　RC 电路零状态响应的电路图

$$u_R(t) + u_C(t) = U_S$$

把 $u_R(t) = Ri_C(t)$，$i_C(t) = C\dfrac{\mathrm{d}u_C(t)}{\mathrm{d}t}$ 代入上式，得

$$RC\frac{\mathrm{d}u_C(t)}{\mathrm{d}t} + u_C(t) = U_S \tag{2-23}$$

这是一个关于 $u_C(t)$ 的一阶线性非齐次微分方程，初始条件为 $u_C(0_+) = u_C(0_-) = 0$。方程的解由非齐次方程的特解 u_C' 和对应齐次方程的通解 u_C'' 两个分量组成，即

$$u_C(t) = u_C'(t) + u_C''(t)$$

由式(2-23)可以看出，非齐次方程的特解为

$$u_C'(t) = U_S$$

该特解实际上也是电容电压的稳态值，即 $u_C(\infty)$，因此 $u_C'(t)$ 称为电容电压的**稳态分量**。

而对应的齐次方程 $RC\dfrac{\mathrm{d}u_C(t)}{\mathrm{d}t} + u_C(t) = 0$ 的通解可设为

$$u_C''(t) = A\mathrm{e}^{-\frac{t}{\tau}}$$

由此可得非齐次方程(2-23)的全解为

$$u_C(t) = U_S + A\mathrm{e}^{-\frac{t}{\tau}}$$

代入初始条件 $u_C(0_+) = 0$，可求得积分常数 $A = -U_S$，因而

$$u_C'' = -U_S\mathrm{e}^{-\frac{t}{\tau}}$$

当 $t \to \infty$ 时，$u_C''(t) \to 0$，因此 $u_C''(t)$ 称为电容电压的**暂态分量**。

满足初始条件的微分方程的全解为

$$u_C(t) = U_S(1 - \mathrm{e}^{-\frac{t}{\tau}}) = u_C(\infty)(1 - \mathrm{e}^{-\frac{t}{\tau}}) \tag{2-24}$$

这就是充电过程中电容电压 u_C 的表达式。

电路中的电流

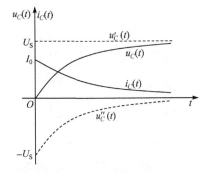

零状态响应
例题

图 2-15 RC 电路零状态响应的波形图

$$i_C(t) = C\frac{\mathrm{d}u_C}{\mathrm{d}t} = \frac{U_S}{R}\mathrm{e}^{-\frac{t}{\tau}} = I_0\mathrm{e}^{-\frac{t}{\tau}} \qquad (2\text{-}25)$$

电压 $u_C(t)$ 和电流 $i_C(t)$ 的波形如图 2-15 所示。

在图 2-15 中，$u'_C(t)$ 是电容电压的稳态分量，$u''_C(t)$ 是电容电压的暂态分量。从波形图中可以看出，电压 $u_C(t)$ 以指数形式趋向于稳态值 U_S，电流 $i_C(t)$ 在 t=0 时发生突变，由零跳变到 I_0，然后按指数规律衰减到零。

3. RC 电路的全响应

全响应是指换路后由激励和动态元件的初始储能共同作用所产生的响应。

全响应=零输入响应+零状态响应

在图 2-16(a)所示电路中，开关 S 在 t=0 时从 a 端切换到 b 端。换路前电路已稳定，由此可得初始条件 $u_C(0_+) = u_C(0_-) = U_0$。开关切换到 b 端后，电容有初始储能，同时电路中也有激励，因此该电路的响应为全响应。

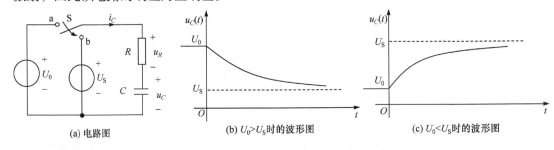

(a) 电路图   (b) $U_0 > U_S$ 时的波形图   (c) $U_0 < U_S$ 时的波形图

图 2-16 RC 电路的全响应

求解全响应时，同样可以根据换路后的电路结构列出 KVL 方程，再对所列微分方程进行求解。也可以根据叠加定理，把全响应看成是零状态响应和零输入响应的叠加。

由此可得图 2-16(a)所示电路的全响应为

$$u_C(t) = U_0\mathrm{e}^{-\frac{t}{\tau}} + U_S(1 - \mathrm{e}^{-\frac{t}{\tau}})$$
$$= u_C(0_+)\mathrm{e}^{-\frac{t}{\tau}} + u_C(\infty)(1 - \mathrm{e}^{-\frac{t}{\tau}}) \qquad (2\text{-}26)$$

把式(2-26)改写后，可得

$$u_C(t) = U_S + (U_0 - U_S)\mathrm{e}^{-\frac{t}{\tau}}$$
$$= u_C(\infty) + \left(u_C(0_+) - u_C(\infty)\right)\mathrm{e}^{-\frac{t}{\tau}} \qquad (2\text{-}27)$$

流过电容的电流仍然可以用公式 $i_C(t) = C\dfrac{\mathrm{d}u_C(t)}{\mathrm{d}t}$ 求得。

电容电压 $u_C(t)$ 的变化规律与 U_0 和 U_S 的大小有关。当 $U_0 > U_S$ 时，换路后电容放电，电压 $u_C(t)$ 的波形如图 2-16(b)所示，如果 U_S=0，则为零输入响应；当 $U_0 < U_S$ 时，换路后电容充电，电压 u_C 的波形如图 2-16(c)所示，如果 U_0=0，则为零状态响应。

2.7.3 一阶电路的三要素法

前面已经分析过，RC 电路的全响应可以看成是零输入响应和零状态响应的叠加，如式(2-27)所示。而在式(2-27)中，右边的第一项是换路后达到新的稳态时的电容电压，称为**稳态分量**；右边第二项是随着时间的增加按指数规律逐渐衰减为零的，称为**暂态分量**。所以全响应也可以看作稳态分量和暂态分量之和，即

全响应=稳态分量+暂态分量

不管是把全响应看作零输入响应和零状态响应的叠加，还是看作稳态分量和暂态分量之和，全响应的表达式总是由初始值 $u_C(0_+)$、稳态值 $u_C(\infty)$ 和时间常数 τ 三个要素所决定的，即

$$u_C(t)=u_C(\infty)+\left(u_C(0_+)-u_C(\infty)\right)e^{-\frac{t}{\tau}}$$

只要知道初始值 $u_C(0_+)$、稳态值 $u_C(\infty)$ 和时间常数 τ 这三个要素，根据上式就可以直接写出 RC 电路的全响应，这种方法称为**三要素法**。

三要素法不仅适用于 RC 电路，也适用于其他的一阶电路，用 $f(t)$ 来表示所求的任一响应，则三要素公式可表示为

$$f(t)=f(\infty)+\left(f(0_+)-f(\infty)\right)e^{-\frac{t}{\tau}} \tag{2-28}$$

很显然，如果 $f(\infty)=0$，上述公式就变为式(2-21)所示的零输入响应；如果 $f(0_+)=0$，上述公式就变为式(2-24)所示的零状态响应。因此，三要素法不仅适用于一阶电路全响应的求解，也适用于一阶电路的零输入响应和零状态响应的求解。

三要素法
例题1

式(2-28)不仅适用于电容电压的求解，它也适用于电路中其他任何一个电压或电流响应的求解。例如，在图 2-16 所示电路中，如果能求得电容电流的初始值 $i_C(0_+)$、稳态值 $i_C(\infty)$ 和时间常数 τ，利用式(2-28)也可直接求得

$$i_C(t)=i_C(\infty)+\left(i_C(0_+)-i_C(\infty)\right)e^{-\frac{t}{\tau}}$$

三要素法
例题2

但由于 $i_C(0_+)\neq i_C(0_-)$，求解 $i_C(0_+)$ 有一定的难度，所以一般情况下，都是先求出电容电压的全响应 $u_C(t)$，再通过电路结构和 KVL、KCL 方程求其他的响应，详见二维码中的例题。

2.7.4 *RL* 电路的瞬态分析

1. *RL* 电路的零输入响应和零状态响应

RL 电路的零输入响应和零状态响应的分析过程与 RC 电路的分析过程类似。具体的分析推导过程详见二维码的内容。

RL电路的
零输入和
零状态响应

2. *RL* 电路的全响应

RL 电路在换路后，电感有初始储能，同时电路中又有激励，这时的响应为全响应，如图 2-17 所示。假设电感电流的初始值为 $i_L(0_+)$，稳态值为 $i_L(\infty)$，与前面对 RC 电路的分析类似，*RL* 电路的全响应等于零输入响应与零状态响应的叠加，即

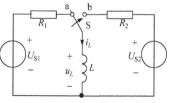

图 2-17 *RL* 电路的全响应

$$i_L(t) = i_L(0_+)e^{-\frac{t}{\tau}} + i_L(\infty)(1 - e^{-\frac{t}{\tau}}) \qquad (2\text{-}29)$$

同样，也可用三要素法求得

$$i_L(t) = i_L(\infty) + (i_L(0_+) - i_L(\infty))e^{-\frac{t}{\tau}} \qquad (2\text{-}30)$$

电感两端的电压可以用公式 $u_L(t) = L\dfrac{\mathrm{d}i_L(t)}{\mathrm{d}t}$ 求得。

电感电流 $i_L(t)$ 和电感两端的电压 $u_L(t)$ 的变化规律与初始值 $i_L(0_+)$ 和稳态值 $i_L(\infty)$ 有关。以电感电流 $i_L(t)$ 为例，当 $i_L(0_+) > i_L(\infty)$ 时，换路后电感释放能量，电流 $i_L(t)$ 的波形如图 2-18(a) 所示，如果 $i_L(\infty) = 0$ ，则为零输入响应；当 $i_L(0_+) < i_L(\infty)$ 时，换路后电感吸收能量，电流 $i_L(t)$ 的波形如图 2-18(b) 所示，如果 $i_L(0_+) = 0$ ，则为零状态响应。

RL 电路全 响应例题

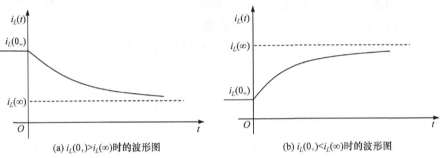

(a) $i_L(0_+) > i_L(\infty)$时的波形图　　　　　　(b) $i_L(0_+) < i_L(\infty)$时的波形图

图 2-18　*RL* 电路全响应的波形图

习　题

2-1　在图 2-19 所示电路中，已知 $R_1 = R_2 = 100\Omega$，$R_3 = R_4 = 200\Omega$，$R_5 = 300\Omega$，试求开关 S 断开和闭合时 ab 端的等效电阻。

2-2　在图 2-20 所示电路中，已知 $U_S = 6\text{V}$，$R_1 = 6\Omega$，$R_2 = 3\Omega$，$R_3 = 4\Omega$，$R_4 = 3\Omega$，$R_5 = 1\Omega$，试求电流 I_3 和 I_4。

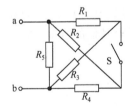

图 2-19　题 2-1 图

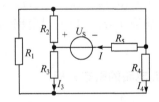

图 2-20　题 2-2 图

2-3　图 2-21 所示电路中，已知 $U_S = 24\text{V}$，$R_1 = 20\Omega$，$R_2 = 30\Omega$，$R_3 = 15\Omega$，$R_4 = 100\Omega$，$R_5 = 25\Omega$，$R_6 = 8\Omega$。求电压源 U_S 输出的功率 P。

2-4　用电源等效变换的方法求图 2-22 所示电路中的电流 I_2 。

2-5　计算图 2-23 所示电路中的电流 I_3 。

2-6　已知图 2-24(a)所示电路可用图 2-24(b)所示电路等效，其中 $U_{S1} = 18\text{V}$，$U_{S2} = 12\text{V}$，$R_1 = 3\Omega$，$R_2 = 6\Omega$，试利用电源等效变换的方法计算图 2-24(b)所示电路的参数 I_S 和 R_0。

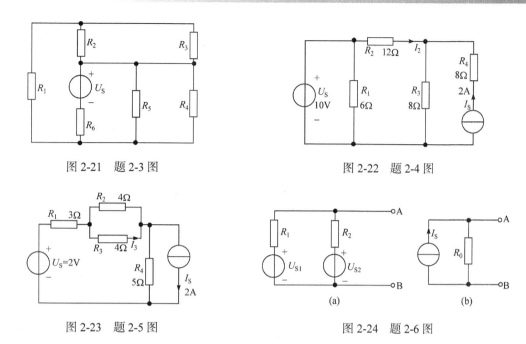

图 2-21　题 2-3 图　　　　　　　图 2-22　题 2-4 图

图 2-23　题 2-5 图　　　　　　　图 2-24　题 2-6 图

2-7　用支路电流法求图 2-25 所示电路中各支路电流。

2-8　用叠加定理求解图 2-25 所示电路中电流源两端的电压 U_1。

2-9　图 2-26 所示电路中，N_0 是一线性无源网络。当 $U_1=1V$，$I_2=2A$ 时，$U_3=0V$；当 $U_1=5V$，$I_2=0A$ 时，$U_3=1V$。试求当 $U_1=0V$，$I_2=5A$ 时的电压 U_3。

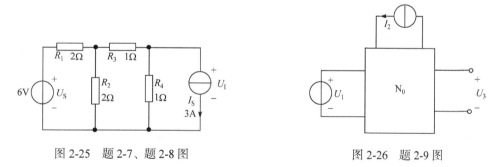

图 2-25　题 2-7、题 2-8 图　　　　　　　图 2-26　题 2-9 图

2-10　已知图 2-27(a)所示电路可用图 2-27(b)所示电路等效，其中 $I_{S1}=2A$，$R_1=12\Omega$，$R_2=18\Omega$，$U_{S1}=6V$，$U_{S2}=9V$；试计算图 2-27(b)所示电路的参数 I_S 和 R_0。

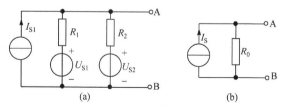

图 2-27　题 2-10 图

2-11　图 2-28 所示电路中，当负载 R_L 为何值时能获得最大功率？并求该最大功率。

2-12 电路如图 2-29 所示，分别用戴维南定理和诺顿定理计算电阻 R_L 上的电流 I_L。

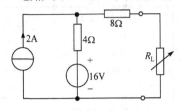

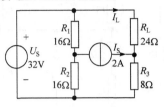

图 2-28　题 2-11 图　　　　　　　　图 2-29　题 2-12 图

2-13 用戴维南定理求图 2-30 所示电路中的电流 I_2。

2-14 试用节点电压法求图 2-31 所示电路中各支路电流。

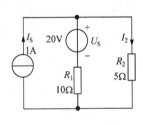

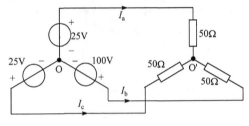

图 2-30　题 2-13 图　　　　　　　　图 2-31　题 2-14 图

2-15 电路如图 2-32 所示，已知 $R_1=6\Omega$，$R_2=30\Omega$，$R_3=20\Omega$，$I_S=1A$，$U_S=10V$，用节点电压法求电路的电压 U_{ab}。

2-16 电路如图 2-33 所示，先对电路适当化简，再用节点电压法求电阻 R_L 上的电压 U，并计算理想电流源的功率。

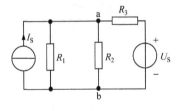

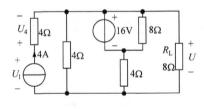

图 2-32　题 2-15 图　　　　　　　　图 2-33　题 2-16 图

2-17 图 2-34 所示电路原已稳定，在 $t=0$ 时开关 S 断开，求电路的初始值 $i_C(0_+)$，$u_C(0_+)$ 和时间常数 τ。

2-18 图 2-35 所示电路在换路前已处于稳态，试求换路后电流 i 的初始值 $i(0_+)$ 和稳态值 $i(\infty)$。

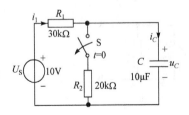

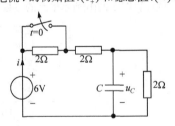

图 2-34　题 2-17 图　　　　　　　　图 2-35　题 2-18 图

2-19 电路如图 2-36 所示，开关 S 闭合前电路已处于稳态，当 $t=0$ 时合上开关 S，求开关 S 合上后的电压 $u(t)$。

2-20 图 2-37 所示电路原已稳定，$t=0$ 时将开关 S 闭合。已知：$U_S=15V$，$I_S=2A$，$R_1=6\Omega$，$R_2=4\Omega$，$L=1H$。求开关 S 闭合后的电感电流 $i_L(t)$ 和电流源两端的电压 $u(t)$。

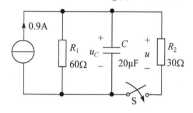

图 2-36 题 2-19 图

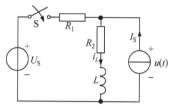

图 2-37 题 2-20 图

习题答案2

第3章 正弦交流电路

大小和方向随时间做周期性变化,且在一个周期内的平均值为零的电流、电压或电动势统称为**交流电**。大小和方向随时间按照正弦规律变化的电流、电压和电动势称为**正弦交流电**。正弦交流电广泛应用在工农业生产和日常生活中,因此对正弦交流电的研究在实践上和理论上都有十分重要的意义。

本章主要讲述正弦交流电的基本概念,单一参数交流电路,交流电路的阻抗及阻抗的串并联,交流电路的功率和功率因数,最后介绍滤波器、谐振和非正弦周期性电路。

3.1 复数知识

复数的
基础知识

在正弦交流电路的分析和计算过程中,经常需要用到复数。复数的表示方法及运算等相关知识详见二维码中的内容。

3.2 正弦交流电的基本概念

激励和响应均为同频率的正弦量的线性电路称为**正弦交流电路**或**正弦稳态电路**。正弦稳态电路在电力系统和电子技术领域占有十分重要的地位,正弦信号是一种基本信号,任何非正弦周期信号都可以利用傅里叶级数将其分解为不同频率的正弦量,因而对正弦电路的分析研究具有重要的理论价值和实际意义。

正弦交流电路中的电压、电流都是按正弦规律变化的,对正弦量的数学描述,可以采用 sin 函数,也可以采用 cos 函数。在采用相量法进行分析计算时,要明确采用的是哪种函数,不能两者同时混用。本书在后续章节中都采用 sin 函数来表示正弦交流电。

以正弦交流电流为例,其数学表达式为

$$i = I_m \sin(\omega t + \psi) \tag{3-1}$$

式中,小写字母 i 表示正弦交流电流在某一时刻的值,称为**瞬时值**; I_m 表示正弦交流电流在变化过程中出现的**最大值**,也称幅值; ω 为正弦交流电流的**角频率**,表征相位变化的速度,反映正弦量变化的快慢; ψ 表示 $t=0$ 时正弦交流电流所处的电角度,反映正弦量的计时起点,称为**初相位**。

正弦交流电流的波形如图 3-1 所示。

在式(3-1)的表达式中,只要最大值、角频率和初相位这三个参数确定,那么正弦交流电的表达式也就唯一确定下来了。因此,这三个参数称为正弦交流电的**三要素**。

1. 最大值与有效值

最大值是指正弦交流电在变化过程中所能达到的最

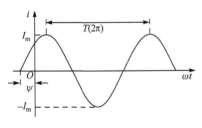

图 3-1 正弦交流电流的波形

大幅值，用大写字母加下标 m 表示。如 U_m、I_m 分别表示电压、电流的最大值。

通常我们所说的交流电的大小既不是最大值，也不是瞬时值，而是有效值。

有效值是根据电流热效应来定义的。如果一个交流电流 i 和一个直流电流 I 分别通过阻值相同的电阻，在一个周期内产生的热量相等，那么就把这一直流电的数值称为交流电的有效值，即

$$\int_0^T i^2 R\mathrm{d}t = I^2 RT$$

由此可得到交流电流 i 的有效值与瞬时值的关系为

$$I = \sqrt{\frac{1}{T}\int_0^T i^2 \mathrm{d}t} \tag{3-2}$$

即交流电流的有效值等于它的瞬时值的平方在一个周期内的平均值的平方根，也称为**均方根值**。式(3-2)不仅适用于计算正弦交流电的有效值，也适用于计算其他周期性变化的电流或电压的有效值。

对于正弦交流电流，设 $i = I_m \sin\omega t$，代入式(3-2)有

$$I = \sqrt{\frac{1}{T}\int_0^T i^2 \mathrm{d}t} = \sqrt{\frac{1}{T}\int_0^T (I_m \sin\omega t)^2 \mathrm{d}t} = \frac{I_m}{\sqrt{2}} \tag{3-3}$$

同理，正弦交流电压和正弦交流电动势的有效值与其最大值的关系为

$$U = \frac{U_m}{\sqrt{2}}, \qquad E = \frac{E_m}{\sqrt{2}}$$

由此可见，对于正弦交流电，最大值是有效值的 $\sqrt{2}$ 倍。有效值用大写字母表示，如 I、U、E 分别表示电流、电压和电动势的有效值。

值得注意的是，平常人们所说的交流电的大小指的都是有效值，电气设备铭牌上标识的额定值，以及交流电压表和交流电流表测量的数值一般也都是有效值。但绝缘水平、耐压值等则是指最大值，在考虑电气设备的耐压水平时应按最大值考虑。

2. 周期、频率与角频率

正弦交流电变化一个循环所需要的时间称为**周期**，用 T 表示，单位是秒(s)。每秒钟变化的次数称为**频率**，用 f 表示，单位是赫兹(Hz)。周期 T 与频率 f 互为倒数，即

$$f = \frac{1}{T} \tag{3-4}$$

角频率 ω 是指正弦量每秒钟变化的弧度数，单位为弧度/秒(rad/s)。角频率 ω 与周期 T、频率 f 之间的关系为

$$\omega = 2\pi f = \frac{2\pi}{T} \tag{3-5}$$

我国的工业标准频率为50Hz，简称**工频**。世界上大部分国家的工业标准频率也是50Hz，只有美国、加拿大、韩国等少数国家为60Hz。

3. 相位与初相位

在式(3-1)的正弦量表达式中，$(\omega t + \psi)$ 称为正弦量的相位，它表示正弦量的变化进程。$t=0$ 时的相位 ψ 即为**初相位**。初相位与时间的起点有关，虽然时间起点可以任意选定，但在同

一个电路中，所有的电压、电动势和电流都只能选同一个时间起点。如果选某一个电压或电流初相位为零的瞬间作为时间起点，这个电压或电流称为**参考量**。

在同一个正弦交流电路中，通常有多个频率相同的正弦量，同频率的正弦量之间的相位关系可以通过它们的相位差来描述。**相位差**是两个同频率正弦量的相位之差，记作 φ。

例如，两个同频率的正弦量 u、i 分别为

$$u = U_m \sin(\omega t + \psi_u)$$

$$i = I_m \sin(\omega t + \psi_i)$$

则它们的相位差为

$$\varphi = (\omega t + \psi_u) - (\omega t + \psi_i) = \psi_u - \psi_i$$

从上式可以看出，正弦量的相位差等于它们的初相位之差。相位差不随时间变化，相位差的取值范围为 $|\varphi| \leqslant 180°$。

两个正弦量 u、i 之间的相位关系通常有以下四种情况(取电流 i 为参考量)。

$\varphi = \psi_u - \psi_i = 0$，称 u 与 i 同相，如图 3-2(a)所示；

$\varphi = \psi_u - \psi_i = \pm\pi$，称 u 与 i 反相，如图 3-2(b)所示；

$\varphi = \psi_u - \psi_i > 0$，称 u 超前于 i，或 i 滞后于 u，如图 3-2(c)所示；

$\varphi = \psi_u - \psi_i < 0$，称 u 滞后于 i，或 i 超前于 u，如图 3-2(d)所示。

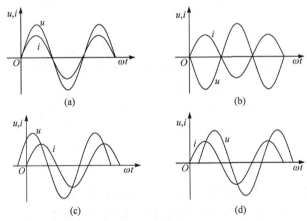

图 3-2   同频正弦量的相位关系

3.3   正弦交流电的相量表示法

在前面的分析过程中，正弦交流电是用三角函数和波形图来表示的，这两种表示方法比较直观。但是在分析计算正弦交流电路时，经常需要对同频正弦量进行加减或乘除运算，用三角函数表达式和波形图进行计算会非常烦琐。为了简化正弦交流电路的计算，可以用相量来表示正弦量，这样可以把三角运算简化为复数形式的代数运算。

1. 相量表示法

在复平面中有一长度为 I_m 的矢量 $\overline{OA}$ 以角速度 ω 逆时针方向旋转，起始位置与实轴的夹角为 ψ，如图 3-3(a)所示。该矢量在虚轴上的投影为 $I_m \sin(\omega t + \psi)$，波形如图 3-3(b)所示，

其表达式和波形与正弦交流电相同。因此，可以用一个旋转的矢量来表示正弦交流电，矢量的长度、旋转角速度和初始角度分别表示正弦量的最大值(或有效值)、角速度和初相位，这样，就可以把正弦量之间的三角运算简化为复平面中的矢量运算。而复平面中的矢量可用复数表示，因此，正弦量也可以用复数表示。用来表示正弦量的复数称为**相量**，用大写字母加"·"表示，如 $\dot{I}$、$\dot{U}$ 称为电流 i、电压 u 的有效值相量，下标 m 表示最大值相量，如 $\dot{I}_m$、$\dot{U}_m$ 称为电流 i、电压 u 的最大值相量。

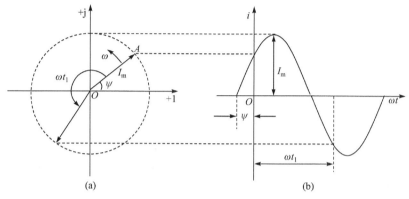

图 3-3　旋转矢量与正弦量的关系

在线性正弦交流电路中，如果电源的频率为 ω，则电路中各处的电流、电压的频率都与电源的频率相同。因此，在分析和计算正弦交流电路时，只需计算幅值(或有效值)和初相位这两个要素即可。用正弦量的幅值(或有效值)作为复数的模，正弦量的初相位作为复数的辐角，这个复数就称为正弦量的相量表示式。通常把初相位为零的相量称为**参考相量**。

在复平面上用有向线段表示相量的图形称为**相量图**。有向线段的长度表示相量的模，有向线段与实轴的夹角表示相量的辐角，且规定逆时针方向为正，顺时针方向为负。在画相量图时，虚轴一般都省略不画，在有参考相量时，实轴也可以省略不画。

例 3-1　写出电压 $u = 220\sqrt{2}\sin(314t + 30°)\text{V}$、电流 $i = 14.1\sin(314t - 10°)\text{A}$ 所对应的有效值相量和最大值相量，并画出相量图(用有效值相量表示)。

解　电压 $u = 220\sqrt{2}\sin(314t + 30°)\text{V}$ 的有效值是 220V，初相位是 30°；电流 $i = 14.1\sin(314t - 10°)\text{A}$ 的有效值是 10A，初相位是 $-10°$。所以，电压 u 和电流 i 所对应的有效值相量分别为

$$\dot{U} = 220\angle 30°\text{V}, \qquad \dot{I} = 10\angle -10°\text{A}$$

同理，电压 u 和电流 i 所对应的最大值相量分别为

$$\dot{U}_m = 220\sqrt{2}\angle 30°\text{V}, \qquad \dot{I}_m = 14.1\angle -10°\text{A}$$

相量图如图 3-4 所示。

引入相量概念后，任何一个正弦量都可以用相量或相量图表示。同频率的正弦量进行运算时，可以先把正弦量转换为相量，利用复数运算法则进行计算，再把相量转换为正弦量即可。如果用相量图进行计算，两个相量的加减可通过平行四边形法则作图求得。

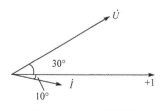

图 3-4　例 3-1 相量图

需要注意的是，正弦量可以用相量来表示，但正弦量不等于相量。如下面两个表达式都是**错误的**。

$$i(t) = 10\sqrt{2}\sin(\omega t + 36°)\text{A}=10\angle 36°\text{A}$$

$$\dot{U}=3\angle 45°\text{V}=3\sqrt{2}\sin(\omega t + 45°)\text{V}$$

2. 基尔霍夫定律的相量形式

基尔霍夫定律不仅适用于直流电路，也适用于交流电路。即在交流电路中，同样有

$$\begin{cases} \text{KVL}: & \sum u = 0 \\ \text{KCL}: & \sum i = 0 \end{cases} \tag{3-6}$$

在采用相量表示法后，基尔霍夫定律也可以用相量形式来表示，即

$$\begin{cases} \text{KVL}: & \sum \dot{U} = 0 \\ \text{KCL}: & \sum \dot{I} = 0 \end{cases} \tag{3-7}$$

例如，在图 3-5(a)所示电路中，各电压相量满足 $\dot{U}_S=\dot{U}_R+\dot{U}_L$，在图 3-5(b)所示电路中，各电流相量满足 $\dot{I}=\dot{I}_1+\dot{I}_2$。但 $U_S \neq U_R+U_L$，$I \neq I_1+I_2$，注意两者的区别。

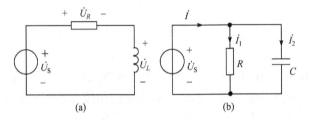

图 3-5　相量形式的基尔霍夫定律

3.4　单一参数交流电路

电阻、电感和电容是组成电路模型的基本元件，本节利用正弦交流电路的相量表示法来分析最简单的交流电路，即只含有一种基本元件的交流电路。

3.4.1　纯电阻电路

1. 电压电流关系

在图 3-6(a)所示电路中，设 $i(t) = \sqrt{2}I\sin\omega t$，在图示的关联参考方向下，电压 u 与电流 i 之间满足 $u=iR$，因此有

$$u(t) = i(t)R = \sqrt{2}IR\sin\omega t=U_m\sin\omega t \tag{3-8}$$

从这个关系表达式可以得到电压 u 与电流 i 之间存在如下的关系：电阻两端的电压 u 与电阻上流过的电流 i 为同频率的正弦量，且相位相同，波形如图 3-6(b)所示。

从式(3-8)中可以看出，电压的最大值和有效值分别为

$$\begin{cases} U_{\mathrm{m}} = \sqrt{2}IR = I_{\mathrm{m}}R \\ U = IR \end{cases} \tag{3-9}$$

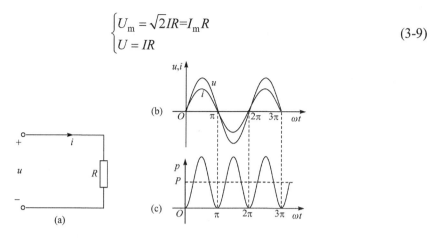

图 3-6 纯电阻电路

综合上述分析所得的电压和电流之间的大小和相位关系，可以得到电阻元件电压与电流的相量关系表达式为

$$\begin{cases} \dot{U}_{\mathrm{m}} = \dot{I}_{\mathrm{m}}R \\ \dot{U} = \dot{I}R \end{cases} \tag{3-10}$$

由此可以得到电阻元件的相量模型，如图 3-7(a)所示，对应的相量图如图 3-7(b)所示。

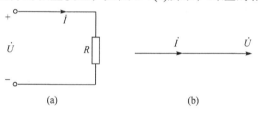

图 3-7 电阻元件的相量模型

需要注意的是，在式(3-10)的相量关系表达式中，不仅包含了电压与电流之间的大小关系，还包含了它们之间的相位关系。

2. 功率

瞬时功率定义为瞬时电压 u 与瞬时电流 i 的乘积，用小写字母 p 表示。当电阻的电压 u 与电流 i 的参考方向关联时，如图 3-6(a)所示，电阻元件的瞬时功率

$$p(t) = u(t) \times i(t) = 2UI\sin^2\omega t = UI - UI\cos 2\omega t \tag{3-11}$$

从式(3-11)可以看出，电阻元件的瞬时功率随时间作周期性变化，变化频率是电压(或电流)频率的两倍，如图 3-6(c)所示。瞬时功率可以分解为两个分量：大于零的恒定分量 UI 和周期性变化的分量 $UI\cos 2\omega t$，瞬时功率始终大于等于零，表明电阻元件是消耗电能的，所以也称电阻元件为**耗能元件**。

瞬时功率在一个周期内的平均值称为**平均功率**，也称**有功功率**，用大写字母 P 表示，单位为瓦特 (W)。电阻元件的有功功率

$$P = \frac{1}{T}\int_0^T p\mathrm{d}t = \frac{1}{T}\int_0^T (UI - UI\cos 2\omega t)\mathrm{d}t = UI \tag{3-12}$$

即电阻元件的有功功率是电阻元件上的电压和电流有效值的乘积。把式(3-9)代入式(3-12)，电阻元件有功功率也可表示为

$$P = UI = I^2 R = \frac{U^2}{R} \tag{3-13}$$

例 3-2 已知一电阻丝的额定电压为 220V，额定功率为 400W。现把该电阻丝接到 220V 的工频交流电源上，求电阻丝的电流和电阻值。

解 当电阻丝接到额定电压 220V 的电源上时，消耗的功率就是额定功率，根据 *P=UI* 可得

$$I = P / U = 400 / 220 = 1.82(\mathrm{A})$$

电阻丝的电阻值

$$R = U / I = 220 / 1.82 = 120.9 \ (\Omega)$$

3.4.2 纯电感电路

1. 电压电流关系

在图 3-8(a)所示电路的关联参考方向下，对于电感元件，电压 u 与电流 i 之间满足 $u(t) = L\dfrac{\mathrm{d}i(t)}{\mathrm{d}t}$。设 $i(t) = \sqrt{2}I\sin\omega t$，则有

$$u(t) = L\frac{\mathrm{d}i(t)}{\mathrm{d}t} = L\frac{\mathrm{d}(\sqrt{2}I\sin\omega t)}{\mathrm{d}t} = \sqrt{2}I\omega L\sin(\omega t + 90°) = U_{\mathrm{m}}\sin(\omega t + 90°) \tag{3-14}$$

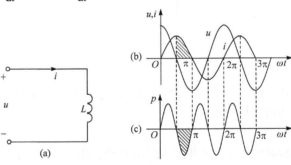

图 3-8 纯电感电路

从式(3-14)可以看出，电压 u 与电流 i 之间存在如下的关系：电感两端的电压 u 与电感上流过的电流 i 为同频率的正弦量，电压在相位上超前于电流 90°，电压 u、电流 i 的波形如图 3-8(b)所示。

从式(3-14)中还可以得到，电压的最大值和有效值分别为

$$\begin{cases} U_{\mathrm{m}} = \sqrt{2}I\omega L = I_{\mathrm{m}}X_L \\ U = I\omega L = IX_L \end{cases} \tag{3-15}$$

式中，$X_L = \omega L = 2\pi f L$，称为电感的电抗，简称**感抗**，单位为欧姆($\Omega$)。与电阻一样，电感

也具有阻碍电流通过的能力。感抗 X_L 与频率 f 和电感量 L 成正比，频率越高，电感量越大，则感抗越大。因此电感具有阻高频电流、通低频电流的性质。利用这一性质，可用电感制作滤波器。在直流稳态电路中(相当于 $f = 0$)，$X_L = 0$，电感可看作短路。

结合上述分析所得的电压和电流之间的大小与相位关系，可以得到电感元件电压 u 与电流 i 的相量关系表达式为

$$\begin{cases} \dot{U}_m = jX_L\dot{I}_m \\ \dot{U} = jX_L\dot{I} \end{cases} \tag{3-16}$$

由此可以得到电感元件的相量模型，如图 3-9(a)所示，对应的相量图如图 3-9(b)所示。

同样，在式(3-16)的相量关系表达式中，不仅包含了电压与电流之间的大小关系，还包含了它们之间的相位关系。式中的"j"可以看成是旋转因子，表明电压相量超前于电流相量 90°。

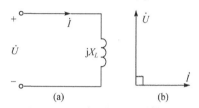

图 3-9　电感元件的相量模型

2. 功率

当电感的电压 u 与电流 i 的参考方向关联时，如图 3-8(a)所示，电感元件的瞬时功率为

$$p(t) = u(t) \times i(t) = \sqrt{2}U\sin(\omega t + 90°) \times \sqrt{2}I\sin\omega t = UI\sin 2\omega t \tag{3-17}$$

从式(3-17)可以看出，电感元件的瞬时功率随时间作周期性变化，变化频率是电压(或电流)频率的两倍，如图 3-8(c)所示。从图中可以看出，当电流 $|i|$ 增加时(或 u 与 i 同为正或同为负时)，电感元件的瞬时功率 $p>0$，这时电感从电源(或外电路)吸收功率并转换为磁场能储存在电感内部，电感中储存的磁场能增加；当电流 $|i|$ 减小时(或 u 与 i 为一正一负时)，电感元件的瞬时功率 $p<0$，这时电感把储存在内部的磁场能转换为电能送回电源(或外电路)，电感中储存的磁场能减少。

电感元件的有功功率

$$P = \frac{1}{T}\int_0^T p\mathrm{d}t = \frac{1}{T}\int_0^T UI\sin 2\omega t\mathrm{d}t = 0 \tag{3-18}$$

即电感元件的有功功率为零，说明电感元件不消耗能量，只与电源(或外电路)进行能量交换，它是一个**储能元件**。

为了反映电感元件与电源或外电路能量交换的大小，在正弦交流电路中引入了**无功功率**这个概念。无功功率通常用瞬时功率的最大值来衡量，用大写字母 Q 表示，单位为乏(var)。

电感元件的无功功率

$$Q = UI = I^2X_L = \frac{U^2}{X_L} \tag{3-19}$$

电感元件
例题

3.4.3　纯电容电路

1. 电压电流关系

在图 3-10(a)所示的关联参考方向下，对于电容元件，电压 u 与电流 i 之间满足

$i(t) = C\dfrac{\mathrm{d}u(t)}{\mathrm{d}t}$。设 $u(t) = \sqrt{2}U\sin\omega t$，则有

$$i(t) = C\frac{\mathrm{d}u(t)}{\mathrm{d}t} = C\frac{\mathrm{d}(\sqrt{2}U\sin\omega t)}{\mathrm{d}t} = \sqrt{2}U\omega C\sin(\omega t + 90°) = I_\mathrm{m}\sin(\omega t + 90°) \tag{3-20}$$

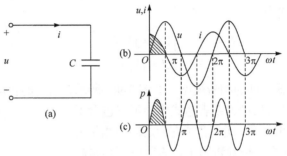

图 3-10　纯电容电路

从式(3-20)可以看出，电压 u 与电流 i 之间存在如下的关系：电容两端的电压 u 与电容上流过的电流 i 为同频率的正弦量，电流在相位上超前于电压 $90°$，电压 u、电流 i 的波形如图 3-10(b)所示。

从式(3-20)中可以看出，电流的最大值和有效值分别为

$$\begin{cases} I_\mathrm{m} = \sqrt{2}U\omega C = \dfrac{U_\mathrm{m}}{X_C} \\[3mm] I = U\omega C = \dfrac{U}{X_C} \end{cases} \tag{3-21}$$

式中，$X_C = 1/(\omega C) = 1/(2\pi f C)$，称为电容的电抗，简称**容抗**，单位为欧姆($\Omega$)。电容也具有阻碍电流通过的能力。容抗 X_C 与频率 f 和电容量 C 成反比，频率越高，电容量越大，则容抗越小。因此电容具有阻低频电流、通高频电流的性质。利用这一性质，也可以用电容制作滤波器。在直流稳态电路中(相当于 $f=0$)，$X_C \to \infty$，电容可看作开路。

综合上述分析所得的电压和电流之间的大小与相位关系，可以得到电容元件的电压与电流的相量关系表达式为

$$\begin{cases} \dot{U}_\mathrm{m} = -\mathrm{j}X_C\dot{I}_\mathrm{m} \\[2mm] \dot{U} = -\mathrm{j}X_C\dot{I} \end{cases} \tag{3-22}$$

由此可以得到电容元件的相量模型，如图 3-11(a)所示，对应的相量图如图 3-11(b)所示。

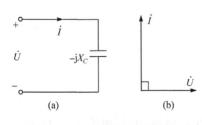

同样，在式(3-22)的相量关系表达式中，不仅包含了电压与电流之间的大小关系，还包含了它们之间的相位关系。式中的"$-\mathrm{j}$"同样可以看成是旋转因子，表明电压相量滞后于电流相量 $90°$。

2. 功率

当电容的电压 u 与电流 i 的参考方向关联时，如图 3-10(a)所示，电容元件的瞬时功率为

图 3-11　电容元件的相量模型

$$p(t) = u(t) \times i(t) = \sqrt{2}U \sin\omega t \times \sqrt{2}I \sin(\omega t + 90°) = UI \sin 2\omega t \tag{3-23}$$

从式(3-23)可以看出，与电感元件一样，电容元件的瞬时功率随时间作周期性变化，变化频率是电压(或电流)频率的两倍，如图 3-10(c)所示。从图中可以看出，当电压|u|增加时(或 u 与 i 同为正或同为负时)，电容元件的瞬时功率 p>0，这时电容从电源(或外电路)吸收功率并转换为电场能储存在电容内部，电容中储存的电场能增加；当电压|u|减小时(或 u 与 i 为一正一负时)，电容元件的瞬时功率 p<0，这时电容把储存在内部的电场能转换为电能送回电源(或外电路)，电容中储存的电场能减少。

电容元件的有功功率

$$P = \frac{1}{T}\int_0^T p\mathrm{d}t = \frac{1}{T}\int_0^T UI \sin 2\omega t\mathrm{d}t = 0 \tag{3-24}$$

即电容元件的有功功率为零。这说明电容元件不消耗能量，只与电源(或外电路)进行能量交换，它是一个**储能元件**。

电容元件的无功功率

$$Q = -UI = -I^2 X_C = -\frac{U^2}{X_C} \tag{3-25}$$

式中的 "–" 表示电容在吸收功率的时候，电感恰好在释放功率。这一点也可以在图 3-8(c)和图 3-10(c)的功率波形中反映出来。以电流在 90°～180°区间的波形为例(阴影部分)，电感元件在这个时间段的瞬时功率 p<0，发出功率，而电容元件在这个时间段的瞬时功率 p>0，吸收功率。因此，在同一电路中，电感元件和电容元件的无功功率可以相互抵消。为了表明电感无功和电容无功的不同性质，有时也用**感性无功**和**容性无功**来加以区别。

电容元件
例题

综合以上对电阻元件、电感元件和电容元件的分析，可以对它们的电压电流关系、有功功率和无功功率归纳如表 3-1 所示。

表 3-1　无源元件伏安特性的相量关系及功率表达式

理想元件	电阻	电感	电容
瞬时值模型	i　R　u	i_L　L　u_L	i_C　C　u_C
相量模型	$\dot{I}$　R　$\dot{U}$	$\dot{I}_L$　jX_L　$\dot{U}_L$	$\dot{I}_C$　$-jX_C$　$\dot{U}_C$
相量关系式	$\dot{U} = \dot{I}R$	$\dot{U}_L = jX_L\dot{I}_L$	$\dot{U}_C = -jX_C\dot{I}_C$
相位关系	电压与电流同相	电压超前电流 90°	电流超前电压 90°
有功功率	$P = UI = I^2R = \dfrac{U^2}{R}$	$P_L = 0$	$P_C = 0$
无功功率	$Q=0$	$Q_L = U_L I_L = I_L^2 X_L = \dfrac{U_L^2}{X_L}$	$Q_C = -U_C I_C = -I_C^2 X_C = -\dfrac{U_C^2}{X_C}$

3.5 *RLC* 串联电路的分析

在正弦交流电路中，*RLC* 串联电路是一种较为简单的电路，电路如图 3-12(a)所示。设端口电压为 u，在电阻、电感和电容上的电压分别为 u_R、u_L 和 u_C，通过电路的电流为 i。在图示参考方向下，根据基尔霍夫电压定律有 $u = u_R + u_L + u_C$。

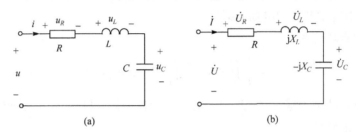

图 3-12 *RLC* 串联电路

用相量形式可表示为 $\dot{U} = \dot{U}_R + \dot{U}_L + \dot{U}_C$，对应的相量模型电路如图 3-12(b)所示。分别把电阻、电感和电容的电压电流关系代入，可得

$$\dot{U} = \dot{U}_R + \dot{U}_L + \dot{U}_C = \dot{I}(R + j(X_L - X_C))$$
$$= \dot{I}(R + jX) = \dot{I}Z \tag{3-26}$$

式中，$X = X_L - X_C$，称为 *RLC* 串联电路的**电抗**，单位为欧姆(Ω)。

$$Z = R + jX \tag{3-27}$$

称为 *RLC* 串联电路的**复阻抗**(简称阻抗)，单位为欧姆(Ω)。阻抗 Z 也是一个复数，但它没有对应的正弦量，因此它不是一个相量，不能在字母 Z 上加 "·"。

阻抗 Z 也可以写成极坐标形式

$$Z = R + jX = |Z| \angle \varphi \tag{3-28}$$

式中，$|Z|$ 是阻抗 Z 的模，称为**阻抗模**，φ 是阻抗 Z 的辐角，称为**阻抗角**，$|\varphi| \leqslant 90°$。

从式(3-28)可知

$$|Z| = \sqrt{R^2 + X^2} = \sqrt{R^2 + (X_L - X_C)^2}$$

$$\varphi = \arctan \frac{X}{R} = \arctan \frac{X_L - X_C}{R}$$

因此，阻抗模 $|Z|$、电阻 R 和电抗 X 三者之间符合直角三角形的关系，如图 3-13 所示。这个三角形称为**阻抗三角形**。

设 $\dot{U} = U \angle \varphi_u$，$\dot{I} = I \angle \varphi_i$，代入式(3-26)，并结合式(3-28)，可得

$$Z = \frac{\dot{U}}{\dot{I}} = \frac{U}{I} \angle (\varphi_u - \varphi_i) = |Z| \angle \varphi \tag{3-29}$$

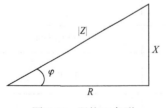

图 3-13 阻抗三角形　　　即

$$|Z| = \frac{U}{I}, \qquad \varphi = \varphi_u - \varphi_i \tag{3-30}$$

由此可知，阻抗模等于电压有效值 U 与电流有效值 I 之比；阻抗角等于电压相量 $\dot{U}$ 与电流相量 $\dot{I}$ 的相位差。

在 RLC 串联电路中，根据感抗和容抗参数的不同，电压相量 $\dot{U}$ 可能超前于电流相量 $\dot{I}$，也可能滞后于电流相量 $\dot{I}$。

当 $X_L > X_C$ 时，即 $X > 0$（或 $\varphi > 0$），电压 $\dot{U}$ 超前于电流 $\dot{I}$，电路呈感性；当 $X_L < X_C$ 时，即 $X < 0$（或 $\varphi < 0$），电压 $\dot{U}$ 滞后于电流 $\dot{I}$，电路呈容性；当 $X_L = X_C$ 时，即 $X = 0$（或 $\varphi = 0$），电压 $\dot{U}$ 与电流 $\dot{I}$ 同相，电路呈电阻性。

当电路呈感性（或容性）时，相应的相量图如图 3-14 所示。由于 R、L、C 是串联的关系，各元件上通过的电流相同，因此通常选电流作为参考相量。

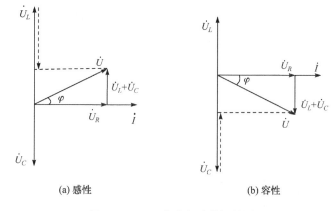

(a) 感性　　　　　　(b) 容性

图 3-14　RLC 串联电路的相量图

在图 3-14 中，电阻电压 $\dot{U}_R$（$U_R = IR$）、电抗电压 $\dot{U}_X = \dot{U}_L + \dot{U}_C$（$U_X = IX$）和总电压 $\dot{U}$（$U = I|Z|$）也构成了一个直角三角形，称为**电压三角形**。很显然，这个三角形与阻抗三角形为相似三角形。对比这两个三角形可以看出，φ 既是阻抗角，也是电压相量与电流相量的相位差，与前面的分析一致。

当串联电路中只含电阻 R、电感 L 或电容 C 中的两个元件时，求解方法与 RLC 串联时的情况类似。

3.6　阻抗的串联与并联

3.6.1　无源二端网络的阻抗

3.5 节对 RLC 串联电路的阻抗进行了分析。推广到一般交流电路，对于任意一个无源二端网络，如图 3-15(a)所示，端口的电压相量与电流相量之比定义为无源二端网络的等效阻抗 Z，即

$$Z = \frac{\dot{U}}{\dot{I}} \qquad (3\text{-}31)$$

式(3-31)的形式与欧姆定律类似，称为**欧姆定律的相量形式**。

求得二端网络的等效阻抗后，对外电路来说，该二端网络可以用阻抗 Z 来等效，如图 3-15(b)所示。

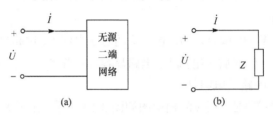

图 3-15　无源二端网络的阻抗

阻抗 Z 同样可以用代数式或极坐标式来表示，即 $Z = R + jX = |Z| \angle \varphi$ 。当阻抗为感性($X>0$ 或 $\varphi>0$)时，可以等效为 RL 串联的模型，当阻抗为容性($X<0$ 或 $\varphi<0$)时，可以等效为 RC 串联的模型。

当电路中只含电阻 R、电感 L 或电容 C 中的一个元件时，即为单一参数交流电路。各元件的阻抗、阻抗模和阻抗角见表 3-2。

表 3-2　无源元件的阻抗

元件	阻抗	阻抗模	阻抗角
电阻	$Z = R$	$|Z| = R$	$\varphi = 0°$
电感	$Z = jX_L$	$|Z| = X_L$	$\varphi = 90°$
电容	$Z = -jX_C$	$|Z| = X_C$	$\varphi = -90°$

例 3-3　无源二端网络输入端的电压为 $u = 220\sqrt{2}\sin(314t + 30°)\text{V}$ ，电流为 $i = 10\sqrt{2}\sin(314t - 23°)\text{A}$ ，如图 3-16 所示。求该二端网络串联等效电路的参数。

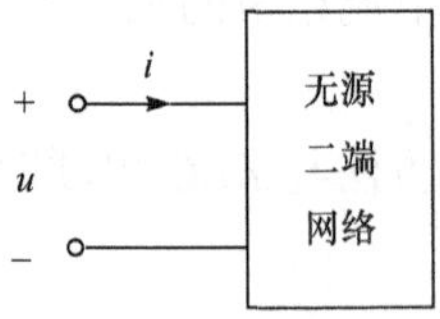

解　已知 $\dot{U} = 220\angle 30°\text{V}$ ，$\dot{I} = 10\angle -23°\text{A}$ ，所以，该二端网络的阻抗

图 3-16　例 3-3 电路图

$$Z = \frac{\dot{U}}{\dot{I}} = \frac{220\angle 30°}{10\angle -23°} = 22\angle 53° = 13.2 + j17.6(\Omega)$$

电路呈电感性，可以等效为电阻 R 与电感 L 串联的模型，等效电路的参数

$$R = 13.2\Omega, \qquad X_L = 17.6\Omega$$

电感

$$L = X_L / \omega = 17.6 / 314 = 0.056(\text{H})$$

3.6.2　阻抗的串并联

阻抗串联或并联时，其等效阻抗的计算方法与电阻串联或并联时等效电阻的计算方法类似。

当 n 个阻抗串联时，如图 3-17(a)所示，等效阻抗为

$$Z = Z_1 + Z_2 + \cdots + Z_n = R_1 + R_2 + \cdots + R_n + j(X_1 + X_2 + \cdots + X_n) \tag{3-32}$$

当 n 个阻抗并联时，如图 3-17(b)所示，等效阻抗为

$$\frac{1}{Z} = \frac{1}{Z_1} + \frac{1}{Z_2} + \cdots + \frac{1}{Z_n} \tag{3-33}$$

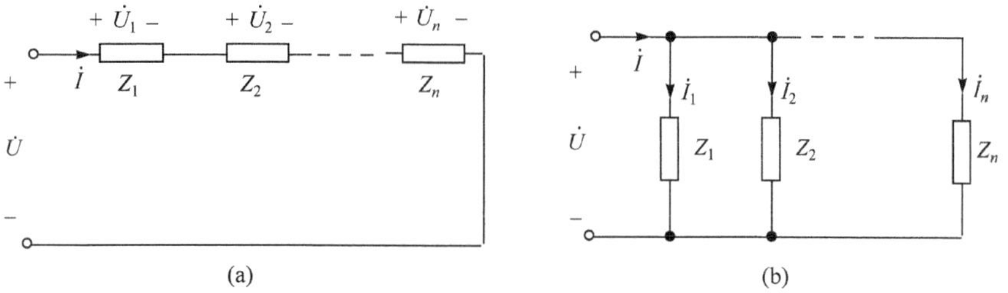

图 3-17　阻抗的串联与并联

定义阻抗的倒数为**导纳**，用字母 Y 表示，即

$$Y = \frac{1}{Z} = G + jB = |Y| \angle \varphi' \tag{3-34}$$

式中，G 称为**电导**，B 称为**电纳**，$|Y|$ 称为导纳模，φ' 称为导纳角。导纳的单位为西门子(S)。对于同一个二端网络(或同一个无源元件)有 $Y = \frac{1}{Z}$，即 $|Y| = \frac{1}{|Z|}$，$\varphi' = -\varphi$。

采用导纳后，式(3-33)可表示为

$$Y = Y_1 + Y_2 + \cdots + Y_n = G_1 + G_2 + \cdots + G_n + j(B_1 + B_2 + \cdots + B_n) \tag{3-35}$$

采用相量法后，直流电路中的分析计算方法都可以应用到交流电路中，只要把公式中的电压、电流和电阻改为电压相量、电流相量和阻抗即可。

阻抗串并联
例题

3.7　正弦交流电路的功率

3.4 节对电阻元件、电感元件和电容元件的有功功率与无功功率进行了分析，下面分析任意一个无源或有源二端网络的功率。

1. 瞬时功率

如图 3-18(a)所示二端网络，如果端口电压和端口电流分别为

$$u = \sqrt{2}U \sin(\omega t + \varphi)$$

$$i = \sqrt{2}I \sin \omega t$$

则二端网络的瞬时功率

$$\begin{aligned} p = ui &= \sqrt{2}U \sin(\omega t + \varphi) \times \sqrt{2}I \sin \omega t \\ &= UI \cos \varphi - UI \cos(2\omega t + \varphi) \end{aligned} \tag{3-36}$$

瞬时功率的波形如图 3-18(b)所示，从图中可以看出，瞬时功率有正有负，以角频率 2ω 随时间变化，变化频率是电压(或电流)频率的两倍。当 $p>0$ 时，表明二端网络从外电路吸收

功率；当 $p<0$ 时，表明二端网络向外电路发出功率。

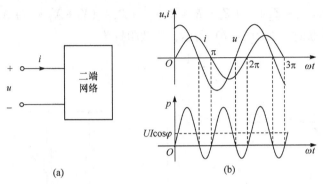

(a)   (b)

图 3-18   二端网络的功率

瞬时功率能反映电路中功率的实际变化情况，但在交流电路中通常用有功功率(即平均功率)、无功功率和视在功率来计量电路的功率。

2. 有功功率

有功功率也称为平均功率，是瞬时功率在一个周期内的平均值。

$$P = \frac{1}{T}\int_0^T p\mathrm{d}t = \frac{1}{T}\int_0^T \left(UI\cos\varphi - UI\cos(2\omega t + \varphi)\right)\mathrm{d}t = UI\cos\varphi \tag{3-37}$$

从式(3-37)中可以看出，平均功率的大小不仅与电压、电流的大小有关，还与 $\cos\varphi$ 有关。$\cos\varphi$ 称为**功率因数**(也可用 λ 表示)，φ 称为**功率因数角**，由负载的性质所决定。从上述推导过程可以看出，功率因数角 φ 也是电压相量与电流相量的相位差，还是负载阻抗的阻抗角。

有功功率是守恒的，即二端网络总的有功功率等于该二端网络内部各支路或各元件所消耗的有功功率之和。

3. 无功功率

瞬时功率的表达式(3-36)也可以写成

$$p = UI\cos\varphi(1 - \cos 2\omega t) + UI\sin\varphi\sin 2\omega t \tag{3-38}$$

其中，前一项始终大于等于零，反映了电阻所消耗的瞬时功率(见 3.4.1 节的分析)，第二项反映了二端网络中的储能元件与外电路之间的能量交换，其最大值 "$UI\sin\varphi$" 即为无功功率(见 3.4.2 节的分析)。因此无功功率

$$Q = UI\sin\varphi \tag{3-39}$$

无功功率也是守恒的，即二端网络总的无功功率等于该二端网络内部各支路或各元件所消耗的无功功率之和。

对于感性元件，电压超前于电流，$\varphi>0$，无功功率为正；对于容性元件，电压滞后于电流，$\varphi<0$，无功功率为负。因此，在同一电路中，感性无功功率与容性无功功率可以相互抵消。

4. 视在功率

视在功率定义为电压有效值与电流有效值的乘积，即

$$S = UI \tag{3-40}$$

视在功率用大写字母 S 表示，单位为伏安(V·A)。视在功率是不守恒的，即二端网络端口的总视在功率**不等于**二端网络内部各支路或各元件视在功率之和。

视在功率一般用来表示电源设备(如变压器、发电机等)的容量。

根据式(3-37)～式(3-40)可以看出，有功功率 P、无功功率 Q 和视在功率 S 三者之间满足以下关系

$$P = S\cos\varphi , \qquad Q = S\sin\varphi , \qquad S^2 = P^2 + Q^2 \tag{3-41}$$

由此可见，有功功率 P、无功功率 Q 和视在功率 S 也可以构成一个直角三角形，这个直角三角形称为功率三角形，如图 3-19 所示。功率三角形与阻抗三角形、电压三角形是相似三角形。

5. 功率因数的提高

从功率的相互关系式(3-41)中可以得到，功率因数的计算公式为

$$\lambda = \cos\varphi = \frac{P}{S} \tag{3-42}$$

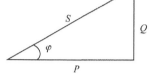

图 3-19　功率三角形

交流电路功率的例题1

交流电路功率的例题2

在正弦交流电路中，功率因数是一个非常重要的参数。功率因数太低，主要会带来以下两方面的问题。

(1) 降低供电设备的利用率。

当电源容量 S_N 一定时，由 $P = S_N \cos\varphi$ 可知，电源能够提供的有功功率与功率因数成正比。功率因数越低，电源所能提供的有功功率越小，设备的利用率也就越低。

(2) 增加供电设备和输电线路的功率损耗。

当负载电压和所需的有功功率一定时，由 $I = \dfrac{P}{U\cos\varphi}$ 可知，负载电流(即输电线路电流)与功率因数成反比。功率因数越小，输电线路和供电设备的电流就越大，输电线路和供电设备上的功率损耗 I^2R 也就越大。

基于上述原因，电力系统对电能用户的功率因数都有一定的要求，提高功率因数有非常重要的意义。

在生产和生活中所用的各种电气设备，除了像电炉、烤箱、电热水器等少数是电阻性负载($\cos\varphi=1$)外，绝大多数负载，如三相交流异步电动机、单相交流异步电动机、变压器、风机、水泵、接触器、电磁阀等都是电感性负载。

根据式(3-42)可知，功率因数低，是因为无功功率大，使得有功功率在视在功率中所占的比例小。因此要提高功率因数，就需要减小无功功率。而感性的无功功率与容性的无功功率可以相互抵消，因此提高功率因数的办法是在负载两端并联适当的电容。

需要注意的是，这里所说的提高功率因数是指提高线路的功率因数，而不是提高负载本身的功率因数，且在提高功率因数的同时必须保证负载仍能正常工作。

感性负载并联电容后的电路图和相量图如图 3-20 所示。

从相量图中可以看出，在并联电容前，端口电压 $\dot{U}$ 与端口电流 $\dot{I}$ 的相位差为 φ_L，也就是负载的阻抗角，此时相位差较大，功率因数较低，为 $\cos\varphi_L$，端口电流较大(为 I_L)，也就是负载电流。并联电容后，负载的电压、电流没有变化，但端口的电流 $\dot{I} = \dot{I}_C + \dot{I}_L$，由于电

容电流 $\dot{I}_C$ 超前于电压 $\dot{U}$ 90°，使得端口电流 $\dot{I}$ 与电压 $\dot{U}$ 的相位差减小(由 φ_L 减小为 φ)，端口的功率因数提高(由 $\cos\varphi_L$ 提高到 $\cos\varphi$)，端口的电流减小(由 I_L 减小为 I)。

正弦交流
电路的功率

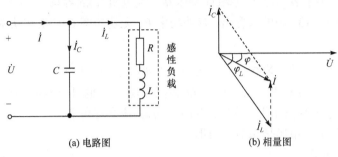

(a) 电路图 　　　　　　　　(b) 相量图

图 3-20　感性负载并联电容后的电路图和相量图

上面通过电压相量和电流相量的关系分析了并联电容后能提高功率因数,从功率的角度也可以得出相同的结论。详见二维码中的内容。

在采用并联电容的方法提高功率因数时，随着并联电容的增大，端口电流相量 $\dot{I}$ 与电压相量 $\dot{U}$ 之间的相位差逐渐减小，电容上的无功功率逐渐增大，当电流相量 $\dot{I}$ 与电压相量 $\dot{U}$ 同相时，相位差为零，功率因数 $\cos\varphi=1$ ，电容的无功功率与负载上的无功功率刚好完全抵消，此时称为**全补偿**。如果进一步增大电容，端口电流 $\dot{I}$ 将超前于电压相量 $\dot{U}$ ，电容上的无功功率大于负载的无功功率，此时电路呈容性，功率因数反而会变小。因此，并联的电容并不是越大越好。

设负载的电压为 U ，负载的有功功率为 P_L ，功率因数为 $\cos\varphi_L$ ，现要把线路的功率因数从 $\cos\varphi_L$ 提高到 $\cos\varphi$ ，该并联多大的电容呢?

根据负载的有功功率 P_L 和功率因数 $\cos\varphi_L$ ，可以计算出并联电容前总的无功功率，即负载的无功功率为 $Q_L = P_L\tan\varphi_L$ ，并联电容后总的无功功率为 $Q = P_L\tan\varphi$ (注意，并联电容前后有功功率不变)，显然有 $|Q_L - Q| = |Q_C|$ ，而 $|Q_C| = U^2 / X_C = U^2 \cdot \omega C$ ，由此可得

$$C = \frac{P_L}{\omega U^2}(\tan\varphi_L - \tan\varphi) \tag{3-43}$$

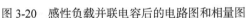
功率因数
提高例题

3.8　交流电路的频率特性

交流电路中，各部分的电压与电流(响应)的大小和相位都会随着电源频率的变化而变化。这种响应与频率之间的关系称为电路的**频率特性**或**频率响应**。在线性电路中，输出信号(电压或电流)与输入信号(电压或电流)之比定义为**传递函数**。传递函数的模随角频率 ω 变化的特性称为**幅频特性**，传递函数的辐角随角频率 ω 变化的特性称为**相频特性**。在频率领域内对电路进行的分析称为**频域分析**，在时间领域内对电路进行的分析称为**时域分析**。

3.8.1　滤波电路

所谓**滤波**就是利用电感的感抗和电容的容抗随频率变化的特性，对不同频率的输入信号

产生不同的响应,使需要的某一频率范围内的信号通过,而对不需要的其他频率的信号进行抑制。滤波电路也称**滤波器**。

若滤波电路仅由无源元件(电阻、电容、电感)组成,则称为**无源滤波电路**。无源滤波的主要形式有电容滤波、电感滤波和复式滤波(LC 滤波、$LC\pi$ 型滤波和 $RC\pi$ 型滤波等)。

无源滤波
电路

无源滤波电路的结构简单,易于设计,但它的通带放大倍数及截止频率都随负载而变化,因而不适用于信号处理要求高的场合。无源滤波电路通常用在功率电路中,如直流电源整流后的滤波,或大电流负载时的滤波(常采用 LC 滤波)。

根据允许通过的信号的频率范围不同,滤波电路可分为低通滤波器、高通滤波器、带通滤波器和带阻滤波器等四种。滤波器通常采用 RC 或 LC 电路,也可由其他电路组成。

3.8.2　谐振电路

在交流电路中,对于含有电阻、电感和电容元件的二端网络,电路端口的电压 $\dot{U}$ 和电流 $\dot{I}$ 一般是不同相的。随着电源频率的变化,或者改变电感、电容元件的参数时,都会引起端口电压与电流之间相位差的改变。如果调节电路的参数或者调节电源的频率,使得二端网络端口的电压 $\dot{U}$ 与电流 $\dot{I}$ 同相,电路呈电阻性,电路的这种状态称为**谐振**。

谐振在工业生产中有着广泛的应用,如高频淬火、高频加热以及电视机、收音机、逆变器等电子线路中都有谐振的应用,谐振时会在电感或电容元件上产生很大的电流或电压,使元件受损,因此,在有些场合是要避免电路进入谐振状态的。

谐振电路的基本模型分为串联和并联两种,因此,谐振也分为串联谐振和并联谐振。

1. 串联谐振

图 3-21 所示的 RLC 串联电路的阻抗为

$$Z = R + \mathrm{j}X = R + \mathrm{j}(X_L - X_C)$$

端口电压与电流的相位差,即阻抗角

$$\varphi = \arctan \frac{X_L - X_C}{R}$$

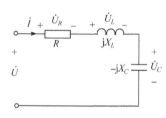

图 3-21　RLC 串联谐振电路

当 $X_L = X_C$ 时,$\varphi = 0$,电路产生谐振。因为该谐振发生在串联电路中,因此称为串联谐振。

根据上面的分析可知,RLC 串联电路发生谐振的条件是 $X_L = X_C$,即

$$\omega_0 L = \frac{1}{\omega_0 C} \tag{3-44}$$

由此得到谐振角频率为

$$\omega_0 = \frac{1}{\sqrt{LC}} \tag{3-45}$$

或

$$f_0 = \frac{1}{2\pi\sqrt{LC}} \tag{3-46}$$

即当电源频率 f 与电路参数(L 和 C)满足式(3-46)的关系时,电路发生谐振。由此可见,谐振

频率完全由电路本身的参数决定。改变电源频率 f 或者改变电路参数(L 或 C)都能使电路发生谐振。

串联谐振电路具有以下特点。

(1) 电压 $\dot{U}$ 与电流 $\dot{I}$ 同相，$\cos\varphi=1$，电路呈电阻性。电源只提供能量给电阻，电感与电容之间进行能量互换，而与电源(或外电路)之间没有能量的互换。

(2) 阻抗模 $|Z| = |R + j(X_L - X_C)| = R$ 最小，且具有纯电阻性质。在电源电压 U 不变的情况下，电路中的电流最大 $I_0 = \dfrac{U}{R}$。

(3) 谐振时 $\dot{U}_L = -\dot{U}_C$，即电感电压 $\dot{U}_L$ 与电容电压 $\dot{U}_C$ 大小相等，方向相反，$\dot{U}_L + \dot{U}_C = 0$，电感 L 与电容 C 串联部分相当于短路。因此串联谐振也称为**电压谐振**。

串联谐振
电路例题

谐振时，电感电压 U_L 或电容电压 U_C 与电源电压 U 之比称为电路的**品质因数**，用 Q 表示

$$Q = \frac{U_C}{U} = \frac{U_L}{U} = \frac{\omega_0 L}{R} = \frac{1}{\omega_0 RC} \tag{3-47}$$

从式(3-47)可以看出，当 $\omega_0 L \gg R$ (或者 $1/(\omega_0 C) \gg R$)，即 Q 值较大时，有

$$U_L = U_C = QU \gg U$$

因此，在串联谐振时，电感 L 或电容 C 两端的电压会远远大于电路端口的电压 U。

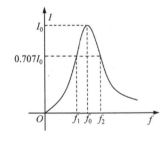

图 3-22　电流谐振曲线

通常将电流随频率变化的曲线称为**电流谐振曲线**，如图 3-22 所示。在谐振频率 f_0 时，电路的电流最大(为 I_0)，当频率偏离谐振频率时，无论频率是增大还是减小，电流都会明显下降。谐振曲线越尖锐，电流的下降就越明显，说明电路的选择性就越好。在电流下降到 $0.707I_0$ 时的两个频率之差称为**通频带**，用 f_{BW} 表示。可以证明，通频带与品质因数之间的关系为

$$f_{BW} = f_2 - f_1 = \frac{f_0}{Q}$$

并联谐振
电路

显然，Q 值越大，通频带越小，谐振曲线越尖锐，电路对频率的选择性也就越好。

2. 并联谐振

当一个实际线圈与电容器并联时，电路也会发生谐振。这种谐振称为并联谐振。有关并联谐振的具体分析详见二维码中内容。

并联谐振
电路例题

3.9　非正弦周期信号电路

除了正弦交流电压和电流，在实际应用中还会经常遇到各种非正弦周期性的电压和电流，如矩形波电压、锯齿波电压、三角波电压及全波整流电压等，如图 3-23 所示。它们有共同的特点：都是周期性函数，但不是正弦量。

对于非正弦线性电路，通常先将非正弦周期信号进行分解，然后再利用叠加定理进行分析计算。利用傅里叶级数将非正弦周期信号分解为许多个不同频率的正弦分量，这种分析方

法称为**谐波分析法**。

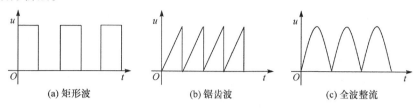

(a) 矩形波　　　　　　　(b) 锯齿波　　　　　　　(c) 全波整流

图 3-23　非正弦周期性电压

对于电工和电子技术中经常遇到的非正弦周期性信号 $u(t)$ (或 $i(t)$)，一般都能满足狄利克雷条件(周期函数在有限的区间内，只有有限个第一类间断点和有限个极大值与极小值)，因此可以展开成傅里叶级数，即

$$u(t) = U_0 + U_{1m}\sin(\omega t + \varphi_{u1}) + U_{2m}\sin(2\omega t + \varphi_{u2}) + \cdots$$
$$= U_0 + \sum_{k=1}^{\infty} U_{km}\sin(k\omega t + \varphi_{uk}) \tag{3-48}$$

式中，U_0 是电压信号 $u(t)$ 在一个周期内的平均值，称为**直流分量**；$U_{1m}\sin(\omega t + \varphi_{u1})$ 是与 $u(t)$ 同频率的正弦分量，称为**基波**；$U_{2m}\sin(2\omega t + \varphi_{u2})$ 的频率是 $u(t)$ 频率两倍的正弦分量，称为**二次谐波**；以此类推，其他各项分别称为三次谐波、四次谐波……。除直流分量和基波外，其余的统称为**高次谐波**。根据傅里叶级数的收敛性，一般来说，谐波的次数越高，其幅值越小。

基波和高次谐波分量都是正弦量，因此基波和高次谐波分量的最大值与有效值之间满足

$$U_1 = \frac{U_{1m}}{\sqrt{2}}, \quad U_2 = \frac{U_{2m}}{\sqrt{2}}, \quad \cdots \tag{3-49}$$

式中，U_1，U_2 为电压基波分量、二次谐波分量的有效值，U_{1m}，U_{2m} 为电压基波分量、二次谐波分量的最大值。

有效值的计算式(3-2)同样适用于非正弦周期性电压或电流。可以证明，非正弦周期性信号的有效值为

$$U = \sqrt{U_0^2 + U_1^2 + U_2^2 + \cdots} = \sqrt{U_0^2 + \frac{U_{1m}^2 + U_{2m}^2 + \cdots}{2}} \tag{3-50}$$

因此，非正弦周期性信号的最大值(幅值)与有效值之间通常不是 $\sqrt{2}$ 的关系。波形不同，它们之间的关系也不同。

式(3-48)～式(3-50)不仅适用于非正弦周期性电压信号，也同样适用于非正弦周期性电流信号。

可以证明，电路总的有功功率等于直流分量的功率、基波分量有功功率和各个高次谐波分量的有功功率之和，即

$$P = U_0 I_0 + U_1 I_1 \cos\varphi_1 + U_2 I_2 \cos\varphi_2 + \cdots \tag{3-51}$$

式中，φ_1 为基波电压与基波电流的相位差，φ_2 为二次谐波电压与二次谐波电流的相位差。

当电路中的电源为非正弦周期性信号，或者电路中同时含有直流电源和不同频率的正弦交流电源时，电路中的响应都将是非正弦周期性波形，对于这样的线性电路，一般采用叠加

定理进行分析求解。

　　求解非正弦周期性电路的一般步骤如下。

非正弦周期
性电路例题1

　　(1) 当电源为非正弦周期性信号时，需要先进行谐波分析，按照式(3-48)把电源信号分解为直流分量、基波分量和其他高次谐波分量。

　　(2) 分别求出直流分量、基波分量和其他高次谐波分量单独作用时的响应。计算过程中，在直流分量单独作用时，可用直流电路的计算方法，此时电容相当于开路，电感相当于短路；在基波分量和各个高次谐波分量单独作用时，用相量法进行计算。要注意的是，不同频率时电容的容抗和电感的感抗都不一样。

非正弦周期
性电路例题2

　　(3) 把直流分量、基波分量和各高次谐波分量单独作用时的响应进行叠加。要特别注意，因为各个分量的频率各不相同，在叠加时，只能瞬时值相加，而不能相量相加。

习　　题

　　3-1　已知二端网络端口的电压为 $u=10\sin(100t-20°)$ V，电流为 $i=2\cos(100t-30°)$ A。求出它们的相位差，并画出它们的相量图。

　　3-2　已知正弦电流 $\dot{I}_1=-4+j4$ A，$\dot{I}_2=4-j3$ A，角频率 $\omega=314$rad/s。要求：(1)写出电流 i_1 和 i_2 的瞬时表达式；(2)计算两个电流的相位差；(3)如果 $i=i_1+i_2$，写出 i 的瞬时表达式。

　　3-3　已知某元件的电压 u 和电流 i 分别为 $u=-100\sin314t$ V，$i=10\cos314t$ A。问：(1)元件的性质；(2)元件的阻抗。

　　3-4　一个线圈接在频率为 50Hz，电压为 220V 的交流电源上时，测得电流为 25A；接在电压为 10V 的直流电源上时，测得电流为 2A。求这个线圈的等效电阻 R 和等效电感 L。

　　3-5　图 3-24 所示电路中，已知 $\dot{I}=3\angle0°$ A，求电压 $\dot{U}_S$，并画出相量图。

　　3-6　图 3-25 所示的 RLC 串联电路中，已知 $R=11\Omega$，$L=191$mH，$C=65\mu$F，电源电压 $u=220\sqrt{2}\sin314t$ V。求各元件的电压 u_R、u_L 和 u_C，并画出相量图。

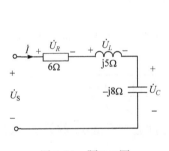

图 3-24　题 3-5 图

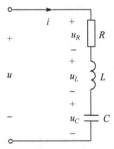

图 3-25　题 3-6 图

　　3-7　图 3-26 所示电路中，已知 $U_2=16$V，试求 I。

　　3-8　图 3-27 所示的 RLC 串联电路中，已知电源电压 $u=220\sqrt{2}\sin(314t+10°)$ V，$R=60\Omega$，$L=0.255$H，$C=20\mu$F。求：(1)电路的阻抗 Z；(2)电流 $\dot{I}$；(3)功率因数 $\cos\varphi$；(4)功率 P、Q 和 S。

　　3-9　图 3-28 所示电路中，电压 $\dot{U}=220\angle0°$ V，支路电流 $i_1=22\sin(314t-45°)$ A，$i_2=11\sqrt{2}\sin(314t+90°)$ A。求各电流表和电压表的读数及电路参数 R、L 和 C。

　　3-10　图 3-29 所示电路图中，已知 $U=220$V，$R_1=R_2=20\Omega$，$X_1=20\sqrt{3}$ Ω，试求：(1)各支路电流；(2)端口的有功功率 P、无功功率 Q 和视在功率 S。

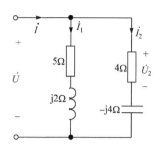

图 3-26　题 3-7 图

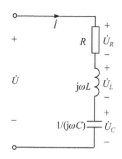

图 3-27　题 3-8 图

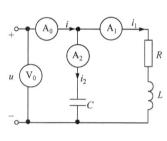

图 3-28　题 3-9 图

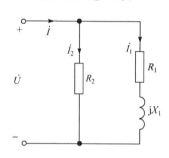

图 3-29　题 3-10 图

3-11　有一日光灯电路如图 3-30 所示，灯管可近似看成是电阻性，功率为 30W；镇流器功率为 8W，与灯管串联后接于 220V、50Hz 的交流电源上，灯管两端电压为 88V。求：(1)灯管的等效电阻 R_L、镇流器的电阻 R 和电感 L；(2)电路的功率因数；(3)若将功率因数提高到 0.9 应并多大的电容？

3-12　已知 RL 串联电路端口的电压 $u = 220\sqrt{2}\sin 314t$ V，有功功率 $P=90$W，电阻上的电压 U_R=120V。试求电路的功率因数；若要将电路的功率因数提高到 0.9，应并联多大的电容？

3-13　图 3-31 所示电路中，R_1=5Ω。调节电容 C 使端口电流 I 为最小，此时 $I_1=10$A，$I_2=6$A，$U_Z=113$V，$P=1140$W。求阻抗 Z。

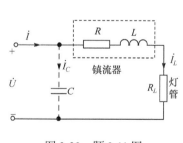

图 3-30　题 3-11 图

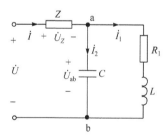

图 3-31　题 3-13 图

3-14　图 3-32 所示电路中，已知 $U_{ab}=U_{bc}$，R=10Ω，X_C=10Ω，并已知 Z_{ab} 为电感性负载。问：如果要使 $\dot{U}$ 和 $\dot{I}$ 同相，则 Z_{ab} 等于多少？

3-15　图 3-33 所示电路中，要使电路发生串联谐振，电容 C 与 ω，R，L_1，L_2 应满足何种关系？

3-16　有一 RLC 串联电路接于 50V、50Hz 的交流电源上，$R = 2$Ω，$X_L = 5$Ω，当电路谐振时，电容 C 为多少？品质因数 Q 为多少？此时的电流 I 为多少？

3-17　图 3-34 所示电路中，已知 $i_s(t) = 4 + 10\sin 1000t + 3\sin 3000t$ mA。求电流 $i_R(t)$ 和电容电压的有效值 U_C。

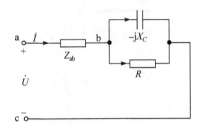

图 3-32　题 3-14 图

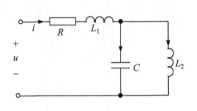

图 3-33　题 3-15 图

3-18　电路如图 3-35 所示，已知 $u(t) = 60 + 100\sin(\omega t + 30°) + 27\sin 3\omega t$ V，$R=6\Omega$，$\omega L=3\Omega$，$1/(\omega C) = 27\Omega$。求电流 i_L。

习题答案3

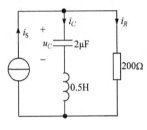

图 3-34　题 3-17 图

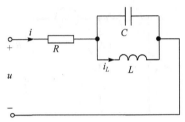

图 3-35　题 3-18 图

第 4 章　三相交流电路

第 3 章讨论了单相交流电路，在实际的工业生产和变配电系统中，三相交流电路更为常见。目前世界上电力系统所采用的供电方式，绝大多数属于三相交流电路。由于三相电源和三相负载的特点，分析和计算三相交流电路有其特有的方法。

本章主要介绍三相交流电路中电源和负载的连接方式，线电压与相电压、线电流与相电流之间的关系，对称三相电路中电压、电流和功率的计算方法以及不对称三相电路的概念。

4.1　三　相　电　源

由三个幅值相同、频率相同、相位互差 120° 的单相交流电源所构成的电源称为**对称三相电源**，可表示为

$$\begin{cases} u_A = \sqrt{2}U\sin\omega t \\ u_B = \sqrt{2}U\sin(\omega t - 120°) \\ u_C = \sqrt{2}U\sin(\omega t + 120°) \end{cases} \tag{4-1}$$

它们的波形如图 4-1(a)所示。用相量可表示为

$$\begin{cases} \dot{U}_A = U\angle 0° \\ \dot{U}_B = U\angle -120° \\ \dot{U}_C = U\angle 120° \end{cases} \tag{4-2}$$

相量图如图 4-1(b)所示。

由式(4-1)或式(4-2)容易得到如下结论：三相对称电源的瞬时值或相量之和都等于零，即

$$u_A + u_B + u_C = 0 \tag{4-3}$$

$$\dot{U}_A + \dot{U}_B + \dot{U}_C = 0 \tag{4-4}$$

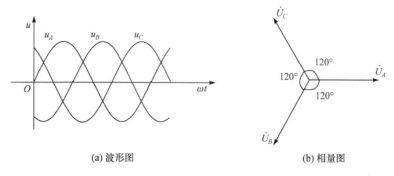

(a) 波形图　　　　　　　(b) 相量图

图 4-1　对称三相交流电源

三相电源由超前相到滞后相的先后次序称为**相序**。上述三相电源的相序为 $A \to B \to C$，这个相序称为**正序**(或顺序)。如果三相电源的相序为 $C \to B \to A$，则称为**负序**(或逆序)。如果没有特别说明，本书所述三相电源都认为是正序。

三相电源的连接方式有星形连接和三角形连接两种。

4.1.1　三相电源的星形连接

将三相电源的三个负端连接在一起(N点)，三个正端向外引出三根供电线，这种连接方式称为三相电源的**星形连接**(或 **Y 连接**)。这种供电方式称为**三相三线制**。如果从三个负端的连接点 N 也向外引出供电线，则称为 Y_0 连接，这种供电方式称为**三相四线制**，如图 4-2 所示。

在三相电源中，三相电源的三个负端的连接点(N点)称为**中性点**。从中性点引出的导线称为**中性线**(简称**中线**或**零线**)，三相电源正端引出的导线称为**相线**(或**端线**)，也称为**火线**。

三相电源中，每相电源两端的电压称为**相电压**，用 $\dot{U}_A$、$\dot{U}_B$、$\dot{U}_C$ 表示，其有效值通常用 U_p 表示。在 Y_0 连接中，相电压也就是相线与中性线之间的电压。任意两根相线之间的电压称为**线电压**，用 $\dot{U}_{AB}$、$\dot{U}_{BC}$、$\dot{U}_{CA}$ 表示，其有效值通常用 U_l 表示。每相电源上流过的电流称为**相电流**，在图 4-2 中用 $\dot{I}_{pA}$、$\dot{I}_{pB}$、$\dot{I}_{pC}$ 表示。相线上流过的电流称为**线电流**，用 $\dot{I}_A$、$\dot{I}_B$、$\dot{I}_C$ 表示，其有效值通常用 I_l 表示。习惯上，电源侧线电流的参考方向都表示成从电源流出，中线电流 $\dot{I}_N$ 的参考方向总是与线电流的参考方向相反。

在三相三线制电路中，无论三相电源是否对称，都有

$$\dot{I}_A + \dot{I}_B + \dot{I}_C = 0 \tag{4-5}$$

同样，在三相四线制电路中，无论三相电源是否对称，也有

$$\dot{I}_A + \dot{I}_B + \dot{I}_C = \dot{I}_N \tag{4-6}$$

从图 4-2 所示电路图中，容易看出线电流与相电流之间存在以下关系：

$$\dot{I}_{pA} = \dot{I}_A, \quad \dot{I}_{pB} = \dot{I}_B, \quad \dot{I}_{pC} = \dot{I}_C \tag{4-7}$$

即在星形连接时，线电流等于对应相的相电流。线电流与对应相的相电流不仅大小相同，而且相位也相同。

下面分析星形连接时线电压与相电压的关系。根据 KVL，线电压与相电压的关系为

$$\begin{cases} \dot{U}_{AB} = \dot{U}_A - \dot{U}_B \\ \dot{U}_{BC} = \dot{U}_B - \dot{U}_C \\ \dot{U}_{CA} = \dot{U}_C - \dot{U}_A \end{cases} \tag{4-8}$$

对应的相量图如图 4-3 所示。在三相电源对称的情况下，把式(4-2)代入式(4-8)，可得

$$\begin{cases} \dot{U}_{AB} = \sqrt{3}\dot{U}_A \angle 30° \\ \dot{U}_{BC} = \sqrt{3}\dot{U}_B \angle 30° \\ \dot{U}_{CA} = \sqrt{3}\dot{U}_C \angle 30° \end{cases} \tag{4-9}$$

从式(4-9)中可以看出，如果相电压对称，则线电压也是对称的。线电压的有效值是相电

三相电源

压有效值的 $\sqrt{3}$ 倍，在相位上分别超前于对应相电压 30°。这些结论从图 4-3 的相量图中也很容易得到。

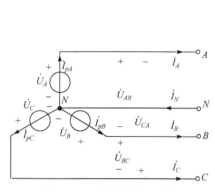

图 4-2　三相电源的 Y₀ 连接

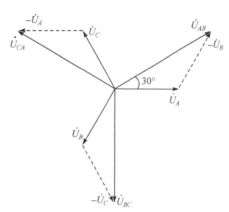

图 4-3　线电压与相电压的相量图

4.1.2　三相电源的三角形连接

将一相电源的正端与另一相电源的负端依次连接，由三个连接点向外引出三根供电线，这种连接方式称为三相电源的**三角形连接**(或△**连接**)。采用三角形连接方式时只能采用三相三线制的供电方式，如图 4-4 所示。

在三角形连接时，线电压、相电压、线电流、相电流的定义与星形连接时相同。在图 4-4 中，$\dot{U}_A$、$\dot{U}_B$、$\dot{U}_C$ 是相电压，$\dot{U}_{AB}$、$\dot{U}_{BC}$、$\dot{U}_{CA}$ 是线电压；$\dot{I}_{pA}$、$\dot{I}_{pB}$、$\dot{I}_{pC}$ 是相电流，$\dot{I}_A$、$\dot{I}_B$、$\dot{I}_C$ 是线电流。

从图 4-4 所示电路图中，容易看出线电压与相电压之间存在以下关系：

$$\dot{U}_{AB} = \dot{U}_A, \qquad \dot{U}_{BC} = \dot{U}_B, \qquad \dot{U}_{CA} = \dot{U}_C \tag{4-10}$$

即在三角形连接时，线电压等于对应相的相电压。线电压与对应相的相电压不仅大小相同，而且相位也相同。

下面分析三角形连接时线电流与相电流的关系。根据 KCL，线电流与相电流的关系为

$$\begin{cases} \dot{I}_A = \dot{I}_{pA} - \dot{I}_{pC} \\ \dot{I}_B = \dot{I}_{pB} - \dot{I}_{pA} \\ \dot{I}_C = \dot{I}_{pC} - \dot{I}_{pB} \end{cases} \tag{4-11}$$

假设电源的三个相电流是对称的，相量表达式为

$$\dot{I}_{pA} = I \angle 0°, \qquad \dot{I}_{pB} = I \angle -120°, \qquad \dot{I}_{pC} = I \angle 120° \tag{4-12}$$

对应的相量图如图 4-5 所示。把式(4-12)代入式(4-11)，可得

$$\begin{cases} \dot{I}_A = \sqrt{3}\dot{I}_{pA} \angle -30° \\ \dot{I}_B = \sqrt{3}\dot{I}_{pB} \angle -30° \\ \dot{I}_C = \sqrt{3}\dot{I}_{pC} \angle -30° \end{cases} \tag{4-13}$$

从式(4-13)中可以看出,如果相电流对称,则线电流也是对称的。线电流的有效值是相电流有效值的 $\sqrt{3}$ 倍,在相位上分别滞后于对应相电流30°。这些结论从图4-5的相量图中也很容易得到。

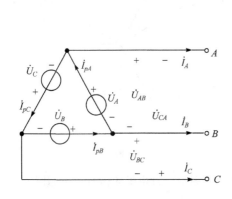

图4-4　三相电源的三角形连接

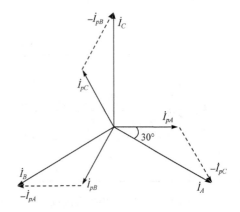

图4-5　线电流与相电流的相量图

4.2　三相负载

由三相电源供电的负载称为**三相负载**。三相负载分为对称三相负载和不对称三相负载两类。**对称三相负载**是指每相负载的阻抗相等,即

$$Z_a = Z_b = Z_c = |Z| \angle \varphi \tag{4-14}$$

不满足上述条件的负载都称为不对称三相负载。三相交流电动机、三相电阻炉等都属于三相对称负载,而家用电器、照明等通常只需要单相电源供电,为了使三相电源供电平衡,单相负载一般都大致平均分配到三相电源的三个相上,这类负载都属于不对称负载。

三相负载中,每相负载两端的电压称为**相电压**,用 $\dot{U}_a$、$\dot{U}_b$、$\dot{U}_c$ 表示,其有效值也可用 U_p 表示。**线电压**同样是指任意两个相线之间的电压,用 $\dot{U}_{AB}$、$\dot{U}_{BC}$、$\dot{U}_{CA}$ 表示,其有效值也可用 U_l 表示。每相负载上流过的电流称为**相电流**,用 $\dot{I}_{pa}$、$\dot{I}_{pb}$、$\dot{I}_{pc}$ 或 $\dot{I}_{ab}$、$\dot{I}_{bc}$、$\dot{I}_{ca}$ 表示。相线上流过的电流称为**线电流**,用 $\dot{I}_A$、$\dot{I}_B$、$\dot{I}_C$ 表示,如图4-6和图4-7所示。

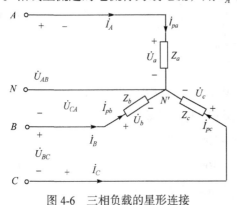

图4-6　三相负载的星形连接

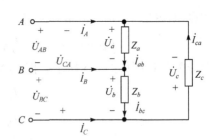

图4-7　三相负载的三角形连接

习惯上，负载侧线电流的参考方向表示成流入负载，同样，中线电流 $\dot{I}_N$ 的参考方向也与线电流的参考方向相反。

三相负载也有星形连接和三角形连接两种连接方式。当各相负载的额定电压等于电源的线电压时，负载应采用三角形连接；而当各相负载的额定电压等于电源线电压的 $1/\sqrt{3}$ 时，负载应采用星形连接。

4.2.1 负载的星形连接

把三个负载的一端连接在一起，另一端分别接到三根相线上，这种连接方式称为三相负载的星形连接(或 Y 连接)。三个负载的连接点称为负载的中性点，用 N' 表示，如图 4-6 所示。

三相负载星形连接时线电压与相电压、线电流与相电流之间的关系与电源星形连接时类似。即无论负载对称与否，线电流等于对应相的相电流，可表示为

$$\dot{I}_{pa}=\dot{I}_A, \qquad \dot{I}_{pb}=\dot{I}_B, \qquad \dot{I}_{pc}=\dot{I}_C \tag{4-15}$$

相电流与相电压的关系为

$$\dot{I}_{pa}=\frac{\dot{U}_a}{Z_a}, \qquad \dot{I}_{pb}=\frac{\dot{U}_b}{Z_b}, \qquad \dot{I}_{pc}=\frac{\dot{U}_c}{Z_c} \tag{4-16}$$

当负载的相电压对称时，有

$$\begin{cases} \dot{U}_{AB} = \sqrt{3}\dot{U}_a\angle 30° \\ \dot{U}_{BC} = \sqrt{3}\dot{U}_b\angle 30° \\ \dot{U}_{CA} = \sqrt{3}\dot{U}_c\angle 30° \end{cases} \tag{4-17}$$

即线电压的有效值是相电压有效值的 $\sqrt{3}$ 倍，线电压的相位超前于对应相电压 30°。当负载相电压对称时，线电压也是对称的。

4.2.2 负载的三角形连接

把三个负载依次连接，并由三个连接点向外引出三根连接线，这种连接方式称为三相负载的三角形连接(或 △ 连接)。同样，三相负载采用三角形连接方式时只能采用三相三线制供电，如图 4-7 所示。

三相负载三角形连接时线电压与相电压、线电流与相电流之间的关系与电源三角形连接时类似。即无论负载对称与否，线电压等于对应相的相电压，可表示为

$$\dot{U}_{AB} = \dot{U}_a, \qquad \dot{U}_{BC} = \dot{U}_b, \qquad \dot{U}_{CA} = \dot{U}_c \tag{4-18}$$

相电流与相电压的关系满足

$$\dot{I}_{ab}=\frac{\dot{U}_a}{Z_a}, \qquad \dot{I}_{bc}=\frac{\dot{U}_b}{Z_b}, \qquad \dot{I}_{ca}=\frac{\dot{U}_c}{Z_c}$$

当负载的相电流对称时，有

$$\begin{cases} \dot{I}_A = \sqrt{3}\dot{I}_{ab}\angle -30° \\ \dot{I}_B = \sqrt{3}\dot{I}_{bc}\angle -30° \\ \dot{I}_C = \sqrt{3}\dot{I}_{ca}\angle -30° \end{cases} \tag{4-19}$$

即线电流的有效值是相电流有效值的 $\sqrt{3}$ 倍，线电流的相位滞后于对应相电流 30°。当负载相电流对称时，线电流也是对称的。对应的相量图如图 4-8 所示。

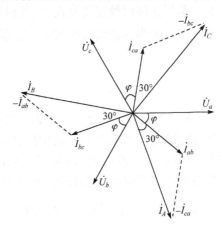

图 4-8   负载三角形连接时的相量图

4.3   三 相 电 路

三相电路是由三相电源和三相负载组成的。如果三相电源对称，三相负载也对称，这样的三相电路称为**对称三相电路**。

三相电路中电源和负载都可以是星形(Y 或 Y₀)或三角形接法，因此三相电路有 Y-Y，Y₀-Y₀，Y-△，△-Y 和△-△等五种连接方式。

求解三相电路的思路是，先根据已知条件求得电源端的线电压，在不计线路阻抗的情况下，电源端的线电压与负载端的线电压相同，再在负载端根据线电压求得负载的相电压，进而求得负载的相电流及其他待求量。

4.3.1   对称三相电路

本节主要以图 4-9 所示 Y₀-Y₀ 连接的对称三相电路为例，分析对称三相电路的求解方法，所用的求解方法也同样适用于其他连接方式的对称三相电路。

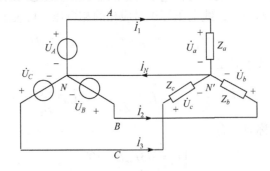

图 4-9   Y₀-Y₀ 连接的三相对称电路

　　因为电源相电压是对称的，根据式(4-9)可知线电压也是对称的；又因为负载是对称的，由式(4-16)和式(4-17)可知，负载的相电流和相电压都是对称的；从而可知线电流也是对称的。因此在计算对称三相电路时，可以只计算其中一相的数值，另外两相可以利用对称性推导得到。因为线电流是对称的，所以有

$$\dot{I}_A + \dot{I}_B + \dot{I}_C = 0 \tag{4-20}$$

从而可知中线电流 $\dot{I}_N = 0$，$\dot{U}_N = \dot{U}_{N'}$。即电源中性点与负载中性点的电位相同。因此，在对称三相电路中，是否有中性线对电路没有影响。从上述推导结果可以得到一个重要结论：Y_0-Y_0 连接的对称三相电路与 Y-Y 连接的对称三相电路是等效的。

对称三相
电路例题2

4.3.2　不对称三相电路

　　三相电路中电源和负载任意一侧不对称，即为不对称三相电路。一般认为三相电源总是对称的，电路的不对称主要是由于负载不对称。不对称三相电路的求解较为复杂，具体求解方法参见二维码中的例题。

　　例题中的情况虽然只是不对称电路的一个特例，但可以反映出三相不对称电路中普遍存在的问题，即当三相负载不对称而又没有中性线时，三相负载的相电压是不对称的。这会导致有的相电压超过负载的额定相电压，有的低于负载的额定相电压，使负载都不能正常工作，甚至损坏。因此在不对称三相电路中必须要有中性线。中性线的作用就在于，即使负载不对称仍能使负载中性点和电源中性点电位一致(不考虑线路阻抗)，从而在三相负载不对称时，保证负载的相电压仍然是对称的。因此，为了保证负载正常工作，在三相四线制电路中，中性线不允许断开，也不允许安装开关、熔断器等保护装置。

不对称三相
电路例题

　　三相不对称负载三角形连接时，不考虑线路阻抗，只要电源是对称的，则线电压也是对称的，不对称负载的三个相电压(即为线电压)仍对称，对电气设备没有影响。

　　如果负载不对称，星形连接时式(4-17)不再成立，三角形连接时式(4-19)也不成立。

4.4　三　相　功　率

　　三相电路中的功率同样也分为有功功率、无功功率和视在功率，下面介绍如何计算和测量三相电路中的功率。

4.4.1　三相功率的计算

　　三相电路中的功率，无论是电源侧还是负载侧，无论采用哪种连接方式，也无论是否对称，三相总有功功率等于各相有功功率之和，即

$$P = P_A + P_B + P_C \tag{4-21}$$

三相总无功功率等于各相无功功率之和，即

$$Q = Q_A + Q_B + Q_C \tag{4-22}$$

三相总视在功率

$$S = \sqrt{P^2 + Q^2} \tag{4-23}$$

三相负载和
三相功率

在对称三相电路中，每一相的电流、电压都是对称的，因此各相的有功功率、无功功率都相同，即

$$P_A=P_B=P_C=U_pI_p\cos\varphi$$

$$Q_A=Q_B=Q_C=U_pI_p\sin\varphi$$

式中，U_p、I_p 分别为相电压和相电流的有效值，φ 为相电压与相电流的相位差，即每相负载的阻抗角。

因此，三相总的有功功率、无功功率和视在功率的计算公式为

$$\begin{cases}P=3U_pI_p\cos\varphi\\Q=3U_pI_p\sin\varphi\\S=3U_pI_p\end{cases}\tag{4-24}$$

在三相电路中，因为测量线电压和线电流比较方便，所以常用线电压和线电流计算三相功率。

当对称负载星形连接时：$U_l=\sqrt{3}U_p$，$I_l=I_p$，可得 $U_lI_l=\sqrt{3}U_pI_p$。

当对称负载三角形连接时：$U_l=U_p$，$I_l=\sqrt{3}I_p$，可得 $U_lI_l=\sqrt{3}U_pI_p$。

因此，无论负载如何连接，只要是对称负载，三相总功率也可按以下公式计算

$$\begin{cases}P=\sqrt{3}U_lI_l\cos\varphi\\Q=\sqrt{3}U_lI_l\sin\varphi\\S=\sqrt{3}U_lI_l\end{cases}\tag{4-25}$$

注意，在从式(4-24)变换到式(4-25)时，公式中的 φ 角没有变化。因此，在这两个计算公式中，φ 都是相电压与相电流的相位差，即每相负载的阻抗角。

功率表的原理及接线方式

4.4.2　三相功率的测量

交流电路的有功功率一般都是用功率表(也称瓦特表)进行测量的。功率表的工作原理和接线方式详见二维码。

三相电路功率的例题

习　　题

4-1　负载为星形连接的对称三相电路中，已知线电压 $u_{AB}=380\sqrt{2}\sin(\omega t+60°)\text{ V}$，每相负载 $Z=6+\text{j}8\,\Omega$，试写出线电流 i_A，i_B，i_C 的瞬时表达式。

4-2　某对称三相负载，每相阻抗为 Z。把该负载连接为三角形，接于线电压为 220V 的三相对称电源，或者把该负载连接为星形，接于线电压为 380V 的三相对称电源，求这两种情况下负载的相电流、线电流和有功功率的比值。

4-3　某对称三相负载接为三角形接法或星形接法，接于线电压为 380V 的三相对称电源，求这两种情况下负载的相电流、线电流和有功功率的比值。

4-4　已知对称三相电源的线电压为 380V，接有一星形连接的对称三相负载，其中 $Z=10\angle53.1°\,\Omega$，如图 4-10 所示。试求电路的线电流 I_A 和三相负载的有功功率 P。

4-5　图 4-11 所示电路中，已知对称三相电源的线电压 $U_l=220$V，对称感性负载连接成三角形，电流表读数均为 17.3A，负载功率因数为 0.8。试求：(1)每相负载的电阻和感抗；(2)当 AB 相之间的负载断开时各电流表的读数；(3)当 A 相的相线断开时各电流表的读数。

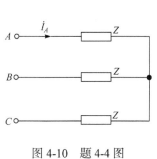

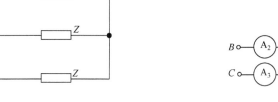

图 4-10 题 4-4 图　　　　　　　　图 4-11 题 4-5 图

4-6 对称三相负载三角形连接，若已知 $u_{AB} = 380\sqrt{2}\sin(\omega t + 60°)$ V，$Z_A = Z_B = Z_C = 3 + j4\ \Omega$，试写出线电流 i_A，i_B，i_C 的瞬时表达式，负载消耗的有功功率是多少？

4-7 如图 4-12 所示，三相对称负载作星形连接，已知每相负载的复阻抗 $Z = 3 + j3\ \Omega$，不计输电线路的阻抗，三相对称电源相电压为 $\dot{U}_A = 220\angle 0°$ V。求：(1)每相负载的相电流 $\dot{I}_A$，$\dot{I}_B$，$\dot{I}_C$；(2)三相负载总的有功功率 P、无功功率 Q 和视在功率 S。

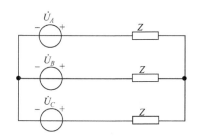

习题答案4

图 4-12 题 4-7 图

4-8 线电压为 380V 的对称三相电源接有两组对称负载，一组是星形连接的电阻性负载，每相电阻为 10Ω；另一组是感性负载，功率因数为 0.866，消耗的功率为 5.69kW。求电源总的有功功率、无功功率、视在功率及线电流。

第5章 磁路与变压器

变压器是电力系统中最常用的电气设备之一，在电源、测量、控制等各方面都有广泛的应用。变压器通过电和磁的相互作用来实现能量的传送与转换。分析变压器的工作原理，需要同时掌握电路和磁路的基本理论。本章首先介绍磁路基本理论，在此基础上介绍变压器的基本原理、三相变压器和特殊变压器等。

5.1 磁　　路

为了能用较小的励磁电流产生较强的磁场，并把磁场限制在一定的范围内，便于利用和控制，常用导磁能力强的铁磁材料做成一定形状的铁心，使磁通的绝大部分沿着铁心形成一个闭合路径，这个闭合路径就称为**磁路**。

图 5-1 所示为单相变压器和直流电磁铁的磁路示意图。图中通过铁心闭合的磁通 Φ 称为**主磁通**，通过铁心以外的空间闭合的磁通 $\Phi_\sigma(\Phi_{\sigma1}，\Phi_{\sigma2})$ 称为**漏磁通**。图 5-1(a)中 u_1 为正弦交流电源，在铁心中产生的是一个交变的磁场，在图 5-1(b)中 U 为直流电源，在铁心中产生的是一个恒定不变的磁场。线圈中通过电流时会产生磁场，因此这个线圈通常称为励磁线圈，线圈中的电流通常称为**励磁电流**。

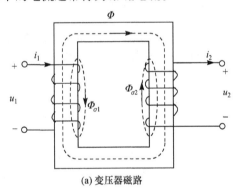

(a) 变压器磁路

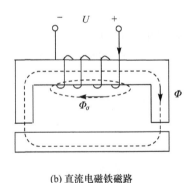

(b) 直流电磁铁磁路

图 5-1　磁路

交流励磁时铁磁材料**磁感应强度** B(或磁通 Φ)的变化滞后于**磁场强度** H(或励磁电流)的变化，这种现象称为**磁滞现象**，即铁磁材料具有磁滞性。磁滞现象使铁磁材料在交变磁化过程中，由于内部分子的反复取向产生功率损耗，这个损耗称为**磁滞损耗** P_h。

交流励磁时，铁磁材料在交变磁化过程中，铁心中的磁通 Φ 会发生交变，在铁心中产生感应电动势，继而在垂直于磁通 Φ 的平面上产生感应电流，这个感应电流围绕磁通成涡流状流动，因此称为**涡流**。涡流在铁心电阻上产生的损耗称为**涡流损耗** P_e。涡流损耗与铁心厚度的平方成正比。把铁心分成很多薄片并相互绝缘，可以明显减小涡流损耗。

磁滞损耗和涡流损耗合称为**铁心损耗** P_{Fe}(简称铁损耗，铁损)。铁损使铁心发热，电气设备的损耗增加，效率降低，温升增加。但利用涡流效应，也可用于探伤、加热或冶炼金属等。

磁路的具体分析方法详见二维码中的内容。

磁路的分析方法

5.2 变 压 器

变压器是利用电磁感应原理制成的一种能量变换装置。它具有变压、变流和变阻抗的功能，在各个领域有着广泛的应用。

电力变压器是电力系统常用的重要设备之一。发电设备一般都要通过升压变压器把电压升高后通过输电线进行长距离的输送，在电能用户附近再通过降压变压器把电压降低，供给用户使用。在输送一定电功率时，电压越高，输电线上的电流就越小，这不仅可以减小输电导线的截面积节省材料，还可以减小线路损耗和线路压降。

变压器还大量应用在电子电路中，如电源变压器、脉冲变压器、输入变压器、输出变压器、控制变压器等。除此之外，还有可以调节输出电压的自耦变压器、用于测量的电压互感器和电流互感器、用于电加工的电焊变压器等。

5.2.1 变压器的基本结构

变压器按每相绕组数量的不同可分为自耦变压器、双绕组变压器和三绕组变压器等；按使用电源相数的不同可分为单相变压器和三相变压器。

虽然变压器的种类繁多，形状也各不相同，但基本结构是一样的，主要由铁心、线圈及其他部件组成，详见二维码中的内容。

变压器的主要部件

5.2.2 变压器的工作原理

下面以单相变压器为例，分析变压器的工作原理。图 5-2 是单相变压器的原理图。单相变压器有两个绕组，其中一个绕组接交流电源，称为**一次绕组**(也称原边)，另一个绕组接负载，称为**二次绕组**(也称副边)。设一次绕组的匝数为 N_1，二次绕组的匝数为 N_2，电压、电流和电动势的参考方向如图 5-2 所示。这些参考方向是这样设置的：一次绕组作为交流电源的负载，u_1 与 i_1 设置为关联参考方向；二次绕组作为负载的电源，u_2 与 i_2 设置为非关联参考方向，电流 i_1、感应电动势 e_1、e_2 的参考方向与主磁通 Φ 的参考方向符合右手螺旋定则。

1. 电压变换

当一次绕组接到电源 u_1 时，一次绕组和二次绕组中分别通过交流电流 i_1 和 i_2。在电流 i_1 和 i_2 的共同作用下，铁心中产生主磁通 Φ，并分别产生漏磁通 $\Phi_{\delta 1}$ 和 $\Phi_{\delta 2}$。主磁通 Φ 通过铁心闭合，既与一次绕组交链，也与二次绕组交链；漏磁通 $\Phi_{\delta 1}$ 仅与一次绕组交链，漏磁通 $\Phi_{\delta 2}$ 仅与二次绕组交链，漏磁通 $\Phi_{\delta 1}$、$\Phi_{\delta 2}$ 都经空气(非铁磁材料)闭合。

主磁通 Φ 在一次绕组中产生感应电动势 e_1。一次绕组的磁路与电路可用类似于交流电磁铁的分析方法进行分析。为了分析方便，不考虑磁路的饱和及磁滞现象对电流、电动势波形的影响，认为图 5-2 中所有的电压、电流和电动势都是正弦量，对应的相量关系表达式为

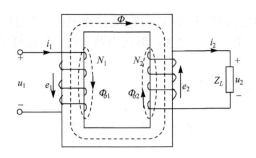

图 5-2　单相变压器原理图

$$\dot{E}_1 = -\mathrm{j}4.44fN_1\Phi_{\mathrm{m}} \tag{5-1}$$

$$\dot{U}_1 = -\dot{E}_1 + \dot{I}_1(R_1 + \mathrm{j}X_1) = -\dot{E}_1 + \dot{I}_1Z_1 \tag{5-2}$$

式中，R_1、X_1 和 Z_1 分别是一次绕组的电阻、漏电抗和漏阻抗。

通常一次绕组的漏阻抗 Z_1 较小，当忽略漏阻抗 Z_1 的影响时，式(5-2)可简化为

$$\dot{U}_1 \approx -\dot{E}_1 \tag{5-3}$$

电压有效值为

$$U_1 = 4.44fN_1\Phi_{\mathrm{m}} \tag{5-4}$$

除了在一次绕组中产生感应电动势 e_1，主磁通 Φ 同样会在二次绕组中产生感应电动势 e_2 和电流 i_2，从而在二次绕组两端产生电压 u_2，$\Phi_{\delta 2}$ 是电流 i_2 通过二次绕组时产生的漏磁通。主磁通 Φ、漏磁通 $\Phi_{\delta 2}$ 的参考方向与电流 i_2 的参考方向符合右手螺旋定则。与一次绕组类似，二次绕组上的电动势、电压和电流之间的关系可用相量表示为

$$\dot{E}_2 = -\mathrm{j}4.44fN_2\Phi_{\mathrm{m}} \tag{5-5}$$

$$\dot{U}_2 = \dot{E}_2 - \dot{I}_2(R_2 + \mathrm{j}X_2) = \dot{E}_2 - \dot{I}_2Z_2 \tag{5-6}$$

式中，R_2、X_2 和 Z_2 分别是二次绕组的电阻、漏电抗和漏阻抗。

通常二次绕组的漏阻抗 Z_2 较小，当忽略漏阻抗 Z_2 的影响时，式(5-6)可简化为

$$\dot{U}_2 \approx \dot{E}_2 \tag{5-7}$$

电压有效值为

$$U_2 = 4.44fN_2\Phi_{\mathrm{m}} \tag{5-8}$$

变压器一次、二次绕组的电动势之比定义为变压器的**变压比**(简称**变比**)

$$K = \frac{E_1}{E_2} = \frac{N_1}{N_2} \tag{5-9}$$

根据式(5-2)和式(5-6)可以得到变压器的等效电路如图 5-3 所示。

在忽略漏阻抗 Z_1 和 Z_2 时，变压器的等效电路图可简化为图 5-4，变压器的变比近似等于一次绕组和二次绕组的电压之比。特别是当变压器空载运行时(二次绕组不接负载 Z_L)，$I_2=0$，一次绕组的电流很小，称为**空载电流** I_0(或励磁电流)。此时二次绕组的电压记为 U_{20}，

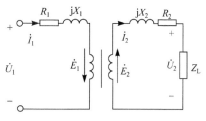

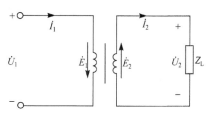

图 5-3　变压器的等效电路图　　　　　　　　图 5-4　变压器的简化等效电路图

变压器的电压变换原理

且 $U_{20}=E_2$，$U_1 \approx E_1$，一次绕组与二次绕组的电压之比更接近于变比。因此，变比也可近似表示为

$$\frac{U_1}{U_2} \approx \frac{U_1}{U_{20}} \approx \frac{N_1}{N_2}=K \tag{5-10}$$

用相量可表示为

$$\frac{\dot{U}_1}{\dot{U}_2} \approx -K \tag{5-11}$$

式(5-10)表明，变压器一次、二次绕组的电压与它们的匝数成正比。当 $K<1$ 时，二次绕组的电压大于一次绕组的电压，称为**升压变压器**；当 $K>1$ 时，二次绕组的电压小于一次绕组的电压，称为**降压变压器**。

2. 电流变换

前面已经提到，变压器在正常工作时(接有负载 Z_L)，主磁通 Φ 是由一次绕组电流 i_1 的磁动势 $N_1 i_1$ 和二次绕组电流 i_2 的磁动势 $N_2 i_2$ 共同作用而形成的。根据楞次定律，二次绕组电流 i_2 的磁动势 $N_2 i_2$ 是阻止主磁通 Φ 的变化，当主磁通 Φ 增大时，电流 i_2 使主磁通 Φ 减小。根据式(5-4)可知，只要电源电压 U_1 和频率 f_1 保持不变，主磁通幅值 Φ_m 也保持不变。因此，当二次绕组电流 i_2 增大时，一次绕组的电流 i_1 也会相应增大，以保持主磁通 Φ 的恒定。变压器在空载时，主磁通仅由励磁电流的磁动势 $N_1 i_0$ 产生，在负载运行时，主磁通由一次绕组和二次绕组的合成磁动势$(N_1 i_1 + N_2 i_2)$产生。

综上所述，在电源电压 U_1 和频率 f_1 不变时，主磁通幅值 Φ_m 也保持不变，因此，变压器在空载运行和负载运行时的磁动势也基本相等，即

$$N_1 i_1 + N_2 i_2 \approx N_1 i_0 \tag{5-12}$$

对应的相量表达式为

$$N_1 \dot{I}_1 + N_2 \dot{I}_2 \approx N_1 \dot{I}_0 \tag{5-13}$$

式(5-13)称为变压器的**磁动势平衡方程式**。

式(5-13)可改写为

$$\dot{I}_1 \approx \dot{I}_0 - \frac{N_2}{N_1} \dot{I}_2 = \dot{I}_0 - \dot{I}_2' \tag{5-14}$$

式(5-14)说明，变压器负载运行时，一次绕组电流 $\dot{I}_1$ 可分解为两个分量：$\dot{I}_0$ 和 $\dot{I}_2' (=\frac{N_2}{N_1} \dot{I}_2)$。

其中 $\dot{I}_0$ 用来产生主磁通 Φ，而 $\dot{I}_2'$ 用来抵消负载电流 i_2 对主磁通 Φ 的影响，以保持主磁通的幅值 Φ_m 不变。因此，无论二次绕组电流 i_2 怎么变化，一次绕组电流 i_1 都会按比例自动变化。

由于空载电流 I_0 比额定电流小很多，通常只有一次绕组额定电流 I_{1N} 的 2%～10%，因此在满载或接近满载时，可忽略空载电流 I_0，式(5-13)可简化为

$$N_1\dot{I}_1 + N_2\dot{I}_2 \approx 0 \tag{5-15}$$

这样，可以得到一次绕组电流 $\dot{I}_1$ 与二次绕组电流 $\dot{I}_2$ 之比

$$\frac{\dot{I}_1}{\dot{I}_2} \approx -\frac{N_2}{N_1} = -\frac{1}{K} \tag{5-16}$$

一次、二次绕组电流的有效值之比为

$$\frac{I_1}{I_2} \approx \frac{N_2}{N_1} = \frac{1}{K} \tag{5-17}$$

式(5-17)表明，变压器在负载运行时，一次绕组和二次绕组电流有效值之比，与它们匝数近似成反比，这就是变压器的电流变换作用。

3. 阻抗变换

不考虑一次绕组和二次绕组的漏阻抗和空载电流的影响，并忽略各种损耗，这样的变压器称为**理想变压器**，如图 5-5(a)所示。对电源来说，虚线框内的变压器和负载阻抗 Z_L 可以看成是一个无源二端网络，因此，可以用一个阻抗 Z_L' 来等效替代，如图 5-5(b)所示。等效替代的原则是保持替代前后端口的伏安特性不变。

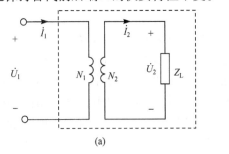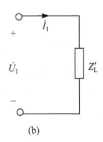

(a)　　　　　　　　　　　　　　　(b)

图 5-5　变压器的阻抗变换

根据式(5-11)和式(5-16)，可得等效阻抗

$$Z_L' = \frac{\dot{U}_1}{\dot{I}_1} = \frac{-K\dot{U}_2}{-\frac{1}{K}\dot{I}_2} = K^2 Z_L \tag{5-18}$$

式(5-18)表明，接在二次绕组的负载阻抗 Z_L，折算到(反映到)一次侧的等效阻抗为 K^2Z_L，增大到 Z_L 的 K^2 倍。这就是变压器的阻抗变换作用。

在电子电路中，经常利用变压器阻抗变换的性质，采用适当变比的变压器，把负载阻抗变换为所需要的数值。这种做法称为**阻抗匹配**。例如，收音机、扩音机中扬声器的阻抗通常只有几欧姆到十几欧姆，一般都需要把扬声器通过合适的变压器接到功率放大电路，使得负载的等效阻抗与放大电路的输出电阻相等(匹配)，以使负载获得最大功率(最大功率传输定理)。

5.2.3 变压器的特性和效率

1. 变压器的外特性

由式(5-2)和式(5-6)可知,当电源电压 U_1 不变时,随着二次绕组电流 I_2 的增加(负载增加),一次、二次绕组漏阻抗上的压降增加,导致二次绕组的输出电压 U_2 发生变化。当电源电压 U_1 和负载功率因数 $\cos\varphi_2$ 保持不变时,二次绕组的电压 U_2 与电流 I_2 之间的关系 $U_2=f(I_2)$ 称为变压器的外特性。对电阻性和电感性负载而言,二次绕组的电压 U_2 随电流 I_2 的增加而下降,且负载的功率因数 $\cos\varphi_2$ 越低,电压 U_2 下降越多。当变压器接电容性负载时,二次绕组的电压 U_2 随电流 I_2 的增加而上升,如图 5-6 所示。

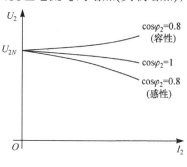

图 5-6　变压器的外特性

变压器从空载到满载(电流等于额定负载电流 I_{2N}),二次绕组电压 U_2 的变化量$(U_{2N}-U_2)$与空载电压(即额定电压)U_{2N} 之比称为**电压调整率**,用 $\Delta U\%$ 表示,即

$$\Delta U\% = \frac{U_{2N}-U_2}{U_{2N}}\times 100\% \tag{5-19}$$

电压调整率是变压器的主要指标之一,反映了变压器运行时输出电压的稳定性。常用电力变压器的电压调整率约为 5%。

2. 变压器的损耗与效率

变压器在正常运行时,从电源输入的功率绝大部分都输出消耗在负载上,但也有很小一部分消耗在变压器内部。变压器的功率损耗包括铁损耗 P_{Fe} 和铜损耗 P_{Cu} 两部分。

铁损耗是主磁通在铁心中交变时所产生的,包括磁滞损耗 P_h 和涡流损耗 P_e。当变压器的外加电压 U_1 和频率 f 一定时,主磁通 Φ 基本不变,铁损耗 P_{Fe} 也基本不变,它与负载电流的大小无关,因此铁损耗 P_{Fe} 也称为**不变损耗**。

铜损耗 P_{Cu} 是电流 I_1、I_2 分别通过一次、二次绕组电阻时产生的损耗,即

$$P_{\mathrm{Cu}} = I_1^2 R_1 + I_2^2 R_2$$

很显然,铜损耗与负载电流有关。

变压器的效率 η 是变压器的输出功率 P_2 与输入功率 P_1 的比值,即

$$\eta = \frac{P_2}{P_1}\times 100\% = \frac{P_2}{P_2+P_{\mathrm{Cu}}+P_{\mathrm{Fe}}}\times 100\% \tag{5-20}$$

变压器在规定的功率因数($\cos\varphi=0.8$,感性)下满载运行时的效率称为额定效率 η_N,额定效率也是变压器的主要指标之一。通常在 80%额定负载左右时,变压器的效率最高。小型变压器的效率为 60%~90%,大型电力变压器的效率可达 98%~99%。

5.2.4 变压器的额定值

为了正确合理地使用变压器,必须了解和掌握变压器的额定值。变压器的额定值通常都标在变压器的铭牌上,也称为铭牌数据,主要有以下几种。

(1) 额定电压 U_{1N}/U_{2N}。额定电压 U_{1N} 是指变压器正常运行时一次侧应当施加的电压，U_{2N} 是指变压器一次侧施加额定电压时二次侧的空载电压。在三相变压器中，额定电压是指线电压。从变压器的外特性可以知道，在接电阻性或电感性负载时，变压器二次侧的额定电压(空载电压)要略高于额定负载时的电压。例如，对于额定电压为 380V 的负载，变压器二次侧的额定电压为 400V。

(2) 额定电流 I_{1N}/I_{2N}。额定电流是指一次侧为额定电压时，一次绕组和二次绕组允许长期通过的最大电流。在三相变压器中，额定电流是指线电流。

(3) 额定容量 S_N。额定容量是指变压器输出的额定视在功率。

对于单相变压器

$$S_N = U_{2N}I_{2N} \tag{5-21}$$

对于三相变压器

$$S_N = \sqrt{3}U_{2N}I_{2N} \tag{5-22}$$

(4) 额定频率 f_N。额定频率是指变压器正常运行时的电源频率。

其他的铭牌数据还有相数、温升等。对于三相变压器，铭牌上还给出一次绕组和二次绕组的连接方式。

变压器额
定值例题

5.2.5　三相变压器

对三相电压进行变换的变压器称为三相变压器。按变换方式不同，三相变压器可分为三相组式变压器和三相心式变压器两种。

三相组式变压器是由三个完全相同的单相变压器组成的，也称为三相变压器组。

三相心式变压器的结构示意图如图 5-7 所示。

三相变压器的一次绕组和二次绕组都可以接成星形或三角形，因此三相变压器有多种接法，常见的有"Y，yn"、"Y，d"和"YN，d"三种接法。每组符号中前一个符号(大写字母)表示一次绕组的接法，后一符号(小写字母)表示二次绕组的接法。Y(或 y)表示星形连接，YN(或 yn)表示带中线的星形连接，D(或 d)表示三角形连接。图 5-8 是"Y，yn"和"Y，d"两种连接方式的接线原理图，图中三条斜线表示是三相。

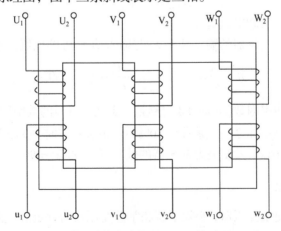

图 5-7　三相心式变压器

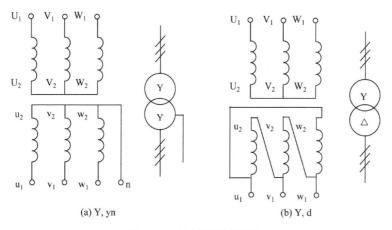

图 5-8　三相变压器的接法

与单相变压器一样,三相变压器一次绕组和二次绕组的相电压之比等于一次绕组和二次绕组的匝数比,即

$$\frac{U_{p1}}{U_{p2}} = \frac{N_1}{N_2} = K \tag{5-23}$$

式中,U_{p1},U_{p2} 分别为一次绕组和二次绕组的相电压。

一次绕组和二次绕组的线电压之比,不仅与变压器的变比有关,还与变压器的连接方式有关。

"Y,yn"连接时

$$\frac{U_{l1}}{U_{l2}} = \frac{\sqrt{3}U_{p1}}{\sqrt{3}U_{p2}} = \frac{N_1}{N_2} = K$$

式中,U_{l1},U_{l2} 分别为一次绕组和二次绕组的线电压。

"Y,d"或"YN,d"连接时

$$\frac{U_{l1}}{U_{l2}} = \frac{\sqrt{3}U_{p1}}{U_{p2}} = \sqrt{3}\frac{N_1}{N_2} = \sqrt{3}K$$

中小型三相变压器通常采用心式变压器,具有体积小、成本低和效率高等优点;大容量三相变压器一般采用组式变压器,便于运输和安装。

三相变压器例题

5.2.6　特殊变压器

除了常见的单相变压器和三相变压器外,还有许多其他类型和用途的变压器,如多绕组变压器、自耦变压器、电流互感器、电压互感器等。

自耦变压器

1. 自耦变压器

变压器的一次、二次绕组之间相互绝缘,没有电的直接连接,这类变压器称为**双绕组变压器**。如果把两个绕组串联起来,使二次绕组成为一次绕组的一部分,这种只有一个绕组的变压器称为**自耦变压器**。

2. 互感器

互感器主要有电压互感器和电流互感器两种。

1) 电压互感器

电压互感器的作用是将高电压变换成低电压，或者实现测量回路与被测电路的隔离，用来测量交流高电压。它是利用变压器的变压原理实现的，即

$$U_1 = \frac{N_1}{N_2}U_2 = K_u U_2 \tag{5-24}$$

式中，K_u称为**变压比**。对于给定的电压互感器，K_u是一个常数。

电压互感器一次绕组的匝数较多，与被测电路并联，二次绕组的匝数较少，只能接电压表或电压线圈等高阻抗的负载。电压互感器的接线如图 5-9 所示。图 5-10 是单相电压互感器和三相电压互感器的图形符号，图中两个圆圈一个代表一次绕组，另一个代表二次绕组。

电压互感器的二次绕组不得短路，否则会在二次绕组中产生很大的电流。由于电压互感器一次绕组的电压往往都很高，为安全起见，要求二次绕组的一端、铁心和金属外壳可靠接地。

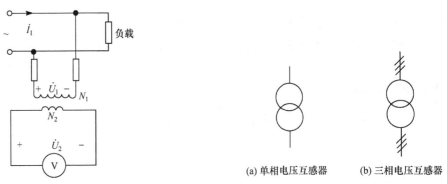

图 5-9　电压互感器接线图　　　　　　图 5-10　电压互感器图形符号

2) 电流互感器

电流互感器的作用是将大电流变换为小电流，或者实现测量回路与被测电路的隔离，用来测量交流大电流或对交流高电压的电流进行测量。它是利用变压器的变流原理实现的，即

$$I_1 = \frac{N_2}{N_1}I_2 = \frac{1}{K}I_2 = K_i I_2 \tag{5-25}$$

式中，K_i称为**变流比**。对于给定的电流互感器，K_i是一个常数。

电流互感器一次绕组的匝数很少，与被测电路串联，二次绕组的匝数较多，只能接电流表或电流线圈等低阻抗的负载。电流互感器的接线如图 5-11 所示。电流互感器的图形符号有两种，如图 5-12 所示，图中，直线表示一次绕组，电感符号或圆圈表示二次绕组。

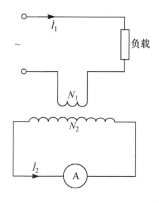

图 5-11　电流互感器接线图

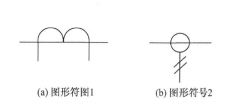

(a) 图形符图1　　(b) 图形符号2

图 5-12　电流互感器图形符号

电流互感器的二次绕组不得开路，否则会在二次绕组两端感应出高电压，并使铁心严重发热，危及设备和人身安全。为安全起见，要求二次绕组的一端和铁心可靠接地。

钳形电流表是由电流互感器和电流表组合而成的。电流互感器的铁心在捏紧扳手时可以张开，被测电流所通过的导线可穿过铁心张开的缺口，当放开扳手后铁心闭合。穿过铁心的被测电路导线就成为电流互感器的一次线圈，当导线上通过电流时便在二次线圈中感应出电流，与二次线圈相连接的电流表就可测出被测线路的电流，图 5-13 所示的是用钳形万用表测量电流的示意图。

5.2.7　绕组的同极性端

变压器通常都有两个或两个以上的绕组，当电流通过不同绕组时，所产生的磁通的方向可能相同，也可能相反。

在图 5-14 中，若将电流 i_1 和 i_2 分别从 1 端和 4 端流入，根据右手螺旋定则可以判断，这两个电流通过绕组时在铁心中产生的磁通方向是一致的，所以称 1 端和 4 端为这两个绕组的**同极性端(同名端)**。显然，2 端和 3 端也是这两个绕组的同极性端。而 1 端和 3 端、2 端和 4 端称为**异极性端(异名端)**。

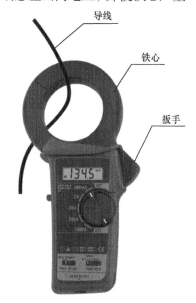

图 5-13　钳形电流表的应用

在电路图中，绕组通常用图 5-15 所示的电感符号表示，图中没有标明绕组的绕向，因此需要用一种标记来标注绕组的同极性端。在电路图中通常用小圆点 (•)、星号(*)或三角形(△)等来表示同极性端，两个绕组有相同标记的两个端子为同极性端，没有标记的两个端子是另一组同极性端。在图 5-15 中，1 端、4 端两个端子上标有小圆点，说明 1 端和 4 端是同极性端。

同极性端不仅反映了不同绕组所产生的磁通方向，也反映了各绕组电动势的相位关系。在图 5-16 中，绕组 N_2 和 N_3 是在同一个铁心上，通过的主磁通也相同。当磁通交变时，在绕组中产生的感应电动势的方向也存在着一定的关系。例如，当绕组 N_1 加上电源后，在某一时刻，如果绕组 N_2 同极性端的极性为正，那么绕组 N_3 的同极性端的极性肯定也为正，即感应电动势 e_2、e_3 的相位相同。

如果把 3 端和 6 端连接起来，则 $U_{54}=U_{56}+U_{34}$；如果把 3 端和 5 端连接起来，则 $U_{46}=|U_{56}-U_{34}|$。

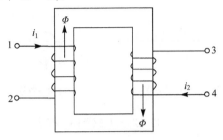

图 5-14   绕组的同极性端

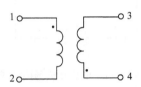

图 5-15   两绕组同极性端的标注

同极性端
及其判别

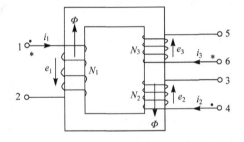

图 5-16   同极性端的极性

习　　题

5-1   变压器的铁心为什么要用 0.35mm 厚、表面涂绝缘漆的硅钢片叠压而成？

5-2   要设计一个 220V/22V 的电源电压器，其变比 $K=10$，如果取一次绕组匝数 $N_1=200$，二次绕组匝数 $N_2=20$；或者取 $N_1=100$，$N_2=10$，两者有什么不同？

5-3   如果将额定频率为 60Hz 的变压器接到 50Hz 的电网上运行，试分析对主磁通、励磁电流及铁损耗有何影响。

5-4   空载运行时变压器一次侧电流为什么很小？空载运行和负载运行时，主磁通 Φ_m 是否相同？为什么？负载运行时，一次侧电流为什么会增大？

5-5   有一单相变压器，一次侧电压为 $U_1=220V$，频率 $f=50Hz$，二次侧电压为 $U_2=50V$，负载电阻为 10Ω，假设变压器是理想的。试求：(1)变压器的变压比 K；(2)一次侧和二次侧电流 I_1，I_2。

5-6   单相变压器一次侧电压 $U_1=3000V$，二次侧电压 $U_2=220V$，二次侧功率 $S_2=25kV \cdot A$。假设变压器是理想的，试求一次侧和二次侧绕组的电流。

5-7   某单相变压器一次侧绕组 $N_1=1200$ 匝，二次侧绕组 $N_2=600$ 匝，一次侧电压 $U_1=220V$，二次侧接电阻性负载，电流 $I_2=5A$，假设变压器是理想的，试求：折算到一次侧的等效电阻 R_1' 和负载消耗的功率 P_2。

5-8   有一台 $10kV \cdot A$，10000V/230V 的单相变压器，一次侧绕组加额定电压，二次侧带额定负载时的电压为 220V。求：(1)该变压器一次侧、二次侧的额定电流；(2)电压调整率。

5-9   电源变压器如图 5-17 所示，一次侧绕组 $N_1=550$ 匝，额定电压 $U_{1N}=220V$。二次侧有两个绕组：$U_2=36V$，$S_2=72V \cdot A$；$U_3=12V$，$S_3=24V \cdot A$。假设变压器是理想的。试求：(1)二次侧两个绕组的匝数 N_2 和 N_3；(2)当二次侧两个绕组都满载时，一次侧的电流 I_1。

5-10　某单相变压器的额定容量为 150kV·A，额定电压为 6000V/230V。求：(1)变压器的变比；(2)一次侧、二次侧绕组的额定电流；(3)当变压器接功率因数为 0.85 的额定负载时，二次侧电压为 220V，计算此时变压器输出的有功功率、无功功率和视在功率。

5-11　负载电阻 R_L=8Ω 通过变比 K=5 的变压器接到 $e=10\sqrt{2}\sin\omega t$ V 的信号源，此时负载消耗的功率最大。试求：(1)信号源内阻 R_0 和信号源输出的最大功率 P_{max}；(2)如果将负载电阻 R_L 直接与信号源连接，负载上消耗的功率 P。

5-12　某单相变压器的额定电压为 220V/110V，如图 5-18 所示，设在 1-2 端加 220V 交流电压时，空载励磁电流为 I_0，主磁通为 Φ_0。如果将 2 端与 4 端连在一起，在 1-3 端加 330V 交流电压，励磁电流、主磁通各变为多少？如果将 2 端与 3 端连在一起，在 1-4 端加 110V 交流电压，励磁电流、主磁通又各变为多少？

5-13　三相变压器的额定容量 S_N=500kV·A，额定电压为 35kV/10.5kV，变压器为 Y/△ 连接，求：(1)一次侧、二次侧绕组的相电压、相电流和线电流的额定值；(2)变压器的变比。

5-14　图 5-19 所示的变压器有 3 组二次侧绕组，已知 U_{21}=5V、U_{22}=2V、U_{23}=12V，问二次侧总共能输出多少种不同的电压？

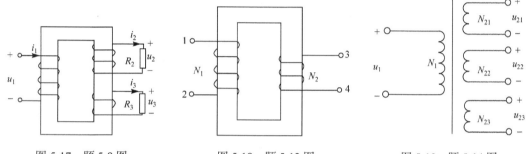

图 5-17　题 5-9 图　　　　　图 5-18　题 5-12 图　　　　　图 5-19　题 5-14 图

习题答案5

5-15　自耦变压器一次绕组的匝数 N_1=400，二次绕组的匝数 N_2=200，电源电压 U_1=220V，负载 Z_L=4+j3 Ω，忽略变压器负载时的电压降。求：(1)二次侧电压 U_2；(2)二次侧电流 I_2；(3)输出的有功功率 P_2。

第6章 电 动 机

6.1 电 机 概 述

实现能量转换或信号转换的电磁装置称为电机。用作能量转换的电机称为**动力电机**，用作信号转换的电机称为**控制电机**。

在动力电机中，把机械能转换为电能的电机称为**发电机**；把电能转换为机械能的电机称为**电动机**。理论上，任何一个电机既可以作为电动机运行，也可以作为发电机运行。

按使用的电源种类不同，电机又可分为**直流电机**和**交流电机**两大类。

在交流电机被发明之前，直流电机得到了广泛的应用。直流电动机的最大优点是具有优良的起动和调速性能，直流发电机则具有较高的供电质量和可靠性。但直流电机具有结构复杂、维护麻烦、价格贵等缺点，同时，随着电力电子器件和电力电子技术的快速发展，直流电机已逐步被交流电机所取代。

交流电机按工作原理的不同，又可以分为**同步电机**和**异步电机**两种类型。每种类型的交流电机按其使用电源的相数不同，可分为单相和三相两种。

同步电机是在转子加入直流电形成一个恒定不变的磁场，这个磁场跟随着定子旋转磁场一起旋转，因而称为同步电机，同步电机的最大特点是可以通过励磁灵活调节功率因数。三相同步电机主要用作大型发电机。目前，全世界所有各类发电厂几乎都采用三相同步发电机来发电。三相同步电动机常用于要求转速恒定、需要改善功率因数、容量为数百千瓦以上的场合。

异步电动机具有结构简单、运行可靠、维护方便和价格便宜等优点，是当前应用最为普遍的电动机。家用电器中的电机几乎全都是异步电动机。异步电动机的总容量约占各种电动机总容量的 85%。异步发电机只用在一些小型风力发电站和偏远山区的微型水电站中。

6.2 三相异步电动机的结构

三相异步电动机主要由定子和转子两部分组成。

6.2.1 定子

定子是三相异步电动机的固定部分，主要由机座、定子铁心和定子绕组等几部分组成。机座，也称为机壳，一般用铸钢或铸铁制成。它的主要作用是支撑定子铁心，同时也承受整个电动机负载运行时产生的反作用力，运行时内部损耗所产生的部分热量也通过机座向外散发。

定子铁心是电动机磁路的组成部分。为了减小涡流损耗，定子铁心一般由 0.3～0.5mm 厚、表面涂有绝缘漆的硅钢片叠压而成。定子铁心的内圆周上均匀分布了很多槽，用于嵌放定子绕组，如图 6-1 所示。

定子绕组一般采用高强度漆包线绕制，按一定规律连接成三相对称结构，构成三相对称的定子绕组，称为三相绕组。每相绕组的首端 U_1、V_1、

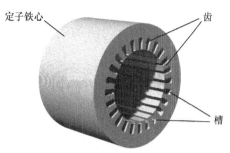

实际电动机

图 6-1 定子铁心

W_1 和尾端 U_2、V_2、W_2 都通过接线盒引出，三相定子绕组共引出 6 个接线端，如图 6-2(a) 所示。在实际使用时，根据不同的电源电压，三相绕组可以采用星形连接或三角形连接两种方式。如果三相电源的线电压等于电动机的额定相电压，则三相定子绕组应采用三角形连接，如图 6-2(b)所示。如果三相电源的线电压等于电动机额定相电压的 $\sqrt{3}$ 倍，则三相定子绕组应采用星形连接，如图 6-2(c)所示。

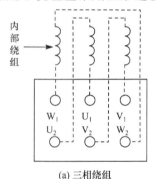

(a) 三相绕组

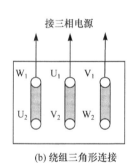

(b) 绕组三角形连接

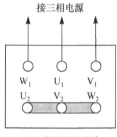

(c) 绕组星形连接

图 6-2 电机接线端

6.2.2 转子

转子是三相异步电动机转动的部分，主要由转轴、转子铁心和转子绕组等几部分组成。

转子铁心同样是电动机磁路的组成部分，也是由 0.3～0.5mm 厚的硅钢片叠压而成的。转子铁心的外圆周上均匀分布了很多槽，用于嵌放转子绕组，如图 6-3 所示。

三相异步电动机的转子根据绕组结构的不同可分为鼠笼式和绕线式两种。对应的电机分别称为**鼠笼式电机**和**绕线式电机**。

鼠笼式和
绕线式转子

电动机的
结构与铭牌

图 6-3 转子铁心

6.3 三相异步电动机的额定值

三相异步电动机的额定值主要有额定功率、额定电压、额定电流、额定频率、额定转速、额定功率因数和额定效率等。

(1) 额定功率 P_N。

额定功率是指电动机在额定运行状态下**轴上输出的机械功率**，单位为瓦(W)或千瓦(kW)。

(2) 额定电压 U_N。

额定电压是指电动机在额定运行时的**线电压**。对于 Y 系列中小型三相异步电机，额定功率大于 4kW 的，额定电压为 380V，定子绕组采用△连接；额定功率小于 4kW 的，额定电压为 220V/380V，定子绕组采用△/Y 连接。即电源线电压为 220V 时，定子绕组采用△连接，电源线电压为 380V 时，定子绕组采用 Y 连接。但无论采用哪种接法，电动机的额定功率都是相同的。

(3) 额定电流 I_N。

额定电流是指电动机在额定运行时的**线电流**。如果三相异步电动机有两种不同的接法，就会有两种不同的额定电流。但无论是哪种接法，在额定运行时，电动机绕组上流过的电流(相电流)是相同的。

当电动机实际工作时的电压、电流和功率都等于额定值时，这种运行状态称为额定工作状态。当电动机的工作电流等于额定电流时，称电动机处于满载工作状态。

(4) 额定频率 f_N。

额定频率是指电动机在额定运行时交流电源的频率。

(5) 额定转速 n_N。

额定转速是指电动机在额定运行时的转速。通常电动机的额定转速都是非常接近于同步转速，但又小于同步转速，根据这一性质，可以根据额定转速直接判断电动机的同步转速和极对数。例如，已知电动机的额定转速为 1470r/min，额定频率为 50Hz，则该电机的同步转速应为 1500r/min，极对数 $p=2$。

(6) 额定功率因数 $\cos\varphi_N$。

额定功率因数是指电动机在额定运行时的功率因数。

(7) 额定效率 η_N。

额定效率是指电动机在额定运行时的效率。电动机在额定工作状态或在额定工作状态附近工作时，功率因数和效率都比较高。功率因数通常在 0.7～0.9，效率通常在 75%～92%。但在空载或轻载时，功率因数和效率都很低。因此在选用电动机时，应使电动机的额定功率等于或略大于负载功率，避免用大功率电机来带动小负载。

电动机的这些额定值通常都会在铭牌上标注。电动机的外壳上都有一块电动机的铭牌，铭牌上标有该电动机的型号和主要的额定值。下面为某台 Y 系列电动机的铭牌。

三相异步电动机		
型号 Y132M-4	功率 7.5kW	频率 50Hz
电压 380V	电流 15.4A	接法 △
转速 1440r/min	绝缘等级 B	工作方式 连续
××电机厂	出厂 年 月	编号

电动机的铭牌上除了上面介绍的这些额定值,通常还有型号、绝缘等级和工作方式等。

6.4 三相异步电动机的工作原理

三相异步电动机的三相对称绕组中通入对称的三相正弦交流电流,便会产生一个在空间旋转的磁场。旋转磁场切割转子导体,在转子导体中产生感应电动势,由于转子导体是闭合的,进而在转子回路中产生感应电流。转子中的载流导体在磁场中受到电磁力的作用产生电磁转矩,从而使转子旋转。因此,旋转磁场是转子转动的必要条件。

6.4.1 旋转磁场

当电动机定子的三相对称绕组通入对称的三相正弦交流电流时,将在电机中产生旋转磁场。对于 2 极电机,电流在时间上变化一个周期,合成磁场在空间旋转一周。

如果旋转磁场具有 p 对磁极,则旋转磁场的速度,即同步转速为

$$n_0 = \frac{60 f_1}{p} \tag{6-1}$$

由此可见,同步转速取决于电源频率 f_1 和电机的磁极对数 p。我国的工业标准频率为 50Hz,不同磁极对数所对应的同步转速如表 6-1 所示。

表 6-1 同步转速

极对数 p	1	2	3	4	5	6
同步转速 n_0/(r/min)	3000	1500	1000	750	600	500

旋转磁场的旋转方向与三相绕组中电流的相序一致。

6.4.2 转矩和功率

1. 电磁转矩的产生

图 6-4 所示为三相异步电动机工作原理示意图。电机定子上装有前述的对称三相绕组,三相绕组可以根据需要接成星形或三角形。当定子绕组接至三相对称电源时,三相绕组中将产生三相对称电流并在电机内建立旋转磁场。为了方便说明,图中用一对旋转的磁极来表示该旋转磁场,它以同步转速 n_0 顺时针方向旋转。

当这个磁场顺时针旋转时,相当于转子导体逆时针方向切割磁感线而产生感应电动势。根据右手定则可以判断出在 N 极下的转子导体的感应电动势的方向是向外的,S 极下的转子

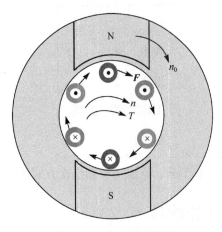

图 6-4　工作原理示意图

导体的感应电动势的方向是向内的。由于转子绕组是短接的，在感应电动势的作用下产生感应电流，也就是转子电流。

载流导体在磁场中会受到电磁力 F 的作用，电磁力 F 的方向可由左手定则确定，如图 6-4 所示。从图中可以看出，各个载流导体所受到的电磁力的方向是一致的，都是顺时针方向，这个电磁力对于转子所形成的转矩称为**电磁转矩** T(简称转矩)。在电磁转矩的作用下，转子转动起来。

从上面的分析已经知道，转子导体切割磁感线，产生感应电流，进而产生电磁转矩，因此三相异步电动机转子的转速 n 必定小于旋转磁场的转速 n_0。如果转子的转速等于同步转速 n_0，则转子导体与旋转磁场没有相对运动，即转子导体不切割磁感线，不会在转子导体中产生感应电动势和感应电流，也就不会产生电磁转矩。由此可见，三相异步电动机只有在转子转速 n 小于同步转速 n_0 时(当外力拖动转子，使转子转速 n 大于同步转速 n_0 时，三相异步电机处于发电状态)，才能产生电磁转矩，带动负载正常运行。

由于电磁转矩是旋转磁场与转子中的感应电流相互作用产生的，因而这种电动机也称为**感应电动机**。同时转子的速度始终小于旋转磁场转速，这也是称为"异步"的原因。

同步转速 n_0 与转子转速 n 之差，与同步转速 n_0 的比值称为**转差率**，用 s 表示，即

$$s = \frac{n_0 - n}{n_0} \tag{6-2}$$

转子转速也可表示为

$$n = (1-s)n_0 \tag{6-3}$$

转差率 s 是分析异步电动机运行状况的一个重要参数。当电动机刚接通电源但还未转动时(即起动瞬间)，转速 $n=0$，转差率 $s=1$；当转子转速 n 等于同步转速 n_0 时，转速 $n=n_0$，转差率 $s=0$(当 $n=n_0$ 时，称为理想空载状态，实际运行时不可能出现这种情况)。异步电动机在正常工作时，$n_0>n>0$，$0<s<1$。空载运行时，转子转速最高，通常都很接近同步转速，转差率一般小于 0.01；额定负载运行时，转速要比空载时低，转差率一般小于 0.1。即电动机的空载转速或额定转速都小于但又很接近于同步转速 n_0，利用这一特点，可以根据电动机的空载转速或额定转速来确定电动机的同步转速 n_0。

三相异步电动机的电磁关系与变压器相似。定子绕组相当于变压器的一次绕组，转子绕组相当于变压器的二次绕组，通过电磁感应产生电动势和电流。它们的主要区别是：变压器从二次侧输出电功率，而电动机从轴上输出机械功率；变压器是静止的，而电动机的转子是旋转的；变压器的主磁通是通过铁心形成闭合回路，而电动机的磁路中定转子之间存在着一个很小的气隙。

电动机在正常运行时，旋转磁场的转速为 n_0，转子的转速为 n，旋转磁场与转子的相对速度为 $\Delta n=n_0-n$。旋转磁场与定转子绕组的相对运动速度不一样，在定转子绕组中感应的电

动势和电流的频率也不一样。根据式(6-1)可知

$$f_1 = \frac{pn_0}{60} \tag{6-4}$$

$$f_2 = \frac{p(n_0 - n)}{60} = \frac{n_0 - n}{n_0} \cdot \frac{pn_0}{60} = sf_1 \tag{6-5}$$

因此可见，转子电流的频率与转差率有关。一般情况下电动机的转差率 $s<0.1$，所以转子电流的频率通常只有几赫兹。

与定子电流一样，对称的转子电流通过对称的转子绕组也会产生旋转磁场，转子电流产生的旋转磁场相对于转子的转速为

$$n'_{20} = \frac{60 f_2}{p} = sn_0$$

相对于定子的转速为

$$n_{20} = n'_{20} + n = n_0$$

可见，转子电流产生的旋转磁场相对于定子的转速也为 n_0。即定子电流产生的旋转磁场和转子电流产生的旋转磁场是相对静止的。如果没有特别说明，本书中的"旋转磁场"都是指定子电流产生的旋转磁场。

2. 电磁转矩的方向

从图 6-4 中可以看出，电磁转矩的方向与旋转磁场的转向一致，而转子的旋转方向是由电磁转矩的方向所决定的，所以转子旋转的方向也与旋转磁场的方向一致。而旋转磁场的旋转方向取决于三相绕组电流的相序，因此要改变转子的转向，让电机反转，只要对调三相异步电动机接到电源的三根导线中的任意两根即可。

3. 电磁转矩的大小

电磁转矩是转子电流与旋转磁场相互作用产生的。设旋转磁场每极磁通的最大值为 Φ_m，转子每相绕组的电流为 I_2，转子电路的功率因数为 $\cos\varphi_2$，则电磁转矩的计算公式为

$$T = C_T \Phi_m I_2 \cos\varphi_2 \tag{6-6}$$

式中，C_T 是由电动机结构决定的常数；Φ_m 主要与定子相电压 U_1 和频率 f_1 有关；I_2 和 $\cos\varphi_2$ 不仅与电压 U_1 有关，还与电动机的转速 n 有关。因为当转速 n 变化时，转子导体和旋转磁场的相对速度发生变化，转子绕组中感应电动势的大小和频率也随之发生变化，转子绕组的感抗也会变化，使得 I_2 和 $\cos\varphi_2$ 随着转速的变化而变化。当转速减小时，转子导体和旋转磁场的相对速度增大，转子感应电动势和电流 I_2 增大，同时转子感应电动势的频率也增大，转子感抗增大，使得转子功率因数 $\cos\varphi_2$ 减小。因此，电磁转矩的计算公式还可以改写为

$$T = K_T \frac{sR_2 U_1^2}{f_1(R_2^2 + (sX_{20})^2)} \tag{6-7}$$

式中，K_T 是由电动机结构决定的常数；R_2 为转子每相绕组的电阻；X_{20} 为转子静止时转子每相绕组的感抗。对于一个给定的电机，R_2 和 X_{20} 都是常数。

4. 转矩平衡关系

在正常运行时，电动机转子上除了电磁转矩 T，还有空载转矩 T_0 和负载转矩 T_L。空载转矩是指由风扇和轴承摩擦等形成的转矩，负载转矩是指转子轴上外加的阻转矩。电磁转矩

T、空载转矩 T_0 与电动机轴上的输出转矩 T_2 的关系为

$$T_2 = T - T_0 \tag{6-8}$$

电动机在稳定运行时，必须使得 $T_2=T_L$。由此可得电机的转矩平衡关系为

$$T = T_0 + T_L \tag{6-9}$$

通常，空载转矩 T_0 较小，在计算时可以忽略，电机的转矩平衡关系可简化为

$$T \approx T_L \tag{6-10}$$

电动机在某一工作点稳定运行时，如果负载转矩 T_L 增大，则转矩平衡关系被打破。在负载转矩 T_L 增大瞬间，$T_2<T_L$，电动机的速度减小，转差率 s 增大，转子电流 I_2 增大，定子电流 I_1 也随之增大。转子电流 I_2 的增大又会使转矩 T 增大，直到 $T_2=T_L$，电动机运行在新的稳定工作点，此时电机的转速小于原来的转速。同理，当负载转矩减小时，电磁转矩相应减小，电动机运行在一个比原来转速高、比原来电流小的新的工作点。

5. 功率平衡关系

三相异步电动机从电源吸收的有功功率可按对称三相电路的功率来计算

$$P_1 = \sqrt{3} U_l I_l \cos\varphi$$

式中，U_l、I_l 是三相异步电动机的线电压(V)和线电流(A)；$\cos\varphi$ 是三相异步电动机的功率因数，功率的单位为瓦(W)。三相异步电动机是一个电感性负载，定子绕组的相电压超前相电流 φ 角。

三相异步电动机输出的机械功率为

电动机例题1

$$P_2 = T_2\omega = \frac{2\pi}{60}T_2 n = \frac{T_2 n}{9.55} \quad (\text{W}) \tag{6-11}$$

或

$$P_2 = \frac{T_2 n}{9550} \quad (\text{kW})$$

式中，ω 为转子的旋转角速度，单位为弧度/秒(rad/s)；T_2 的单位为牛·米(N·m)；n 的单位是转/分(r/min)；按第一个公式计算时，P_2 的单位为瓦(W)，按第二个公式计算时，P_2 的单位为千瓦(kW)。

电动机从电源吸收的有功功率 P_1 扣除电机本身的损耗，才是轴上输出的机械功率 P_2。电机本身的损耗包括铜损耗 P_{Cu}、铁损耗 P_{Fe} 和机械损耗 P_M，即

$$P_2 = P_1 - P_{Cu} - P_{Fe} - P_M \tag{6-12}$$

三相异步电动机的效率

$$\eta = \frac{P_2}{P_1} \times 100\% \tag{6-13}$$

电磁转矩
和机械特性

6.5　三相异步电动机的特性

6.5.1　机械特性

根据式(6-7)可知，三相异步电动机的电磁转矩与电源频率 f_1、电源电压 U_1、转子电阻 R_2、转子电抗 X_{20} 和转差率 s 有关。对于一个给定的三相异步电动机，转子电阻 R_2 和转子电抗 X_{20} 是一个常数，在保持电源频率 f_1 和电源电压 U_1 不变时，电磁转矩 T 与转差率 s 之间

的关系 $T=f(s)$ 称为三相异步电动机的**转矩特性**，转速 n 与电磁转矩 T 之间的关系 $n=f(T)$ 称为**机械特性**。

如果三相异步电动机的电源电压和频率都为额定值，绕线式异步电动机转子回路中不外接电阻或电抗，这时的转矩特性和机械特性称为**固有特性**，否则称为**人工特性**。三相异步电动机的固有转矩特性和机械特性如图 6-5 和图 6-6 所示。

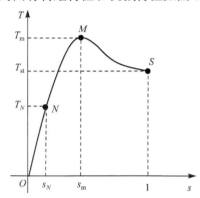

图 6-5 三相异步电动机的转矩特性   图 6-6 三相异步电动机的机械特性

机械特性是三相异步电动机的主要特性，在实际工作中，常用机械特性来分析电动机的运行性能，机械特性中有三个工作点特别重要。

1. 额定转矩点

额定转矩点是电动机在额定运行时的工作点，对应于机械特性中的 N 点，此时电动机的电磁转矩称为额定转矩 T_N。额定转矩 T_N 可根据铭牌中的额定功率 P_N 和额定转速 n_N 计算。根据式(6-11)可得

$$T_N =9.55 \frac{P_N(\mathrm{W})}{n_N} \qquad \text{或} \qquad T_N =9550 \frac{P_N(\mathrm{kW})}{n_N} \tag{6-14}$$

式中，额定功率 P_N 的单位为瓦(W)时，采用第一个计算公式；P_N 的单位为千瓦(kW)时，采用第二个计算公式，额定转速的单位为转/分(r/min)，额定转矩 T_N 的单位为牛·米(N·m)。

额定转矩说明了电动机长期运行时带负载的能力。如果电动机的负载转矩 T_L 大于额定转矩 T_N，则电动机的功率和电流都会超过额定值，电动机处于过载工作状态。长时间处于过载工作状态，电动机的温度会超过绝缘等级所对应的最高允许温度，导致电动机的使用寿命缩短，严重过载时甚至会烧坏电动机。

2. 最大转矩点

最大转矩点是电动机电磁转矩为最大值时的工作点，对应于机械特性中的 M 点。在该工作点对应的转差率和转速分别称为**临界转差率** s_m 和**临界转速** n_m。对式(6-7)求导数，并令 $dT/ds=0$ 可求得临界转差率

$$s_m = \frac{R_2}{X_{20}} \tag{6-15}$$

从式(6-15)可以看出，临界转差率 s_m 与转子电阻 R_2 有关，R_2 越大，s_m 也就越大。当电

源电压 U_1 一定时，对应不同转子电阻 R_2 的机械特性如图 6-7 所示。从图中可以发现，当改变转子电阻 R_2 时，最大转矩 T_m 保持不变。在相同负载转矩 T_L 下，转子电阻越大，转速 n 就越小。当负载转矩为 T_L，转子电阻从 R_2 增大到 R'_2 时，电动机的工作点从 a 点变化到 b 点，转速从 n 减小到 n'。绕线式异步电动机就是利用这个特性进行调速的。

将式(6-15)代入式(6-7)，可求得最大转矩

$$T_m = K_T \frac{U_1^2}{2f_1 X_{20}} \tag{6-16}$$

从式(6-16)可以看出，最大转矩 T_m 与电源电压 U_1 的平方成正比。当转子电阻 R_2 一定时，对应不同电源电压 U_1 的机械特性如图 6-8 所示。从图中可以看出，当改变电源电压 U_1 时，最大转矩值所对应的转速 n_m 保持不变。在相同负载转矩 T_L 下，电源电压越小，转速 n 也就越小。当负载转矩为 T_L，电源电压从 U_1 减小到 U'_1 时，电动机的工作点从 a 点变化到 b 点，转速从 n 减小到 n'。鼠笼式异步电动机的调压调速就是利用这个特性。

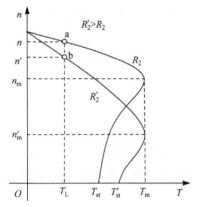

图 6-7 不同转子电阻 R_2 的机械特性

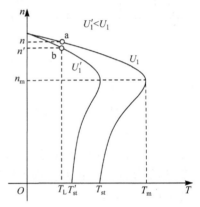

图 6-8 不同电源电压 U_1 的机械特性

人工机械特性

最大转矩 T_m 与额定转矩 T_N 之比称为**过载系数**(也称为最大转矩倍数)，用 λ_m 表示：

$$\lambda_m = \frac{T_m}{T_N} \tag{6-17}$$

过载系数反映了电动机短时过载的能力。只要负载转矩不大于最大转矩，电动机都能继续短时运行。三相异步电动机的过载系数一般为 1.8～2.2。

3. 起动转矩点

起动转矩点是电动机刚接通电源，转子还没有开始转动时的工作点，对应于机械特性(图 6-6)中的 S 点。这时的转差率 $s=1$，转速 $n=0$，对应的电磁转矩称为起动转矩 T_{st}。

起动转矩反映了电动机直接起动的能力。起动转矩与额定转矩之比称为**起动转矩倍数**，用 λ_{st} 表示：

$$\lambda_{st} = \frac{T_{st}}{T_N} \tag{6-18}$$

三相异步电动机的起动转矩倍数一般为 1.6～2.2。

电动机在带负载起动时,只有当起动转矩 T_{st} 大于负载转矩 T_L 时,电动机才能起动起来。起动转矩越大,电动机带负载起动的能力越强。起动转矩与负载转矩的差值越大,起动过程就越短。

6.5.2　三相异步电动机的运行

根据三相异步电动机的机械特性,电动机起动时处于机械特性的 S 点,如图 6-9 所示。只要起动转矩 T_{st} 大于负载转矩 T_L,电动机就会开始转动起来,随着转速的提高,电磁转矩也相应增大。电动机的工作点由机械特性的 S 点沿 SM 段加速运行。经过 M 点后,随着转速的进一步提高,电磁转矩减小,直到电磁转矩 T 与负载转矩 T_L 相等时,电动机就稳定工作在 a 点。三相异步电动机能稳定运行的范围为机械特性的 MN 段,因此 MN 段称为**稳定运行区**。在稳定运行区,只要负载转矩 T_L 不超过最大转矩 T_m,电动机都能稳定运行,且电磁转矩 T 能跟随着负载转矩 T_L 的变化而变化,始终保持 $T=T_L$,电动机具有自动调节的能力。

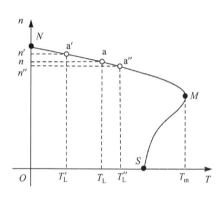

图 6-9　三相异步电动机的运行

例如,电动机原来负载转矩为 T_L,转速为 n,稳定运行在 a 点,如图 6-9 所示。如果负载转矩从 T_L 减小到 T_L',则会使电动机的转速增大;随着转速的增大,电动机的电磁转矩减小,直到电磁转矩 $T=T_L'$ 时,电动机在新的工作点 a′ 稳定运行,此时电动机的转速 n' 大于原来的转速 n。反之,当负载转矩从 T_L 增加到 T_L'' 时,电动机会在新的工作点 a″ 稳定运行,此时电动机的电磁转矩 $T=T_L''$,转速为 n'',小于原来的转速 n。

当负载转矩变化时,三相异步电动机的转速变化较小,这种机械特性称为**硬机械特性**。反之,则称为**软机械特性**。在图 6-7 所示的两条不同转子电阻的机械特性中,转子电阻为 R_2 所对应的机械特性为硬机械特性,而 R_2' 所对应的机械特性为软机械特性。

当负载转矩 T_L 大于最大转矩 T_m 时,电动机的转速会下降,电动机进入机械特性的 MS 段运行,随着转速的降低,电磁转矩进一步降低,最终会使电动机停止转动,称为"堵转"。堵转时电动机的电流远远大于额定电流,很容易烧毁电机。机械特性的 MS 段称为**不稳定运行区**。

三相异步电动机在正常运行时的电源电压不应高于或低于额定电压的 5%。当电源电压高于额定电压时(电源频率不变),根据 $U=4.44fN\Phi_m$ 可知,电机内部的磁通将增大,从而使得励磁电流增大,导致电机的铁损耗增加,铁心发热,定子绕组也容易出现过热的现象。如果电压低于额定电压,根据式(6-7)可知,转矩与电压的平方成正比,电压的降低将会引起电机转矩的明显下降,使得电动机的转速下降,电流增加。如果是在额定负载下运行,定子电流可能超过额定值,使绕组过热,对电动机运行不利。

电动机例题2

6.6　三相异步电动机的起动

起动是指电动机在接通电源后，从静止状态开始转动，直至达到稳定运行的整个过程。在刚起动的瞬间，电动机的转子还没有开始转动，此时旋转磁场以同步转速 n_0 切割转子导体，在转子导体中产生很大的感应电动势和感应电流。转子电流的增大，使得定子电流也相应增大，一般是额定电流的 5～7 倍，这就是电动机的**起动电流** I_{st}。

电动机的起动电流虽然很大，但在轻载或空载起动时，起动时间往往很短，且随着电动机转速的上升，起动电流迅速减小。因此，对容量不大且不频繁起动的电动机影响不大，但对于需要频繁起动的电动机，由于热量的积累，容易使电动机过热。

起动电流还会影响电源线路的正常工作。如果电源的容量与电动机的额定功率相比不是足够大，则过大的起动电流会在输电线上产生较大的电压降，造成供电电压的明显下降，影响接在同一线路上其他负载的正常工作，也会延长电动机的起动时间。

由于起动时 $s=1$，转子感抗较大($X_2=sX_{20}$)，转子的功率因数 $\cos\varphi_2$ 很低。因此，虽然电动机的起动电流很大，但起动转矩 T_{st} 并不大，只有额定转矩的 1.6～2.2 倍。起动转矩小，会导致电动机在带负载(特别是带重载)起动时的起动时间过长。

因此，在分析电动机的起动方法时，主要从以下两方面考虑：①起动转矩是否足够大；②起动电流是否满足要求。

电动机的起动方式主要有直接起动、降压起动和转子电路串联电阻起动等几种。

6.6.1　直接起动

直接起动是指在起动时把电动机的定子绕组直接接到额定电压的电源上的起动方式。直接起动是小型鼠笼式三相异步电动机常用的起动方式。直接起动的主要优点是设备简单、操作方便、起动迅速，但起动电流大。

三相异步电动机是否可以采用直接起动方式，需要根据电动机的容量及使用场合、电源容量、供电方式等几方面来决定。满足以下条件之一的，可以采用直接起动。

(1) 容量在 7.5kW 以下的三相异步电动机可以直接起动。

(2) 有独立变压器供电时，不频繁起动的电动机容量不超过变压器容量的 30%，频繁起动的电动机容量不超过变压器的 20%。

(3) 有独立变压器供电时，起动时造成的电压降不超过额定电压的 15%；没有独立变压器供电时，起动时造成的电压降不超过额定电压的 5%。

6.6.2　降压起动

对于不能直接起动的鼠笼式三相异步电动机，必须采用降压起动。降压起动的主要目的是减小起动电流，以减小对电网的影响。降压起动的过程是在起动时降低电动机定子绕组的电压，起动完成后，再把电压恢复到额定值。

降压起动虽然能减小起动电流，但因为电磁转矩与电压的平方成正比，因此降压起动时起动转矩也会相应减小，一般只适用于轻载或空载情况下的起动。

降压起动的具体实现方式有很多,这里介绍常见的三种。

1. Y-△(星形-三角形)降压起动

这种起动方式只适用于正常运行时定子绕组为三角形连接的三相异步电动机。图 6-10 是 Y-△降压起动的示意图。起动时,先合上开关 QS_3,把电动机三相定子绕组接成星形,然后合上电源开关 QF_1,电动机开始起动,当电动机的转速上升到一定值时,断开开关 QS_3,同时合上开关 QS_2,定子绕组转换为三角形连接,电动机开始正常运行。

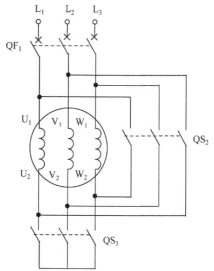

Y-△降压
起动原理

图 6-10　Y-△降压起动的原理图

下面分析采用 Y-△降压起动(用下标 y 表示)和采用三角形接法直接起动(用下标△表示)时,电压、电流和转矩的变化情况。

假设电源线电压为 U_l,采用 Y-△降压起动时,定子绕组为 Y 接法,相电压(即每相绕组两端的电压)为 $U_{yp} = U_l / \sqrt{3}$;采用三角形接法直接起动时的相电压为 $U_{\triangle p} = U_l$,因此,在这两种不同起动方式时,电动机的相电压之比为

$$\frac{U_{yp}}{U_{\triangle p}} = \frac{1}{\sqrt{3}} \tag{6-19}$$

采用 Y-△降压起动或三角形直接起动,电动机绕组的阻抗(即每相阻抗)是相同的,因此,两种不同起动方式时,电动机的相电流之比为

$$\frac{I_{yp}}{I_{\triangle p}} = \frac{U_{yp}}{U_{\triangle p}} = \frac{1}{\sqrt{3}} \tag{6-20}$$

Y 接法时线电流与相电流线相同,三角形接法时线电流有效值是相电流的 $\sqrt{3}$ 倍,因此电动机的线电流(也就是电源提供的线电流)之比为

$$\frac{I_{yl}}{I_{\triangle l}} = \frac{1}{3} \tag{6-21}$$

转矩与定子绕组两端电压(即相电压)的平方成正比,因此电动机起动转矩之比为

$$\frac{T_{yst}}{T_{\triangle st}} = \frac{1}{3} \tag{6-22}$$

Y-△降压
起动例题

从上面的分析可知,采用 Y-△降压起动后,起动电流减小了,是直接起动时的 1/3,但同时起动转矩也减小为直接起动时的 1/3。

2. 自耦变压器降压起动

自耦变压器降压起动适用于正常运行时定子绕组为星形或三角形连接的鼠笼式三相异步电动机。图 6-11 是自耦变压器降压起动的示意图。起动时,开关 QS_2 向下合,三相电源通过自耦变压器降压后加到三相异步电动机的定子绕组,实现电动机的降压起动。当电动机转速达到一定值或起动完成时,开关 QS_2 向上合,自耦变压器被切除,三相电源直接加到三相异步电动机的定子绕组,电动机在额定电压下运行。

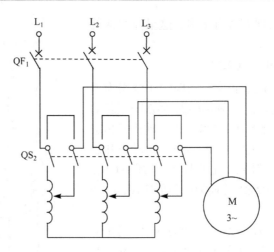

图 6-11 自耦变压器降压起动的原理图

假设自耦降压变压器的降压比(抽头比)为

$$K_A = \frac{U}{U_N} \tag{6-23}$$

式中，K_A 为自耦变压器的抽头比，$K_A<1$；U 为自耦变压器的输出线电压，也就是起动时加到电动机定子绕组的线电压；U_N 为电源线电压。

自耦变压器降压起动与直接起动相比较，电动机的线电压

$$U_{la} = K_A U_l = K_A U_N \tag{6-24}$$

电动机的相电压

$$U_{pa} = K_A U_p \tag{6-25}$$

电动机的相电流

$$I_{pa} = K_A I_p \tag{6-26}$$

电动机的起动电流

$$I_{sta} = K_A I_{st} \tag{6-27}$$

起动转矩(与电动机相电压的平方成正比)

$$T_{sta} = K_A^2 T_{st} \tag{6-28}$$

电源电流

$$I_{1a} = K_A^2 I_1 \tag{6-29}$$

式中，下标 a 表示采用自耦变压器降压起动时的参数，没有下标 a 的表示直接起动时的参数。

可见，在采用自耦变压器降压起动时，电动机本身的起动电流减小到直接起动时的 K_A 倍，但电源线路上的起动电流和起动转矩都减小到直接起动时的 K_A^2 倍。

通常，自耦变压器有多个抽头，可以根据电源线路电流和起动转矩的要求适当选择。

3. 软起动

随着电力电子器件、电力电子技术和控制技术的发展，性能优良的软起动控制器也得到

自耦变压器
降压起动例题

了广泛的应用。

软起动控制器采用现代电力电子技术和先进的微机控制技术, 在电动机起动过程中, 可根据用户的要求, 通过自动调节施加在电动机定子绕组的电压, 得到所期望的起动性能。

软起动控制器的控制方式以及与电动机的连接方式等详见二维码中的内容。

软起动控制器

6.6.3 转子电路串联电阻起动

鼠笼式异步电动机的转子导条是在内部短接的, 转子电路的电阻无法改变。绕线式异步电动机的转子回路通过滑环和电刷结构与外电路连接, 可以通过外接电阻改变转子电路的电阻。因此转子电路串联电阻起动只适用于绕线式异步电动机。

转子电路串联电阻后, 转子回路的电阻增大, 起动时转子电流减小, 定子电流也相应减小。从图 6-7 所示不同转子电阻时的机械特性可知, 只要在转子电路中串联适当阻值的电阻, 不仅能减小起动电流 I_{st}, 同时因为提高了转子电路的功率因数, 还能增大起动转矩 T_{st}。

图 6-12 为绕线式异步电动机转子电路串联电阻起动的接线示意图, 常用可调变阻器作为串联的电阻, 并通过手柄将三相外接的电阻(变阻器)接成星形。起动时, 先将起动变阻器的阻值调到最大, 全部电阻接入转子电路(图示位置), 合上电源开关 QS, 电动机开始转动, 随着电动机转速的升高, 逐步减小起动变阻器的电阻(手柄顺时针转动), 当转速升高到一定值时, 起动变阻器全部切除, 使转子绕组短接, 电动机正常运行。

因为串联起动电阻后能增大起动转矩, 因此, 绕线式异步电动机可以重载起动, 对于要求起动转矩大或起动频繁的机械设备, 如吊车、卷扬机等, 常采用绕线式异步电动机拖动。

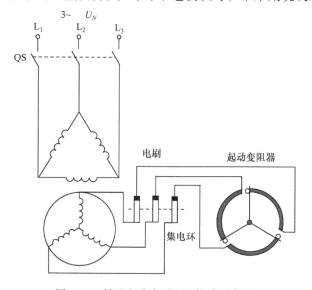

电动机的
起动和调速

图 6-12　转子电路串联电阻接线示意图

6.7　三相异步电动机的调速

调速是指在一定负载下, 根据需要人为改变电动机的转速。电动机在满载时, 最大转速与最小转速之比称为**调速范围**。如果电动机的转速在调速范围内可以连续调节, 这种调速方法称为**无级调速**；如果电动机的转速只能在某几个固定的档位调节，则称为**有级调速**。

根据式(6-3)可得

$$n=(1-s)n_0=(1-s)\frac{60f_1}{p}$$

因此，三相异步电动机可以通过改变电源频率 f_1、磁极对数 p 和转差率 s 实现调速。其中改变电源频率 f_1 和磁极对数 p 是通过改变同步转速实现调速的；改变转差率 s 是通过改变电动机的机械特性，将固有机械特性改变为人工机械特性，使电动机在负载不变的情况下得到不同的转速，从而实现调速。

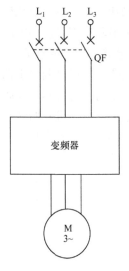

图 6-13　变频调速接线示意图

三相异步电动机的调速方法主要有变频调速、变极调速、调压调速和转子电路串联电阻调速等。

1. 变频调速

变频是指改变三相异步电动机的供电频率。变频调速方法需要一套频率可调的专用变频电源，也称为变频器，它是通过整流电路先将 50Hz 的单相或三相交流电变换为直流电，再通过逆变电路把直流电转换为频率和幅值都可调的三相交流电。变频调速的接线示意图如图 6-13 所示。

变频调速能对电动机进行平滑、宽范围和高精度的调速。为使电动机的转矩特性更好地满足负载的要求，在改变变频器输出频率的同时，输出电压也按要求作相应改变。如果希望在调速过程中电动机的输出转矩不变(称为恒转矩调速)，则进行恒压频比控制，即保持 U_1/f_1= 常数；如果希望在调速过程中保持输出功率不变(称为恒功率调速)，则需要保持 $U_1/\sqrt{f_1}$= 常数。

变频调速是一种性能最好的调速方法，但需要专门的变频装置。变频调速是目前鼠笼式三相异步电动机最主要的调速方法。

2. 变极调速

根据三相异步电动机的工作原理(6.4 节)可知，电动机的极对数 p 是由定子绕组的布置和连接方法所决定的，改变每相绕组中各线圈的连接方式就能改变磁极对数。

对于需要变极调速的电动机(通常称为多速电机)，电动机定子绕组需要引出多个接线端子，以实现每相绕组线圈连接方式的改变。常规的异步电动机的磁极对数是不能改变的，多速电动机需要专门制造。由于改变定子绕组线圈的接法只能改变极对数，因此这种调速方法只能是有级调速，而且转速调节的档位也不能太多，调节的档位越多，制造工艺就越复杂，多速电机通常设计为双速或三速。

3. 调压调速

从图 6-8 不同电源电压时的机械特性可以看出，改变电动机的定子电压可以改变其机械特性，在相同的负载下能得到不同的转速，实现调速。定子电压越小，转速越低，电动机的最大转矩也就越小。这种调速方法调速范围较小，调速时机械特性变软，效率不高，只能用在中小功率的电动机。

4. 转子电路串联电阻调速

转子电路串联电阻调速也称为改变转差率调速。从图 6-7 不同转子电阻时的机械特性可以看出，改变电动机的转子电阻可以改变其机械特性，从而实现调速。在相同负载下，转子电路的电阻越大，转速越低，机械特性也就越软。

转子电路串联电阻调速的接线与图 6-12 相同。在调速时，这个变阻器称为调速变阻器。这种调速方法线路简单，但调速变阻器功率损耗较大，只适用于绕线式异步电动机。

6.8　三相异步电动机的制动

在切断电源后，由于惯性，电动机不会立刻停止转动。在要求电动机快速而准确地停止转动的场合，就需要对电动机采取制动措施。制动可以分为机械制动和电气制动两大类。电气制动的方法有反接制动、能耗制动和再生制动等。

电动机的制动

6.9　单相异步电动机

采用单相交流电源供电的异步电动机称为单相异步电动机。单相异步电动机广泛应用于电动工具、医疗器械和自动控制系统中。绝大部分的家用电器，如电风扇、洗衣机、冰箱和空调(变频空调除外)等都是采用单相异步电动机。

单相异步电动机同样由定子和转子两部分组成。定子上安放有单相绕组，转子通常为鼠笼式。当单相交流电通过单相定子绕组时，会在定子产生一个空间位置固定不变、大小随时间按正弦规律变化的**脉动磁场**，而不是旋转磁场。因此单相异步电动机不能产生起动转矩，也就不能自行起动。当转子受外力作用转动起来后，脉动磁场也能产生电磁转矩，使转子继续沿原来的旋转方向转动。

为了使单相异步电动机通电后能自行起动，必须产生一个旋转磁场，使转子在起动时能产生一定的起动转矩，常用电容式和罩极式两种方法。下面介绍电容式单相异步电动机的工作原理。

电容式单相异步电动机是采用分相法来产生电磁转矩的。电动机的定子上装有两套绕组，分别为工作绕组 AX 和起动绕组 BY，两个绕组在空间上相差 90°，如图 6-14 所示。

起动绕组与电容 C 串联后再与工作绕组并联接入电源。工作绕组所在支路为感性电路，电流 $\dot{I}_A$ 滞后于电压 $\dot{U}$，起动绕组串联电容后可使该支路呈容性，电流 $\dot{I}_B$ 超前于电压 $\dot{U}$。只要选择合适的电容，可使两个绕组上的电流 $\dot{I}_A$ 和 $\dot{I}_B$ 的相位差为 90°。两个对称电流(相位互差 90°)通过两个对称的绕组(空间上互差 90°)，就能产生一个旋转磁场，旋转磁场的分析过程与三相异步电动机类似。在该旋转磁场的作用下，电动机就能产生起动转矩，转子就能自行起动起来。

在起动绕组中接入一个离心开关，当电动机的转速上升到一定数值后，利用离心力的作用使开关断开，切除起动绕组，电动机仍能继续运转。这类电机称为电容起动电动机。如果不接入离心开关，起动后起动绕组继续工作，这类电动机称为电容运转电动机。

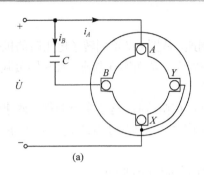
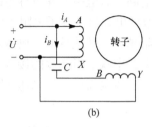

图 6-14   电容式单相异步电动机的工作原理

单相异步电动机的旋转方向同样是由旋转磁场的转向所决定的。要改变电容式单相异步电动机的转向，只要将起动绕组或工作绕组的其中一个绕组接到电源的两个端子对调即可。

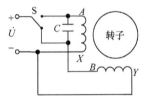

利用转换开关，将电容改接到工作绕组，同样能实现电动机的反转，如图 6-15 所示。洗衣机电机的正反转通常都是利用这个原理实现的。

单相异步电动机的最大特点是能适用于单相电源的场合，但它的功率因数、过载能力和效率都比较低，额定功率都在 1kW 以下。

图 6-15   电容式单相异步电动机的正反转

直流电动机

6.10   直流电动机

由直流电源供电的电机称为直流电机。直流电机具有可逆性，既可以作为电动机使用，也可以作为发电机使用。

直流电机具有良好的调速性能，起动转矩大，在对调速要求较高或需要较大起动转矩的场合常采用直流电动机驱动。

直流电动机
例题

直流电动机的结构、工作原理、励磁方式和机械特性等详见二维码中的内容。

习   题

6-1   三相异步电动机铭牌上标明:额定电压 220V/380V，接法△/Y。当电源电压为 380V 时，能否采用 Y-△降压起动？为什么？

6-2   为什么三相异步电动机的起动电流大而起动转矩却不大？

6-3   简述鼠笼式三相异步电动机常用的起动方式。

6-4   如何使直流电动机反转？

6-5   已知某三相异步电动机的额定转速为 1430r/min，电源频率为 50Hz，求: (1)电动机的磁极对数 p；(2)额定转差率 S_N；(3)额定运行时转子电流频率 f_2；(4)额定运行时定子旋转磁场相对转子的转速。

6-6   一台 8 极的三相异步电动机，电源频率 f_1=50Hz，额定转差率 S_N=0.04，额定功率 P_N=10kW，求额定转速和额定转矩。

6-7   已知三相异步电动机的额定数据如下:f_N=50Hz，n_N=1440r/min，P_N=7.5kW，U_N=380V，I_N=15.4A，$\cos\varphi_N$=0.85。求: (1)额定转差率 s_N、额定转矩 T_N、额定效率 η_N；(2)若负载转矩 T_L=60N·m，电动机是否过载？

6-8　已知三相异步电动机的铭牌数据如下：f_N=50Hz，P_N=15kW，U_N=380V，I_N=31.4A，n_N=970r/min，$\cos\varphi$=0.88。求：(1)电动机的额定转差率；(2)电动机的额定转矩；(3)电动机额定运行时的输入电功率；(4)电动机额定运行时的效率。

6-9　一台三相异步电动机的额定数据为：P_N=2.2kW，n_N=1430r/min，η_N=0.82，$\cos\varphi_N$=0.83，U_N 为 220V/380V。求 Y 和 △ 两种不同接法时的额定电流 I_N。

6-10　三相异步电动机的额定数据如下：U_N=380V，I_N=1.9A，P_N=0.75kW，n_N=2825r/min，$\cos\varphi_N$=0.84，Y 接法。求：(1)额定负载时的效率 η_N 和额定转矩 T_N；(2)若电源线电压为 220V，应采用何种接法才能正常运转？此时的额定线电流为多少？

6-11　一台三相异步电动机，P_N=15kW，U_N=380V，f_N=50Hz，$\cos\varphi_N$=0.75，η_N=86%，为使其功率因数提高到 0.9，接入了三角形连接的三相补偿电容。求：(1)补偿电容总的无功功率；(2)每相电容值 C。

6-12　已知某三相异步电动机的额定数据如下：

功率 /kW	转速 /(r/min)	电压 /V	频率 /Hz	效率/%	功率因数	起动电流 倍数	起动转矩 倍数	过载系数
5.5	1440	380	50	85.5	0.84	7	2.2	2.2

试求：(1)额定电流 I_N 和额定转矩 T_N；(2)起动电流 I_{st}，起动转矩 T_{st}，最大转矩 T_{max}。

6-13　一台三相异步电动机的铭牌数据如下：P_N=15kW，U_N=220V，n_N=1470r/min，η_N=86%，$\cos\varphi_N$=0.88，I_{st}/I_N=6.5，T_{st}/T_N=1.9，T_{max}/T_N=2。如果要使该电动机能带 40% 的额定负载起动，需要接到一个抽头比为多少的自耦变压器上？

6-14　一台三相异步电动机的机械特性如图 6-16 所示，额定点 N 的数据：n_N=1430r/min，T_N=67N·m。求：(1)额定功率；(2)过载系数 T_{max}/T_N 和起动转矩倍数 T_{st}/T_N；(3)该电动机能否带 T_L=90N·m 的负载起动？

6-15　某直流电动机电枢两端电压 U_N=220V，输出的机械功率 P_N=75kW，电动机的效率 η_N=88.5%，试求电动机电枢电路中流过的电流 I_N。

6-16　有一台他励式直流电动机，已知 U=220V，R_a=0.5Ω，反电动势 E=210V。试计算电枢电流 I_a；如果负载转矩增加 20%，再计算电枢电流 I_a'、反电动势 E' 和转速的变化率。

6-17　一台并励直流电动机，额定电压为 220V，额定转速为 1000r/min，电枢电阻为 0.3Ω，额定电流为 70.2A，额定励磁电流为 1.8A。试求：(1)负载转矩为额定转矩一半时，电动机的转速；(2)当电动机转速为 1080r/min 时的输入电流。

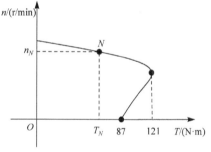

习题答案6

图 6-16　题 6-14 图

第7章 电气控制技术

自动控制一般是通过电气、液压、机械等手段来实现。电气控制技术是自动控制技术的一个重要组成部分，应用广泛。本章以鼠笼式三相异步电动机为控制对象，介绍各种常用的控制电器、保护电器的结构和工作原理以及用它们组成的一些典型的控制电路。

7.1 常用低压电器

根据使用电源电压的不同，控制电器可划分为高压控制电器和低压控制电器两大类。根据功能的不同，低压电器又可以分为配电电器和控制电器两大类，它们是成套电气设备的基本组成元件。

低压电器是指交流 1200V 或直流 1500V 以下，能根据外界的信号和要求，手动或自动地接通、断开电路，以实现对用电设备的切换、控制、保护和调节的电器。

低压电器的种类繁多，分类方法有很多种。

按动作方式可分为手动电器和自动电器。

手动电器是指需要依靠外力直接操作来进行切换的电器，如刀开关、按钮等。

自动电器是指通过电路可以控制其动作的电器，如接触器、继电器等。

按用途可分为低压控制电器和低压保护电器。

低压控制电器主要在低压配电系统及动力设备中起控制作用，如刀开关、低压断路器等。

低压保护电器主要在低压配电系统及动力设备中起保护作用，如熔断器、热继电器等。

按种类不同可分为刀开关、按钮、熔断器、低压断路器、接触器、继电器等。

常用低压
电器

7.1.1 刀开关

刀开关又名闸刀，是一种手动控制电器，主要由刀片和刀座组成，对于大容量的刀开关，还有灭弧装置、安全挡板和操作机构等部件。图7-1是小容量刀开关的实物图以及图形符号，刀开关用字符 QS 表示。

刀开关一般用于不需要经常切断与闭合的交、直流低压(不大于 500V)电路中，用作电源开关。它一般不宜在带负载情况下接通或切断。按极数不同，刀开关可以分为单极、双极和三极等。刀开关一般需要与熔断器配合使用。

7.1.2 按钮

按钮(也称按钮开关或控制按钮)，是一种手动且一般可以自动复位的低压电器。在控制电路中，按钮通常用于发出启动或停止指令，以控制接触器、继电器等电器线圈电流的接通和断开，因此称为**主令电器**。

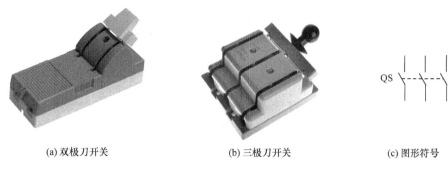

(a) 双极刀开关　　　　　　　(b) 三极刀开关　　　　　　(c) 图形符号

图 7-1　刀开关实物图

按钮通常由按钮帽、复位弹簧、静触头、动触头和外壳等组成。在未按下按钮时已处于接通状态的触点称为**动断触点**(也称为**常闭触点**)，处于断开状态的触点称为**动合触点**(也称为**常开触点**)。既有动断触点又有动合触点的按钮称为复合按钮。复合按钮在按下时，动断触点先断开，动合触点后闭合；在松开按钮时动合触点先断开，动断触点后闭合。

图 7-2 是不同触点类型按钮的图形符号。按钮用字符 SB 表示。本书所述的按钮都是指按下即动作，释放即自动复位的按钮。

(a) 动合按钮　　　　　　(b) 动断按钮　　　　　　(c) 复合按钮

图 7-2　按钮触点类型

按钮结构
及实物图

7.1.3　熔断器

熔断器(也称保险丝)是利用金属导体作为熔体串联于电路中，当电流超过规定值一段时间后，以其自身产生的热量使熔体熔化，从而使电路断开的一种电流保护器。

熔断器主要由熔体(也称熔丝或熔片)和外壳两部分组成。熔体是由电阻率较高的易熔合金制成的。在正常工作时，熔体中通过的电流小于等于熔体的额定电流，熔体不会熔断；当熔体中通过的电流增大到一定值时，经过一定时间后熔体熔断，这段时间称为**熔断时间**。通过的电流越大，熔断时间越短。通过电流的大小与熔断时间的关系称为熔体的**安秒特性**。

熔断器常见的种类有插入式熔断器、螺旋式熔断器、封闭式熔断器、快速熔断器和自恢复熔断器等。按保护形式可分为过电流保护与过热保护。用于过电流保护的保险丝就是平常说的保险丝(也称限流保险丝)。用于过热保护的保险丝一般称为"温度保险丝"。

熔断器的图形符号如图 7-3 所示，熔断器用字符 FU 表示。

熔断器熔体的额定电流可按以下方法选择。

(1) 在照明线路、电阻、电炉等无冲击电流的场合，熔体额定电流略大于或等于负荷电路中的额定电流。

FU

熔断器
实物图

图 7-3　熔断器图形符号

(2) 保护单台长期工作的电机，熔体电流可按最大起动电流选取，也可按下式选取：

熔体额定电流 ≥ (1.5～2.5)×电动机额定电流

如果电动机频繁起动，系数可适当加大至3～3.5。

(3) 保护多台长期工作的电机(供电干线)。

熔体额定电流 ≥ (1.5～2.5)×容量最大单台电动机额定电流+其余电动机额定电流

熔断器主要用于短路保护，在没有冲击性电流的场合，也可用于过载保护。熔断器结构简单，使用方便，广泛用于电力系统、各类电气设备和家用电器中作为保护器件，是应用最普遍的保护器件之一。

7.1.4　低压断路器

低压断路器
工作原理
及实物图

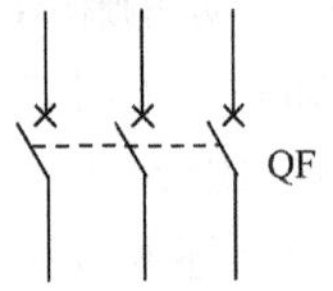

低压断路器也称为空气开关或自动开关,可用来接通或分断配电电路、电动机或其他用电设备,当电路出现过载、短路或欠电压故障时能自动切断电路,实现保护。

低压断路器的图形符号如图 7-4 所示,低压断路器用字符 QF 表示。

图 7-4　低压断路器的图形符号

7.1.5　接触器

根据使用电源的不同，接触器可分为交流接触器和直流接触器。

交流接触器是利用电磁力与弹簧弹力相配合，实现触点的接通与分断。交流接触器主要由电磁系统、触点组和灭弧罩等三部分组成，详见二维码中内容。

触点组包括主触点和辅助触点，辅助触点的容量较小，只能通过较小的电流，通常用于控制回路中。辅助触点分为**动合触点(常开触点(NO))**和**动断触点(常闭触点(NC))**两类。主触点一般都是由三个动合触点组成的，它的容量较大，允许通过较大的电流，通常用来接通和断开主电路。

图 7-5 为接触器的图形符号。它包括主触点、辅助触点和线圈三部分，主触点和辅助触点的图形符号有所不同。接触器用字符 KM 表示。

在选用交流接触器时，需要注意主触点的额定电流、线圈额定电压及辅助触点的数量。

交流接触
器的结构
及实物图

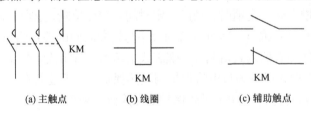

(a) 主触点　　　　(b) 线圈　　　　(c) 辅助触点

图 7-5　交流接触器的图形符号

7.1.6　中间继电器

中间继电器的结构和工作原理与接触器基本相同，但它的触点数量较多，且所有触点的额定电流相同，没有主触点和辅助触点之分。

中间继电器的主要用途有三方面。①用来传递信号，同时控制多个电路。其输入信号为线圈的通电或失电，输出信号为触点的动作。中间继电器触点的额定电流比线圈额定电流大得多，所以还可以用来放大信号。②扩充触点数量。当接触器的辅助触点数量不够时，可借助中间继电器来增加它们的辅助触点数量，起到中间转换的作用。③可以直接控制小功率的电气设备。

额定电流较小的接触器也可用作中间继电器，同样中间继电器也可替代小型接触器。

图 7-6 为中间继电器的图形符号，它包括触点和线圈两部分。中间继电器用字符 KA 表示。

(a) 线圈　　　　(b) 触点

图 7-6　中间继电器图形符号

中间继电器实物图

7.1.7　热继电器

热继电器主要用于电气设备的过载保护。它主要由发热元件、双金属片、整定装置和触点等几部分组成。

热继电器的主要技术参数有额定电压、额定电流、额定频率和整定电流范围等。整定电流是指长期通过发热元件而不致热继电器动作的最大电流。当发热元件中通过的电流超过整定电流值的 20%时，热继电器应在 20 分钟内动作。热继电器的动作时间与通过热元件电流的平方成正比。热继电器的整定电流大小可通过整定电流旋钮(偏心凸轮)来改变。选用和整定热继电器时一定要使整定电流值与电动机的额定电流相符，整定值可在 0.95~1.05 倍的电动机的额定电流范围内选取。热继电器的结构和实物图详见二维码中内容。

图 7-7 是热继电器的图形符号，包括发热元件和触点两部分，热继电器用字符 FR 表示。

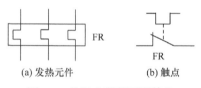

(a) 发热元件　　　　(b) 触点

图 7-7　热继电器的图形符号

热继电器的结构及实物图

7.1.8　时间继电器

时间继电器是一种利用电磁原理、机械原理或电子技术实现延迟触点闭合或分断的自动控制电器。

根据延时方式的不同，时间继电器可分为通电延时型和断电延时型两种。通电延时型时间继电器在线圈通电后开始延时，待延时时间到，其触点才会动作，当线圈失电后，触点立即恢复到初始状态；与之相反，断电延时型时间继电器在线圈通电后触点立刻动作，而在线圈失电后，需要经过一定时间的延时，才能恢复到初始状态。

空气阻尼式时间继电器的工作原理

按工作原理的不同，时间继电器又可分为空气阻尼式、电动式、电磁式和电子式等。空气阻尼式时间继电器利用空气通过小孔时产生阻尼的原理获得延时；电动式时间继电器利用微型同步电动机带动减速齿轮系获得延时；电磁式时间继电器利用电磁线圈断电后磁通缓慢衰减的原理使磁系统的衔铁延时释放而获得延时；电子式时间继电器利用 RC 电路中电容电压只能按指数规律逐渐变化，即电阻尼特性，或采用大规模集成电路技术和微机控制技术获得延时。

电子式时间继电器的实物图

随着电子技术的发展，电子式时间继电器已成为主流产品，采用微机控制技术的智能式数字显示时间继电器，不但可以实现长时间的延时，而且延时精度高、体积小、调节方便、使用寿命长，得到了广泛的应用。

时间继电器的触点有三种类型：不延时的触点、通电延时的触点和断电延时的触点，每一类型的触点又都有动断触点和动合触点两种。因此时间继电器共有六种不同的触点，其中有延时功能的有四种。时间继电器不同类型的触点及线圈的图形符号如图 7-8 所示，时间继电器用字符 KT 表示。

有延时功能的四种触点的图形符号较难记住，可以用"**半圆开口方向是触点延时动作的指向**"这句话来帮助记忆。

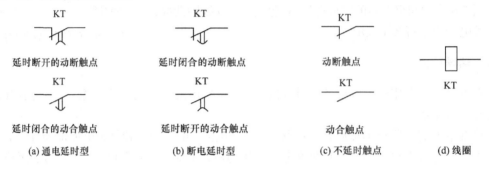

图 7-8　时间继电器图形符号

7.1.9　行程开关

与按钮类似，行程开关在自动控制系统中也主要用于发送指令，因此也称为主令电器。

行程开关又称限位开关，其作用与按钮相同，但其触点的动作不是通过手动，而是利用运动的机械部件的撞击或靠近使触点动作。

行程开关的种类

图 7-9　图形符号

生产机械中，经常需要控制某些部件运动的行程，当运动部件到达一定位置时停止运行，或者自动往返，如生产车间的行车、加工零件的刨床等都需要对行程或位置进行控制，以免发生意外事故。这种控制方式称为"行程控制"或"限位控制"，通过行程开关把机械信号转换为电信号，通过控制线路实现运动部件的行程、方向、变速或自动往返等的控制，或者实现限位保护。

图 7-9 是行程开关的图形符号。行程开关用字符 ST 表示。

7.2　三相异步电动机的继电接触控制电路

下面介绍一些常见的三相异步电动机继电接触控制电路。

7.2.1　直接起停控制电路

直接起停控制电路分为点动控制和单方向连续运行控制两种。

1. 点动控制

点动控制是指按下按钮电动机转动，松开按钮电动机停止转动的控制方式。图 7-10 是点动控制电路的示意图。控制电路由刀开关、熔断器、接触器、热继电器和按钮等低压电器组成。

起动电动机时，先合上刀开关，此时由于接触器的主触点未闭合，电动机仍未起动。按下按钮，接触器的线圈通电，衔铁被吸合，接触器的主触点闭合，电动机开始运行。松开按钮后，接触器线圈失电，衔铁在复位弹簧的作用下恢复到原始位置，接触器的主触点断开，电动机停止运行。

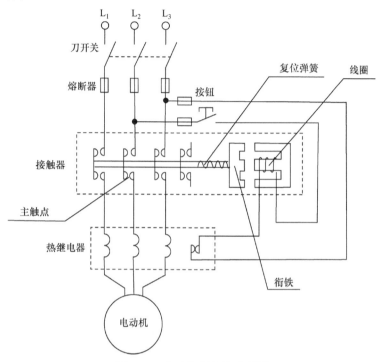

图 7-10　点动控制电路示意图

图 7-10 中刀开关用作电源的隔离开关，当电动机长时间不工作时，或者在检修电机和控制线路时断开电源；熔断器用于短路保护；热继电器用于过载保护，当电动机过载一定时间后，热继电器的热元件发热使双金属片弯曲，将控制电路中的动断触点断开，接触器的线圈失电，主触点断开，电动机停止运行。

图 7-10 所示的这种示意图比较直观，但电路画法比较复杂。因而在电气控制电路图中，常采用图形符号来表示各低压电器，如图 7-11 所示，这种图称为控制电路的原理图。图中由三相电源、刀开关 QS、熔断器 FU_1、接触器 KM 主触点、热继电器 FR 发热元件和电动机构成的电路称为**主电路**，由熔断器 FU_2、按钮 SB、接触器 KM 的线圈和热继电器 FR 的动断触点构成的电路称为**控制电路**(或**辅助电路**)，如图中虚线框所示。因为按下按钮 SB 后电动机开始运行，所以按钮 SB 也称为起动按钮。

点动控制常用于快速行程控制和行车的地面控制等场合。

2. **连续运行控制**

除了点动控制，在很多场合都希望按了起动按钮之后电动机能一直运行，直到按下停机按钮，电动机才停止运行，这种控制电路称为单方向连续运行控制电路。

为了实现连续运行的功能，需要在起动按钮上并联一个接触器 KM 的动合辅助触点，这样当接触器 KM 的线圈通电时，即使松开起动按钮，该辅助触点仍能保持接触器线圈继

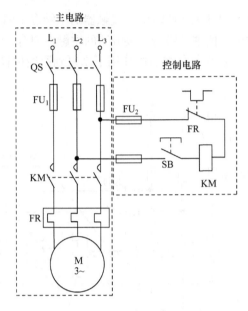

图 7-11　点动控制电路原理图

续处于通电状态，这种功能称为**自锁**，具有这种功能的触点称为自锁触点。同时为了能使电动机停止运行，还需要在控制电路中串联一个动断按钮，也称为停机按钮。能实现连续运行的控制电路如图 7-12 所示。

该控制电路的工作过程如下。起动过程：合上刀开关 QS 为电动机起动做好准备。按下起动按钮 SB_{ST}，接触器 KM 的线圈通电，接触器 KM 的主触点闭合，电机开始运行；接触器 KM 的辅助触点闭合，实现自锁。停机过程：按下停机按钮 SB_{STP}，接触器 KM 的线圈失电，接触器 KM 的主触点断开，电机停止运行，接触器 KM 的辅助触点断开，解除自锁。

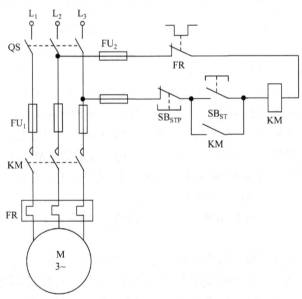

图 7-12　连续运行控制电路

　　在这个控制电路中，交流接触器 KM 在控制电路中还能起到**失压(或欠压)保护**作用。在电源停电(或电源电压明显下降)时，接触器的吸力不足以吸住衔铁而使衔铁释放，接触器的主触点断开，电动机停止运行，同时，接触器的辅助触点断开，解除了自锁。当电源恢复供电(或电源电压恢复到正常值)时，若不按动起动按钮 SB_{ST}，电动机不会自行起动。这种作用称为失压(或欠压)保护。

　　需要说明的是，起动按钮 SB_{ST} 必须是能自动复位的按钮，如果采用不能自动复位的按钮(如自锁式按钮)或其他开关，这个电路就不具备失压(或欠压)保护功能。

　　如果希望在多处都设置起动和停机按钮，对同一台电动机进行起停控制，这种控制称为**异地控制**。能实现两地控制的控制电路如图 7-13 所示(主电路与图 7-12 相同)。图中起动按钮 SB_{ST1} 和停机按钮 SB_{STP1} 设置在 A 地，起动按钮 SB_{ST2} 和停机按钮 SB_{STP2} 设置在 B 地，这样就能在 A、B 两地同时控制电动机的起停。

　　从图 7-13 中也可以看出，在实现多地控制时，停机按钮需串联，而起动按钮需并联。

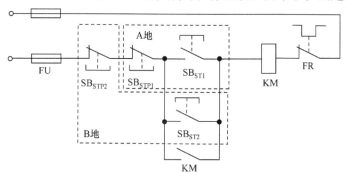

电动机的
多地控制

图 7-13　两地控制电路

7.2.2　正反转控制电路

　　在很多的生产过程中，往往要求运动部件能正反两个方向运行，如机床工作台的前进与后退、主轴的正转与反转、起重机的上升与下降等，都要求电动机能够实现正反转控制。

　　在 6.4 节曾分析过，要让电动机反转，只要改变电动机电源的相序，即把三相异步电动机接到电源的三根导线中的任意两根对调即可。为此需要用两个接触器来实现。

　　三相异步电动机的正反转控制电路如图 7-14 所示。假设当接触器 KM_F 的主触点闭合时，电动机正转，那么当接触器 KM_R 的主触点闭合时，对电动机来说，相当于把 L_1 与 L_3 两根电源线进行了对调，因此电动机反转。

　　从图中还可以看出，接触器 KM_F 的主触点和接触器 KM_R 的主触点不允许同时闭合，否则相线 L_1 与 L_3 短接，导致电源短路。为了防止两个接触器同时闭合，在控制电路中，接触器 KM_F 的线圈所在支路中串联了接触器 KM_R 的动断辅助触点，而在接触器 KM_R 的线圈所在支路中串联了接触器 KM_F 的动断辅助触点。这样，当接触器 KM_F 的主触点闭合时，与接触器 KM_R 线圈串联的 KM_F 的动断辅助触点断开，此时，即使按下起动按钮 SB_{STR}，接触器 KM_R 的线圈也不可能通电，即接触器 KM_R 的主触点不可能闭合。在同一时间，两个接触器中只允许其中一个通电工作的控制方式称为**互锁**。这种利用接触器的辅助触点实现的互锁称为**电气互锁**。

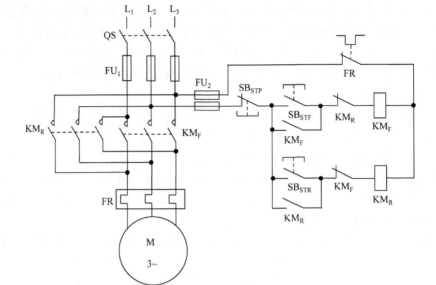

图 7-14   正反转控制电路

该控制电路的工作过程如下。正转起动过程：合上刀开关 QS 为电动机起动做好准备。按下起动按钮 SB_{STF}，接触器 KM_F 的线圈通电，接触器 KM_F 的主触点闭合，电机开始正转；接触器 KM_F 的动合辅助触点闭合，实现自锁，KM_F 的动断辅助触点断开，实现互锁。正转停止过程：按下停机按钮 SB_{STP}，接触器 KM_F 的线圈失电，接触器 KM_F 的主触点断开，电机停止正转，接触器 KM_F 的动合辅助触点断开，解除自锁，KM_F 的动断辅助触点闭合，解除互锁。反转的起动与停止过程与正转类似。

从上述工作过程可以看出，电动机从正转到反转，或者从反转到正转，都必须先按下停机按钮 SB_{STP}，然后才能在另一方向起动运行。

除了用接触器的辅助触点实现互锁，也可以通过按钮实现互锁，如图 7-15 所示，正转起动按钮和反转起动按钮都具有复合触点，正转起动按钮 SB_{STF} 的动断触点串联在接触器 KM_R 的线圈回路中，反转起动按钮 SB_{STR} 的动断触点串联在接触器 KM_F 的线圈回路中。若电动机原来是反转的，此时按下正转起动按钮 SB_{STF}，按钮 SB_{STF} 的动断触点先断开，接触器 KM_R 的线圈失电，KM_R 的主触点断开；然后，SB_{STF} 的动合触点闭合，接触器 KM_F 的线圈通电，KM_F 的主触点闭合，电机开始正转运行，这样也能避免两个接触器同时闭合。如果电动机原来是正转的，分析过程类似。

这种通过按钮触点实现的互锁称为**机械互锁**。在采用机械互锁的控制电路中，在改变电动机转向时，一般也要求先按停机按钮 SB_{STP}，待电动机停止转动后再反方向起动。如果在电动机反转时直接按下正转起动按钮 SB_{STF}，此时电动机的转速接近于同步转速 $-n_0$(负号表示反向)，而旋转磁场的转速是 n_0，此时转子与旋转磁场的相对转速约为 $2n_0$，会在转子中产生很大的感应电流，使得线路上的电流非常大，同时电动机也会受到很大的冲击。

如果控制电路中既有电气互锁，同时也有机械互锁，称为**双重互锁**。

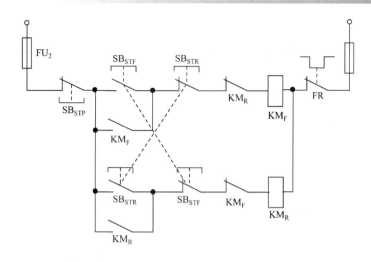

图 7-15　机械互锁控制电路

7.2.3　顺序联锁控制电路

在有些生产场合，一套设备中有多台电动机，这些电动机的起动和停止都有先后顺序的要求，如皮带传送机、机床中的油泵电机和主轴电机等，这类控制电路称为顺序联锁控制电路。

图 7-16 是一个顺序联锁控制电路，与连续运行的控制电路相比，在接触器 KM_2 的线圈回路中增加了 KM_{1-2} 和 KM_{1-3} 两个动合辅助触点。下面分析这两个触点的作用。

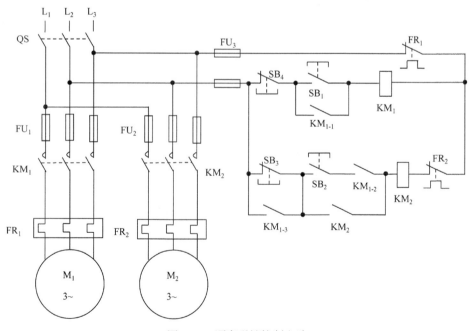

电动机的顺序连锁控制

图 7-16　顺序联锁控制电路

由于在接触器 KM_2 的线圈回路中串联了接触器 KM_1 的动合辅助触点 KM_{1-2}，因此只有在接触器 KM_1 通电时，即动合辅助触点 KM_{1-2} 闭合时接触器 KM_2 的线圈才可能通电，所以

只有电动机 M_1 起动运行后电动机 M_2 才能起动。

在 SB_2 和 KM_{1-2} 两端并联了接触器 KM_2 的动合辅助触点，在接触器 KM_2 闭合后，即电动机 M_2 起动运行后，动合触点 KM_{1-2} 失效，无论电动机 M_1 是否运行，电动机 M_2 都能继续保持运行状态(类似于接触器 KM_2 的自锁)。

在按钮 SB_3 处并联了接触器 KM_1 的动合辅助触点 KM_{1-3}，因此，只有在接触器 KM_1 失电时(动合辅助触点 KM_{1-3} 断开时)，按钮 SB_3 才有效，所以只有电动机 M_1 停止后才能停止电动机 M_2。

综上所述，该顺序控制电路的功能是，电动机 M_1 起动运行后电动机 M_2 才能起动，电动机 M_1 停止运行后才能停止电动机 M_2 的运行。

除此之外，当按下按钮 SB_1 后，接触器 KM_1 线圈得电，电动机 M_1 开始运行，所以电动机 M_1 能单独运行；当电动机 M_1 过载时，热继电器 FR_1 的动断触点断开，接触器 KM_1 和接触器 KM_2 的线圈同时失电，电动机 M_2 与 M_1 一起停止运行。

从以上的分析过程可以看出，在设计顺序联锁控制电路时，可以按照下述原则实现。假设接触器 KM_1 控制电动机 M_1，接触器 KM_2 控制电动机 M_2。如果要使电动机 M_1 起动后才能起动电动机 M_2，则应把接触器 KM_1 的动合触点串联到接触器 KM_2 的线圈回路中；如果要使电动机 M_1 停止运行后才能停止电动机 M_2 的运行，则应把接触器 KM_1 的动合触点并联到电动机 M_2 的停机按钮两端。

7.2.4 行程控制电路

在某些生产加工过程中，需要对运动部件的行程或位置进行控制，如刨床的工作台要求在一定范围内进行往复运动，超过这个范围而到达了极限位置，则必须停止工作；同样，为了防止行车撞到墙面，在行车运行到距离墙面一定距离时，也必须停止运行。这一类的控制称为行程控制，在行程控制中，通常都要用到行程开关。

图 7-17 是行程控制示意图。图中工作台可以左右移动(对应于电动机的正转和反转)，撞块 A 撞击行程开关 ST_1(或 ST_3)，撞块 B 撞击行程开关 ST_2(或 ST_4)。由行程开关 ST_1 和 ST_2 的位置决定工作台左右移动的距离。ST_3 和 ST_4 为终端保护开关，当 ST_1 或 ST_2 失灵时，ST_3 或 ST_4 起到保护作用，防止工作台超出极限位置。

行程控制电路如图 7-18 所示(主电路与图 7-14 所示的正反转控制电路的主电路相同)。这个控制电路是在正反转控制电路的基础上，增加了四个行程开关 ST_1~ST_4 的触点。假设接触器 KM_1 闭合时，工作台往右移动，接触器 KM_2 闭合时，工作台往左移动。控制电路的工作过程如下。

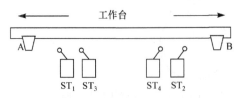

图 7-17 行程控制示意图

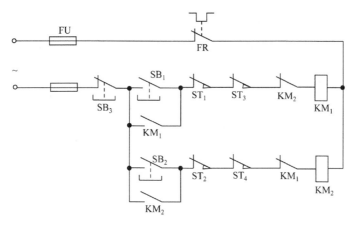

图 7-18　到位停车的行程控制电路

按下起动按钮 SB_1，接触器 KM_1 的线圈通电，接触器 KM_1 的主触点闭合，工作台开始往右移动；接触器 KM_1 的动合辅助触点闭合，实现自锁；接触器 KM_1 的动断辅助触点断开，实现互锁。当工作台往右移动到一定位置时，撞块 A 撞击行程开关 ST_1，ST_1 的动断触点断开，接触器 KM_1 的线圈失电，接触器 KM_1 的主触点断开，工作台停止运动；接触器 KM_1 的动合辅助触点断开，解除自锁；接触器 KM_1 的动断辅助触点闭合，解除互锁。此时即使再次按下起动按钮 SB_1，由于行程开关 ST_1 的动断触点是断开的，工作台也不会继续向右移动。

按下起动按钮 SB_2，工作台反方向运行，工作过程与上述类似。

从上面的分析过程可以看出，工作台在往左(或往右)移动到了一定位置，撞击行程开关后自动停止运行，这种控制方法称为**到位停车的行程控制**。如果希望工作台往左(或往右)移动到一定位置，撞击行程开关后自动返回，这种控制方法称为**自动往返的行程控制**。

自动往返的行程控制电路如图 7-19 所示。它与到位停车控制电路的区别在于行程开关 ST_1 和 ST_2 都具有动断和动合两个触点。

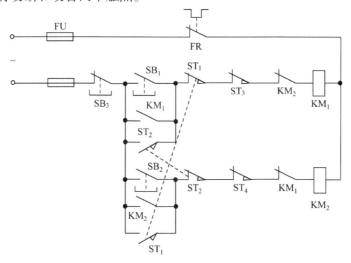

图 7-19　自动往返的行程控制电路

自动往返的行程控制电路的工作过程如下。

当工作台往右移动到一定位置，撞块 A 撞击行程开关 ST_1 时，ST_1 的动断触点断开，接触器 KM_1 的线圈失电，接触器 KM_1 的主触点断开，工作台停止往右运动，接触器 KM_1 的动合辅助触点断开，解除自锁；接触器 KM_1 的动断辅助触点闭合，解除互锁；同时 ST_1 的动合触点闭合，接触器 KM_2 的线圈通电，接触器 KM_2 的主触点闭合，工作台开始往左移动；接触器 KM_2 的动合辅助触点闭合，实现自锁；接触器 KM_2 的动断辅助触点断开，实现互锁。

当工作台往左移动撞击行程开关 ST_2 时，工作过程与上述类似。

7.2.5 时间控制电路

在某些自动化生产过程或自动控制中，要求一些设备按一定的时间间隔起动、切换或关停某些电动机。这种控制电路称为时间控制电路，时间的控制通常由时间继电器实现。

图 7-20 是鼠笼式异步电动机 Y-△ 降压起动的控制电路，图中 KT 为延时断开(通电延时)型的时间继电器。

主回路中，当 KM_1 的主触点闭合时，电动机接成 Y 形，当 KM_2 的主触点闭合时，电动机接成三角形。显然，接触器 KM_1 和 KM_2 不允许同时闭合。

控制回路的工作过程如下。

起动过程：合上刀开关 QS，为电动机起动做好准备。按下起动按钮 SB_1，接触器 KM_1 的线圈通电，接触器 KM_1 的主触点闭合，电动机接成 Y 形，同时时间继电器 KT 的线圈通电，开始计时；接触器 KM_1 的动断辅助触点断开，实现互锁；接触器 KM_1 的动合辅助

行程控制和
Y-△起动控制

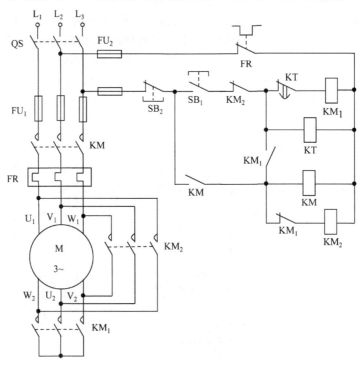

图 7-20 Y-△降压起动控制电路

触点闭合，接触器 KM 的线圈通电，接触器 KM 的主触点闭合，接通电源，电动机在 Y 接法下开始运行；KM 的动合辅助触点闭合，实现自锁，使得按钮 SB_1 断开后控制回路仍能保持工作。

延时时间到，时间继电器 KT 的触点断开，接触器 KM_1 的线圈失电，接触器 KM_1 的主触点断开，解除电动机的 Y 接法；接触器 KM_1 的动合辅助触点断开，时间继电器 KT 的线圈失电，时间继电器 KT 恢复到初始状态；接触器 KM_1 的动断辅助触点闭合，接触器 KM_2 的线圈通电，接触器 KM_2 的主触点闭合，电动机接成三角形继续运行；接触器 KM_2 的动断辅助触点断开，实现互锁(使起动按钮 SB_1 失效)。

停机过程大家可以自行分析。

图 7-20 所示的 Y-△降压起动的控制电路中采用的是通电延时型的时间继电器，采用这种类型的时间继电器，在电动机正常运行时，时间继电器一直处于失电状态，从电能消耗角度较为合理。

能耗制动
控制电路

时间继电器也常用于能耗制动控制电路中，具体的控制电路及工作原理详见二维码中的内容。

7.3　可编程控制器

可编程控制器也称为可编程逻辑控制器(programmable logic conrtoller，PLC)。可编程控制器是 20 世纪 60 年代为了改进继电器控制系统的缺陷而发明出来的新一代控制系统。根据国际电工委员会(IEC)的定义，强调了 PLC 直接应用于工业环境的一类微机控制系统，强调其具有很强的抗干扰能力，编程方便，且便于与工业控制系统联成一体。

因此 PLC 不但保留了继电器控制系统的逻辑控制、顺序控制等功能，而且扩展了定时、计数以及数据处理、模拟量控制和联网通信等功能。并且它使用非常方便：接线简单、编程容易、可靠性高、灵活性好、通用性好、便于安装维护，在单机电气控制、制造业自动化、运动控制等方面的工业自动控制中应用广泛。

目前国内外都有很多成熟的 PLC 产品系列可供选择，总体而言大同小异，硬件方面区别主要在于系统规模大小、扩展模块、可靠性口碑等。软件方面区别主要是支持编程语言种类(参考 IEC 61131-3)和厂家扩展部分指令。用户一般根据自身使用习惯等因素进行选择。

7.3.1　可编程控制器的结构和工作原理

作为专用的计算机系统，PLC 的硬件和软件有其特殊的结构特点与设计思路。以下分别在 PLC 结构部分介绍它的总体结构和输入输出等电路方面的设计特点，在工作原理部分介绍其系统软件的总体运行框架。用户程序是作为扩展程序部分嵌入总体框架中运行的。

1. PLC 的结构

1) PLC 的组成

PLC 的结构种类繁多，但其组成基本相同，包括电源、微处理器、存储器(RAM、ROM)、输入电路、输出电路和编程接口等。

按规模可以分为小型、中型、大型三类，小型 PLC 一般采用整体式结构，中大型 PLC

一般采用模块式结构。整体式是把上述几部分做成一个整体；模块式是把各部分独立封装，称为模块，通过机架和总线连接而成，可以根据需要灵活组合，方便用户选择。

图 7-21 是整体式 PLC 的组成框图。

图中输入、输出电路是 PLC 与外接信号和被控对象连接的电路，它通过端子排与现场设备相连。例如，将按钮、接触器触点、行程开关等开关信号和各种传感器等模拟信号接至输入接点，通过输入电路把它们的输入信号转换为中央处理单元(CPU)能接收和处理的数字信号与模拟信号；输出电路则是把经过 CPU 处理的数字信号转换成被控对象或显示设备能接收的电压或电流信号，用以驱动继电器、接触器、电磁阀和电机等执行装置。

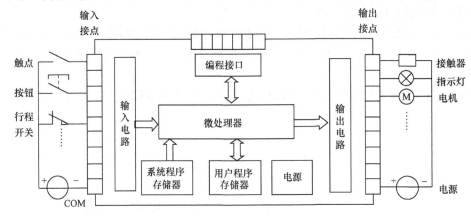

图 7-21　PLC 组成框图

微处理器、系统程序存储器和用户程序存储器构成了 CPU。CPU 是 PLC 的核心，它不断循环执行系统程序，协调各部分的工作。对用户而言它主要在每个周期执行采集输入信号、执行用户程序并作出逻辑判断、刷新系统输出这三项核心工作。

系统程序存储器用于存放 PLC 的系统管理和监控以及对用户程序进行编译处理的程序，这些程序在出厂前已被固化，用户不能修改。用户程序存储器用于存放用户根据生产过程和工艺要求而编写的程序，可通过编程器进行编制或修改。

传统上使用编程器输入 PLC 的用户程序，并可以修改和调试。现代 PLC 一般使用计算机作为编程工具。

PLC 的输入/输出(I/O)包括开关量输入/输出和模拟量输入/输出。根据接点数量的多少，可以把 PLC 分为小型机、中型机和大型机。另外还可以通过扩展特殊功能模块和网络，实现智能控制、远程控制等功能，构成分布式控制系统。

2) 典型 PLC 输入输出回路的电路

由于 PLC 是面向工业控制场合，其输入输出电路设计中既强调可靠性，又要满足多种常用信号电平标准和供电电源，以提高易用性，因此存在多种电路形式。PLC 输入电路主要有直流输入、交流输入和交直流输入三种，常用的输出电路有继电器输出、晶闸管输出和晶体管输出三种。

2. PLC 的工作原理

PLC 是采用"顺序扫描，不断循环"的方式进行工作的。在运行(RUN)状态下，在每一个循环中，其核心工作内容分为输入采样、(用户)程序执行、输出刷新三个阶段。在用户程

PLC 输入
输出电路

序层面上，实质是用高速的串行执行，来模拟继电器控制系统的并行处理。除此之外，无论在运行状态还是停止(STOP)状态，系统还需要进行系统自检、外设及通信服务等工作。

PLC 的扫描工作过程如图 7-22 所示。

当处于停止状态时，PLC 一直处于以上循环中，直到被切换到运行状态。在运行状态，PLC 还需要执行下面三个阶段的操作。

输入采样阶段：PLC 以扫描方式按顺序将所有暂存在输入锁存器中的输入端子的通断状态或输入数据读入，并将其写入各对应的输入状态寄存器中，即刷新输入。随即关闭输入端口，进入程序执行阶段。

程序执行阶段：PLC 按用户程序指令存放的先后顺序执行每条指令，经相应的运算和处理后，将其结果写入输出状态寄存器中，输出状态寄存器中所有的内容随着程序的执行而改变。

输出刷新阶段：当所有指令执行完毕，PLC 将输出状态寄存器的通断状态送至输出锁存器中，并通过一定的方式(继电器、晶闸管或晶体管)输出，驱动相应输出设备工作。

PLC 经历的系统自检、外设及通信服务、输入采样、程序执行和输出刷新这五个阶段称为一个扫描周期，扫描周期一般为几毫秒。从 PLC 的工作过程可知，在每个扫描周期中，只对输入状态采样一次，对输出状态刷新一次。因此，完成输入、输出状态的改变，需要一个扫描周期。另外 PLC 提供了一批立即指令，用于满足在扫描周期内即时更新输入输出。

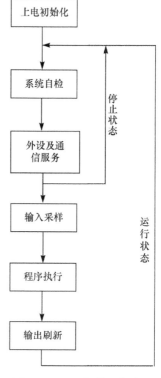

图 7-22　PLC 扫描工作过程

7.3.2　可编程控制器的基本指令和编程

为了方便用户起见，PLC 预定义了一大批内部变量，与输入输出点、中间继电器、定时器、计数器等相关联，称为软元件。同时提供了一套指令集，包括一批算术、逻辑运算指令、程序控制指令及各种特殊指令等。PLC 一般有五种编程语言，为了便于用户在各厂商的 PLC 之间切换，IEC 在 IEC 61131-5 标准中对它们进行了标准化。

语句表和梯形图

对于常用的小型 PLC，一般支持梯形图和语句表两种语言。其中梯形图方便直观，因此更为常用。

7.3.3　可编程控制器的应用

在了解了 PLC 的基本工作原理和指令系统之后，可以结合实际进行 PLC 的设计。PLC 的设计包括硬件设计和软件设计两部分。PLC 设计的基本原则是：最大限度地满足被控对象的控制要求；保证控制系统安全可靠；在满足控制要求的前提下，力求使控制系统简单、经济实用和维护方便；选择 PLC 时，要考虑生产和工艺改进所需的余量；在设计软件时，要求程序结构清楚，可读性强，程序简短，占用内存少，扫描周期短。

PLC 控制系统设计的一般步骤如下。

(1) 分析被控对象。对被控对象的工艺过程、工作特点、功能等进行分析，构成完整的功能表达图和控制流程图，确定 PLC 控制方案。

（2）确定系统硬件配置。按控制需求合理选择 PLC 机型；合理选择 I/O 点数，既能满足控制系统要求，又能降低系统的成本。PLC 的 I/O 点数和种类应根据被控对象的开关量、模拟量等输入输出设备的状况来确定，并适当留出备用量。

（3）设计软件。软件设计首先应根据总体要求和控制系统具体情况，确定用户程序的基本功能，应用简单设计法或者顺序功能设计法，设计出梯形图程序。

（4）调试。设计好用户程序后，一般需要先作模拟调试，再进行硬件调试与系统调试。

与 7.2 节所述的三相异步电动机继电接触控制电路对应，下面给出相应的 PLC 控制的外部接线图和梯形图，其中使用了自锁、互锁、顺序控制等经典控制线路环节。

1. 连续运行控制

三相异步电动机连续运行控制的主电路、I/O 接线图和梯形图如图 7-23 所示。图中 SB_{ST} 为起动按钮，SB_{STP} 为停止按钮。

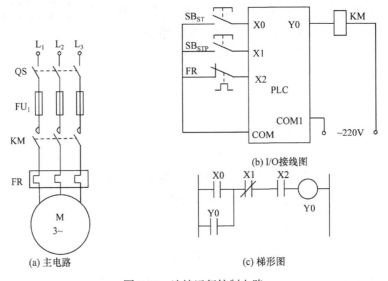

图 7-23　连续运行控制电路

工作过程如下：按下起动按钮 SB_{ST}，输入 X0 接通，因为此时输入 X2 也处于接通状态（热继电器 FR 触点是闭合的），因此输出 Y0 接通，接触器 KM 线圈通电，KM 的主触点闭合，电机起动。按下停止按钮 SB_{STP}，输入 X1 断开，或者热继电器 FR 动作，使得 FR 的动断触点断开，输入 X2 断开，电机都停止运行。

在图 7-23(c) 所示的梯形图中，动合触点 Y0 起着"自锁"的作用，如果去掉该触点，则能实现点动控制。

2. 顺序连锁控制

三相异步电动机顺序连锁控制的主电路、I/O 接线图和梯形图如图 7-24 所示。图中 SB_{ST1} 和 SB_{STP1} 为电动机 M_1 的起动按钮和停止按钮，SB_{ST2} 和 SB_{STP2} 为电动机 M_2 的起动按钮和停止按钮。

起动过程如下：按下起动按钮 SB_{ST1}，输入 X0 接通，因为 X4 外接的是热继电器 FR_1

和 FR_2 的动断触点，输入 X4 也是接通的，因此输出 Y0 接通，接触器 KM_1 的线圈通电，KM_1 主触点闭合，电动机 M_1 起动；同时 Y0 的两个动合触点闭合，与 X0 并联的动合触点闭合实现自锁，与输出 Y1 串联的动合触点闭合，允许电动机 M_2 起动，该触点用于防止接触器 KM_2 线圈先得电而使电动机 M_2 先运行，起到顺序起动的作用。

按下起动按钮 SB_{ST2}，输入 X2 接通，使得输出 Y1 接通，接触器 KM_2 的线圈得电，KM_2 的主触点闭合，电动机 M_2 起动；同时 Y1 的两个动合触点闭合，与 X2 并联的动合触点闭合，实现自锁，与 X1 并联的动合触点闭合，使得停机按钮 SB_{STP1} 无效，电动机 M_1 不能先于电动机 M_2 停机，起到逆序停机的作用。

停机过程如下：按下停止按钮 SB_{STP2}，输入 X3 的动断触点断开，使得输出 Y1 断开，接触器 KM_2 的线圈失电，KM_2 的主触点断开，电动机 M_2 停止运行。当电动机 M_2 停止运行后，按下停止按钮 SB_{STP1}，输入 X1 的动断触点断开，使得输出 Y0 断开，接触器 KM_1 的线圈失电，KM_1 的主触点断开，电动机 M_1 停止运行。

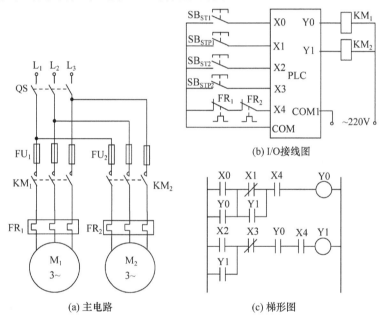

图 7-24　顺序连锁控制电路

3. 正反转控制电路

三相异步电动机正反转控制的主电路、I/O 接线图和梯形图如图 7-25 所示。图中 SB_{STF} 为正转起动按钮，SB_{STR} 为反转起动按钮，SB_{STP} 为停止按钮。

该电路的工作过程是：按下正转起动按钮 SB_{STF}，接触器 KM_F 主触点闭合，电动机 M 开始正转；按下停止按钮 SB_{STP}，电机停止转动；按下反转起动按钮 SB_{STR}，接触器 KM_R 主触点闭合，电机 M 开始反转。从反转到正转的过程与上述类似。该电路的特点是，电机在正转与反转切换时，必须先按动停止按钮 SB_{STP}，否则不能进行正反转切换。

自动往返行程控制电路和时间控制电路详见二维码内容。

行程控制和
时间控制电路

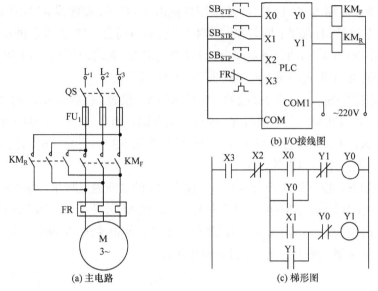

图 7-25   正反转控制电路

习　题

7-1　交流接触器有什么用途？主要由哪几部分组成？各起什么作用？

7-2　自动空气开关有什么作用？当电路出现短路或过载时，它是如何动作的？

7-3　什么是自锁控制？说明自锁控制是怎样实现零压、欠压保护作用的。

7-4　正反转控制线路中互锁是怎样实现的？有什么作用？

7-5　热继电器在电路中的作用是什么？

7-6　图 7-26 所示电路中，哪些能正常工作？哪些不能？为什么？

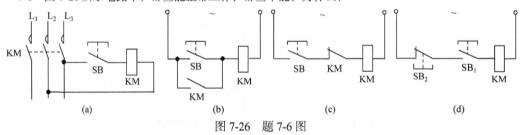

图 7-26   题 7-6 图

7-7　图 7-27 所示电动机的控制电路的功能是什么？

7-8　图 7-28 所示的控制电路中，接触器 KM_1 控制电动机 M_1，接触器 KM_2 控制电动机 M_2，起动电动机 M_1 和 M_2 的操作顺序应该是怎样的？

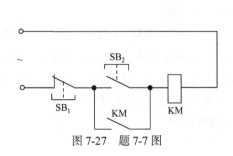

图 7-27   题 7-7 图

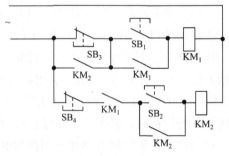

图 7-28   题 7-8、题 7-9 图

7-9 图 7-28 所示的控制电路中，接触器 KM_1 控制电动机 M_1，接触器 KM_2 控制电动机 M_2，要使电动机 M_1 和 M_2 停止运行，工作过程是怎样的？

7-10 图 7-29 所示的控制电路中，按下按钮 SB_2，工作过程如何？

7-11 图 7-30 所示电路中，若先按动 SB_1，再按动 SB_2，工作过程如何？

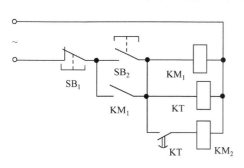

图 7-29 题 7-10 图

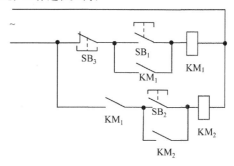

图 7-30 题 7-11 图

7-12 图 7-31 所示的控制电路中，接触器 KM_1 和 KM_2 均已通电动作，要使两个接触器都失电，该如何操作？

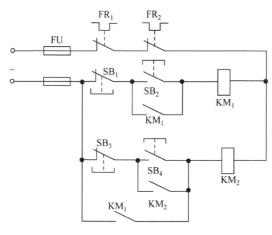

图 7-31 题 7-12 图

7-13 试画出三相鼠笼式异步电动机既能单方向连续工作又能点动工作的控制线路。

7-14 两台三相异步电动机分别由两个交流接触器 KM_1 和 KM_2 来控制，试画出能控制两台电动机同时起停的控制电路。

7-15 图 7-32 所示是一个具有短路、过载和欠压保护的三相异步电动机正反转控制电路，图中有几处错误。请找出错误并画出正确的控制电路。

7-16 简述图 7-33 所示控制电路的工作过程，假设接触器 KM_1 控制电动机 M_1，接触器 KM_2 控制电动机 M_2。

7-17 分析图 7-34 所示控制电路的功能，并回答电动机 M_1 可否单独运行，电动机 M_1 过载后电动机 M_2 能否继续运行。

7-18 有两台三相异步电动机 M_1 和 M_2，要求：起动时，电动机 M_1 起动后 M_2 才能起动；停机时，电动机 M_2 停止后 M_1 才能停止，画出控制电路。

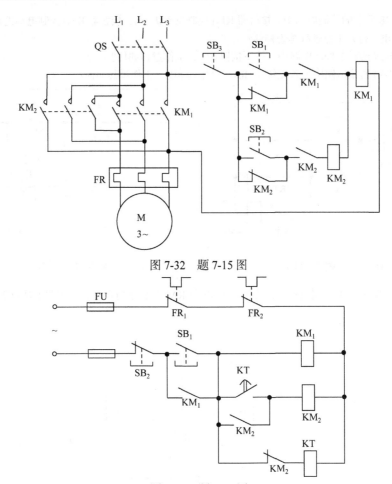

图 7-32　题 7-15 图

图 7-33　题 7-16 图

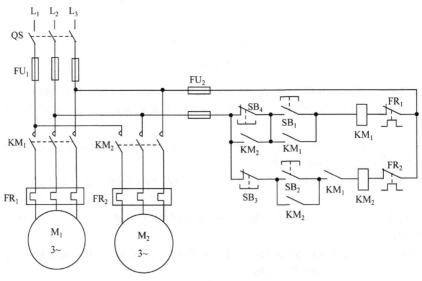

图 7-34　题 7-17 图

7-19　图 7-35 所示为两台鼠笼式三相异步电动机同时起停和单独起停的控制电路。试说明控制电路的工作过程。

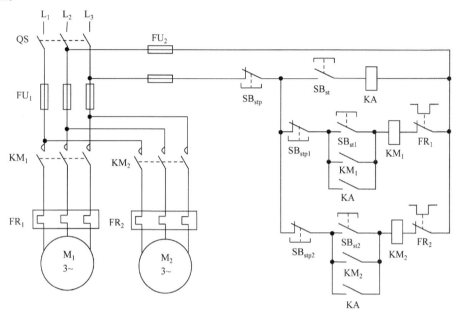

图 7-35　题 7-19 图

7-20　PLC 的输入/输出信号处理过程主要有哪三个阶段?

7-21　PLC 的输出电路主要有哪三种类型?

7-22　PLC 外部接线图和梯形图如图 7-36 所示,接触器 KM_1 和 KM_2 分别控制两个电动机 M_1 和 M_2。试说明该梯形图实现的功能。

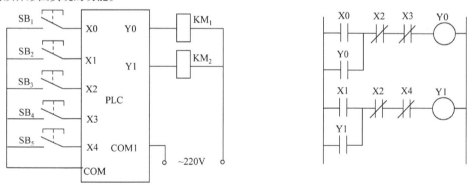

图 7-36　题 7-22 接线图和梯形图

7-23　写出图 7-37 所示梯形图的语句表。

7-24　图 7-38 是控制小车来回运行的 PLC 外部接线图和梯形图,行程开关 ST_1 装在目的地 B,ST_2 装在原地 A。试说明该梯形图实现的功能。

7-25　当且仅当 X0、X1 外接开关都接通,且 X2 外接开关断开时,输出 Y0 接通,画出能实现上述功能的梯形图,并写出语句表。

7-26　设计一定时电路,在 X0 的常开触点接通 20s 后将 Y0 线圈接通并保持。

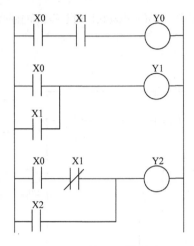

图 7-37   题 7-23 梯形图

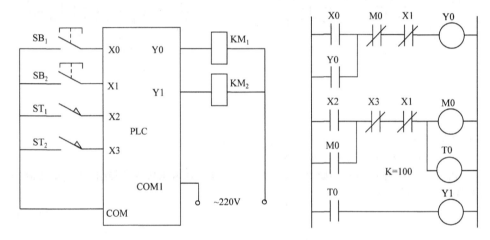

图 7-38   题 7-24 接线图和梯形图

7-27   PLC 的输入 X0 用来检测传送带上通过的产品,有产品通过时,X0 闭合,如果在 20s 内没有产品通过,输出 Y0 接通,发出报警信号,该报警信号可以通过接在输入 X1 上的按钮(动合触点)解除。请画出实现该功能的梯形图。

第 8 章　供配电技术与安全用电

本章主要介绍供配电概况、建筑物供电和安全用电方面的知识。

8.1　电力系统概述

电力系统是指由发电厂、电力网和电能用户组成的，具有发电、输电、变电、配电和用电等功能的一个整体。图 8-1 为电力系统示意图，图 8-2 为电力系统原理图。

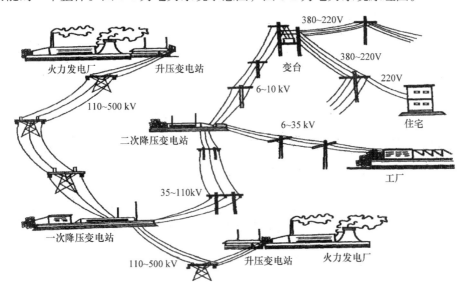

图 8-1　电力系统示意图

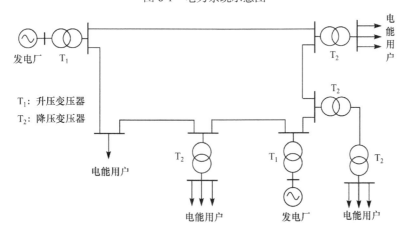

图 8-2　电力系统原理图

电能主要由发电厂产生。按照所利用的能源不同,发电厂可主要分为火力发电厂、水力发电厂、风力发电厂、太阳能发电厂和核能发电厂等。

除火力发电厂外,其他发电厂通常建设在有相应资源的地方,核能发电厂也不能离人口密集区太近,因此发电厂往往离用电中心地区较远,必须进行远距离的输电,输电的距离可达几十到几千千米。目前国内主要采用交流输电和直流输电两种输电方式。

交流输电是目前最为普遍的输电方式,一般采用三相三线制。在输送功率一定的情况下,输电电压越高,输电电流就越小。采用高压输电,不仅可以减少输电线上的功率损耗,还可以选用较小截面积的输电导线而节省材料。目前发电机的额定电压通常为10kV左右,因此发电厂生产出来的电能都要经过升压变压器升压后再输电。输电电压的高低主要与输电距离和输电功率有关,输电电压与输电距离和输电功率的关系见表8-1。

表 8-1　输电距离、输电功率与输电电压的关系

输电电压/kV	输电距离/km	输电功率/kW
110	50～150	5×10^4
220	200～400	$(20 \sim 30) \times 10^4$
500	> 500	100×10^4

直流输电是在送电端用变压器将交流电变换成适当的电压,通过整流器将交流电变换为直流电,经过输电线送到受电端,在受电端通过逆变器将直流电变换为交流电。直流输电只需两根输电线,没有无功功率,不会产生电抗压降,因此线路功率损耗小,线路压降小,适用于大功率、长距离的输电。

当电能输送到电能用户附近时,又需要通过变电所将电压降低,并分配到各用电区域。变电所中安装着不同电压等级的升压或降压变压器、控制开关、各类测量仪表和保护装置等,对电能进行变压、分配、控制和检测。用户地区的变电所通常是将高压电经降压变压器变为6kV或10kV的电压,再经高压配电所经配电线路分配给各分变电所,经分变电所将电压降为民用的220V/380V电压。

具有各级电压的电力线路及其变电所称为电力网(简称电网)。电网是发电厂和电能用户之间的中间环节,起着输电、变电和配电的作用。

我国国家标准规定,电力网的额定电压有3kV、6kV、10kV、35kV、110kV、220kV、330kV、500kV、750kV、1000kV等。通常1000V及以下的电压称为低压,1000V以上的电压称为高压。

变电所的主要设施包括配电装置、电力变压器、控制设备、自动保护装置、通信设施与补偿装置等。由变压器、断路器、隔离开关、互感器、母线和电缆等电气设备(也称一次设备)按一定顺序连接的,表示供配电系统中电能输送和分配路线的电路图称为**主电路**,也称为主接线或**一次电路**,相应的电路图称为主电路图,也称为主接线图或一次电路图。用来指示、保护、检测和控制一次电路及其设备运行的电路称为**二次电路**,也称为二次接线或二次回路,相应的电路图称为二次电路图,也称为二次接线图或二次回路图。

电力网上的用电设备所消耗的功率称为**用电负荷**或电力负荷(简称**负荷**)。用电负荷根据对供电可靠性的要求及中断供电在政治、经济上所造成损失或影响的程度可分为一级负荷、

二级负荷和三级负荷三类。

符合下列情况之一的，为**一级负荷**：中断供电将造成人身伤亡时；中断供电将在政治、经济上造成重大损失时；中断供电将影响有重大政治、经济意义的用电单位的正常工作时；中断供电将会导致公共场所秩序严重混乱时。符合下列情况之一的，为**二级负荷**：中断供电将在政治、经济上造成较大损失时；中断供电将影响重要用电单位的正常工作时。不属于一级负荷和二级负荷的，为**三级负荷**。

一级负荷要求采用至少两个独立电源同时供电，设置自动投入装置控制两个电源的切换；对特别重要的一级负荷，还要求增设应急电源。二级负荷应采用双回路供电，并有两个变压器供电。在其中一个回路或一台变压器发生故障时应做到不致中断供电或中断后能迅速恢复供电。三级负荷对供电无特殊要求，一般采用单回路供电。

8.2 工业供电方式

工业供电系统是电力系统的主要组成部分，工矿企业是电能的主要用户。

工业供电系统一般由降压变电所、配电所、车间变电所、输配电线路和用电设备组成。

由末级变电所或配电屏引出，到低压用电设备之间的线路称为**低压配电线路**。低压配电线路的接线方式主要有放射式和树干式两种。

放射式连接是从车间变电所引出若干条支线，分别向各用电点直接供电，如图 8-3 所示。这种供电方式可靠性好，不会因某一条支线需要维修或发生故障而影响其他支线的供电，但导线用量大，投资费用较高。当用电点较为分散，每个用电点的用电量较大，且变电所又处于各用电点的中心区域时，采用这种连接方式较为合适。

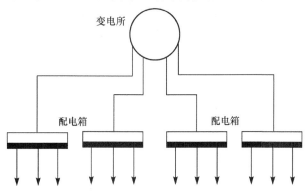

图 8-3　放射式配电线路示意图

树干式连接是从车间变电所引出若干条干线，沿干线再引出若干条支线，分别向各用电点供电，如图 8-4 所示。这种供电方式导线用量少，投资费用低，接线灵活，但当某一干线需要维修或出现故障时，影响面较大，可靠性差。当用电点比较均匀地分布在一条线上；或者负载比较集中，各个用电点相互之间距离较近且位于变电所的同一侧时，采用这种连接方式较为合适。

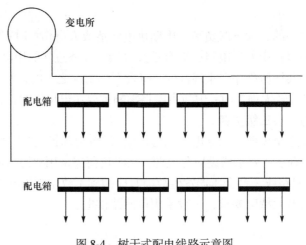

图 8-4　树干式配电线路示意图

根据用电点的不同情况，也可以把放射式连接和树干式连接混合起来使用，称为**混合式连接**。

8.3　建筑物供电

建筑物供电主要是指楼宇供电和住宅供电。

8.3.1　楼宇供电

城市范围的各级电压的供配电网路统称为**城市电网**(简称**市电**)。楼宇一般是从城市电网中获得电源，从电源通过开关、输电线以及配电箱、变电站等把电能输送到各个负荷，这个环节称为楼宇的供电系统。

根据建筑物规模的不同，楼宇供电系统可分为以下四种。

(1) 用电负荷在 100kW 以下的建筑供电系统。

用电负荷在 100kW 以下的建筑供电系统一般不需要单独设置变压器，只需要设置一个低压配电室，采用 220V/380V 低电压供电。

(2) 用电负荷在 100kW 以上的小型建筑供电系统。

用电负荷在 100kW 以上的小型建筑供电系统一般需要设置一个降压变电所，把 6～10kV 的电源电压通过降压变压器降为 220V/380V 低电压，供用户使用。其供电系统示意图如图 8-5 所示。

(3) 中型建筑供电系统。

中型建筑供电系统的电源进线电压一般也为 6～10kV，但需要经过高压配电所，经过几路高压配电线，将电能分别送到各建筑物的变电所，再将 6～10kV 的高电压通过降压变压器降为

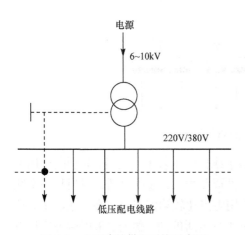

图 8-5　小型建筑供电系统示意图

220V/380V 低电压，供用户使用。其供电系统示意图如图 8-6 所示。

(4) 大型建筑供电系统。

大型建筑供电系统的电源进线电压一般为 35kV，需要经过两次降压。总降压变电所将 35kV 的进线电压降为 6～10kV，经过几路高压配电线，将电能分别送到各建筑物的变电所，再将 6～10kV 的高电压通过降压变压器降为 220V/380V 低电压，供用户使用。其供电系统示意图如图 8-7 所示。

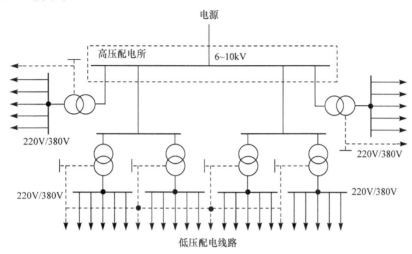

图 8-6　中型建筑供电系统示意图

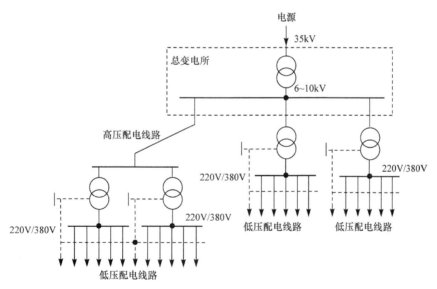

图 8-7　大型建筑供电系统示意图

8.3.2　住宅供电

根据国家主管部门的有关规定，用户用电设备安装容量在 250kW 或需用变压器容量在 160kV·A 以下时，应以低压(220V/380V)方式供电，称为低压用户；用电设备安装容量超过 250kW 或需用变压器容量在 160kV·A 以上时，应考虑以高压方式供电，称为高压用户。对于用户用电设备容量在 100kW 及以下或需用变压器容量在 50kV·A 以下时，可采用低压三相四线制供电。

住宅建筑
用电负荷

住宅供电由变配电所引入，应采用三相四线(TN-C 系统)，经重复接地后进入单元总电表开关箱，改成三相五线制(TN-S 系统)后再放射到各用户。

根据住宅建筑的高度不同采用不同的供电干线系统：多层住宅一般采用单电源各层树干式供电；高层住宅大多采用双电源经低压配电间二层分配后各层分段树干式供电；对于电梯等设备采用放射式供电。高层住宅要比多层住宅配电相对复杂一些，要分为照明住宅进线、一般工商业用电负荷进线、民用负荷进线。

8.3.3 导线电缆选择

导线电缆是用于传输电能、传递信息和实现电磁转换的电工产品。

导线电缆在一定使用条件下是能够安全运行的，但是当发生短路、过载、局部过热时，产生的热量会远远超过正常状态。导线电缆的绝缘材料具有热不稳定性，当导线发热超过一定程度时容易引起自燃，当导线电缆集中敷设或成束敷设时，其引燃温度往往比自燃点更低，在绝缘老化时自燃点也会随之下降。

常用导线
电缆的型号

1. 导线电缆型号

导线电缆因使用场所和电压等级不同，有不同的类型。导线按有无绝缘和保护层可分为裸导线和绝缘线。绝缘导线根据线芯的软硬又可分为硬线和软线。裸导线主要用于室外的架空线。

2. 导线截面选择

导线电缆截面一般按照发热条件、经济电流密度、电压损失和机械强度等要求进行选择，以保证电气系统安全可靠、经济合理地运行。选择导线截面时，一般按下列方法进行。

对于距离不大于 200m 且负荷电流较大的供电线路，先按发热条件的计算方法选择导线截面，然后按电压损失条件和机械强度条件进行校验；对距离大于 200m 且电压水平要求较高的供电线路，先按允许电压损失的计算方法选择截面，然后按照发热条件和机械强度条件进行校验；对于高压线路，先按经济电流密度选择导线截面，然后按发热条件和电压损失条件进行校验。

线路的工作电流是影响导线温升的重要因素，所以有关导线截面选择的计算首先是确定线路的工作电流。

电流在导线中流通时会发热而使导线的温度升高，导致绝缘加速老化或损坏。为使导线的绝缘具有一定的使用寿命，各种电线电缆根据其绝缘材料的性质规定最高允许工作温度。导线在正常工作电流下，其温升(或工作温度)不能超过最高允许值。而导线的温升与电流大小、导线材料性质、导线截面、散热条件等因素有关，当其他因素一定时，导线截面小则温升大。为使导线在工作时的温度不超过允许值，对其截面的大小必须有一定的要求。

常用导线
电缆的安
全载流量

供配电工程中一般使用已标准化的计算和试验结果，即导线的载流量数据。导线的载流量是在一定使用条件下导线温度不超过允许值时允许长期通过的电流，按照导线材料、最高允许工作温度、散热条件、导线截面等不同情况列出的。由导线载流量数据，可根据导线允许温升选择导线截面。导线载流量数据是在一定的环境温度和敷设条件下给出的。当环境温度和敷设条件不同时，载流量数据需要乘以校正系数。

8.4　触　电　事　故

　　所谓触电，是指人体触及带电体，或带电体对小于安全距离的人体放电，或电弧闪烁波及人体，或人体离高压电线落地点很近时，电流通过人体与大地，或其他导体，或分布电容形成闭合回路，使人体遭受到不同程度的伤害。

　　造成触电事故的情况是多种多样的，常见的有以下几种。

　　(1) 直接接触触电。直接接触触电是指人体直接触及正常运行的带电体所发生的触电，如人体直接触及相线。这类触电事故又可以分为单相触电和两相触电。

　　① 单相触电。单相触电是指人站在地面或其他与地连接的导体上，人体触及一根相线(火线)所造成的触电事故，如图 8-8 所示。单相触电是最常见的直接接触触电方式。

　　② 两相触电。两相触电是指人体两处同时触及两相带电体所造成的触电事故，如图 8-9 所示。在检修三相电气设备及线路时，容易发生此类触电事故。由于两相间的电压(即线电压)是相线与地之间电压的 $\sqrt{3}$ 倍，所以触电的危险性更大。两相触电事故较单相触电事故少得多。

　　(2) 间接接触触电。间接接触触电是指电气设备发生故障后，人体触及意外带电部分所发生的触电，如图 8-10 所示。产生意外的带电体有以下几种情况：正常情况下不应带电的

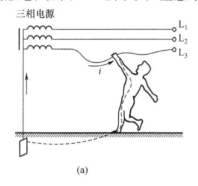

(a)

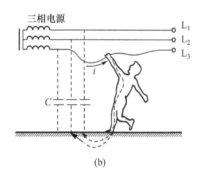

(b)

图 8-8　单相触电

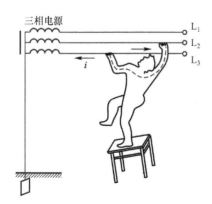

图 8-9　两相触电

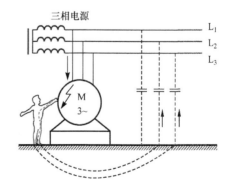

图 8-10　间接接触触电

电气设备的金属外壳、构架等，因绝缘损坏或碰壳短路而带电；因导线破损、漏电、受潮或雨淋而使自来水管、建筑物的钢筋、水渠等带电。

(3) 放电及电弧闪烁引起的触电。当人体过分接近带电体，人体与带电体的空气间隙小于最小安全距离时，空气间隙的绝缘被击穿，造成带电体对人体电弧放电，使人遭受损伤。这类触电主要发生在高压带电体附近，如图 8-11 所示。电弧闪烁到人体会使人体灼伤和触电，同时有可能使受害者倒向带电体而发生危险。

(4) 跨步电压触电。跨步电压是指电气设备发生接地故障时，在接地点周围行走的人，其两脚之间的电压。当高压架空线路的带电导线断落掉在地上时，电流就会从导线的落地点向大地流散，在地面上形成一个以导线落地点为中心的电势分布区域，落地点与带电导线的电势相同，离落地点越远，地面电势也越低。当人体距离电线落地点较近时，就可能发生触电事故，这种触电称为跨步电压触电，如图 8-12 所示。

图 8-11　放电及电弧闪烁引起的触电

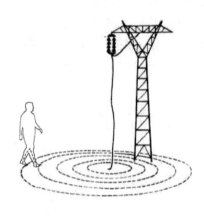

图 8-12　跨步电压触电

电流对人体的伤害方式有**电击**和**电伤**两种。

电击是电流通过人体内部，影响呼吸、心脏和神经系统，引起人体内部组织的破坏，以致死亡。电伤是指电流的热效应、化学效应或机械效应对人体外部的局部伤害，包括电弧烧伤、熔化金属渗入皮肤等伤害。这两类伤害在事故中也可能同时发生。

绝大部分触电死亡事故都是电击造成的，日常所说的触电事故，主要是指电击。在低压系统通电电流不大且时间不长的情况下，电流引起人的心室颤动，是电击致死的主要原因；在通过电流虽较小，但时间较长情况下，电流会造成人体窒息而导致死亡。

电击伤害的严重程度与通过人体的电流大小、电流通过人体的持续时间、电流通过人体的途径、电流的频率以及人体的健康状况等因素有关。

发生触电事故时，首先要立即使触电者脱离电源。使触电者脱离低压电源的方法有：就近拉开电源开关；用带有绝缘柄的利器切断电源线；用干燥的木棒、竹竿等绝缘体将电线拨开；用干燥的木板垫在触电者的身体下面，使其与地绝缘。如遇高压触电事故，应立即通知有关部门停电。

切断电源后，要及时进行现场救护。如果触电者呼吸和心跳均未停止，应将触电者就地平躺，安静休息，不要让触电者走动，以减轻心脏负担，并应严密观察其呼吸和心跳的变化；如果触电者有呼吸但心跳停止，则应对触电者进行胸外按压；如果触电者有心跳但呼吸停止，则应对触电者做人工呼吸；如果触电者呼吸和心跳均停止，则应按心肺复苏方法进行抢救。

8.5　触电防护

8.5.1　安全电压

供配电概述
与安全用电

安全电压是指在不采取任何防护的情况下，人体接触到的对人体各部分组织，如皮肤、心脏、神经等没有任何损坏的电压。通常很难确定一个对人体完全适合的最高安全电压。

国际电工委员会规定了人体允许长期承受的电压极限值，称为**通用接触电压极限**。在常规环境下，交流(15～100Hz)电压为 50V，直流(非脉动波)电压为 120V。在潮湿环境下，交流电压为 25V，直流电压为 60V。

我国国家标准规定，安全电压值的等级有 42V、36V、24V、12V、6V 五种。同时还规定：当电气设备采用了超过安全的电压时，必须采取防直接接触带电体的保护措施。

安全电压应满足以下三个条件：标称电压不超过交流 50V、直流 120V；由安全隔离变压器供电；安全电压电路与供电电路及大地隔离。

一般环境条件下允许持续接触的"安全特低电压"是 36V，行业规定安全电压为不高于 36V，持续接触安全电压为 24V，安全电流为 10mA。因为电击对人体的危害程度，主要取决于通过人体的电流大小和通电时间。电流越大，致命危险越大；持续时间越长，死亡的可能性越大。能引起人感觉到的最小电流值称为**感知电流**，交流为 1mA，直流为 5mA；人触电后能自己摆脱的最大电流称为**摆脱电流**，交流为 10mA，直流为 50mA；在较短的时间内危及生命的电流称为**致命电流**，致命电流约为 50mA(交流)。在有触电保护装置的情况下，人体允许通过的电流一般为 30mA(交流)。

安全电压等级的选用必须考虑用电场所和用电器具对安全的影响。凡高度不足 2.5m 的照明装置、移动式或携带式用电器具(如手提照明灯、手电钻)以及潮湿场所的电气设备，一般采用 36V 为安全电压；凡工作地点狭窄、周围有大面积接地体或金属结构(如金属容器内)以及电缆沟、隧道内、矿井内等环境湿热场所，应采用 12V 为安全电压。

需要注意，不能认为安全电压就是绝对安全的。如果人体在汗湿、皮肤破裂等情况下长时间触及安全电压电源，也可能因触电受到伤害。

8.5.2　保护接地与保护接零

安全电压只是在特殊情况下采用的安全用电措施，而大多数的电气设备都是采用 220V/380V 低压供电系统供电的，其工作电压不是安全电压。因此，当电气设备因绝缘老化而出现漏电，或者某一相绝缘损坏而使该相的带电体与外壳相碰，都会使外壳带电，人体触及外壳会有触电的危险。为防止这类触电事故的发生，应该按供电系统接地形式的不同，分别采用接地或接零保护措施。

根据现行的国家标准《低压配电设计规范》的定义，将低压配电系统的接地系统分为三类，用两个字母表示，分别为 **IT 系统**、**TN 系统**和 **TT 系统**。其中，第一个字母表示电源端与地的关系：T(terra)表示电源变压器中性点直接接地；I(isolation)表示电源变压器中性点不接地(或通过高阻抗接地)。第二个字母表示电气设备的外露可导电部分与地的关系：T 表示电气设备的外露可导电部分直接接地，此接地点在电气上独立于电源端的接地点；N(neutral)

表示电气设备的外露可导电部分与电源变压器的接地中性线连接。

1. IT 系统

在电源的中性点不接地(或通过高阻抗接地)(用 I 表示)的三相三线制供电系统中，将用电设备的金属外壳通过接地装置与大地作良好的导电连接(用 T 表示)，这种保护措施称为**保护接地**。这一系统称为 IT 系统，如图 8-13 所示。接地装置由埋入地下的接地体和将接地体引出的接地线组成。接地体由埋入地下的钢管、角钢或扁钢等金属导体制成，有时也可利用埋在地下的金属构件、金属井管、非易燃易爆的金属管道或钢筋混凝土建筑物的基础。接地装置的电阻称为接地电阻，在 380V 的低压供电系统中，一般要求接地电阻不超过 4Ω。

电气设备发生接地故障时，接地设备的外壳、接地线、接地体等与零电位点之间的电位差，称为电气设备接地时的对地电压。

IT 方式供电系统在供电距离不是很长时，供电的可靠性高、安全性好。一般用于不允许停电的场所，或者是要求严格的连续供电的地方，如电力炼钢、大医院的手术室、地下矿井等处。地下矿井内供电条件比较差，电缆易受潮。运用 IT 方式供电系统，因为电源中性点不接地，一旦电气设备漏电，单相对地漏电流仍小，不会破坏电源电压的平衡，所以比电源中性点接地的系统还安全。由于采用了保护接地，即使在出现漏电或一相碰壳时，外壳的对地电压也接近于零，人体触及外壳时比较安全。当然 IT 系统也只有在供电距离不太长时才比较安全，当供电距离很长时，供电线路与大地间的分布电容较大，在负载发生短路故障或漏电使电气设备外壳带电时，漏电电流经大地、分布电容形成回路，但保护设备不一定动作，这是危险的。

IT 系统在我国煤矿等处普遍采用，其他地方因使用的是电源中性点接地的三相四线制供电系统而很少采用。

2. TN 系统

在电源的中性点接地(用 T 表示)的三相四线制供电系统中，将用电设备的金属外壳与零线可靠连接(用 N 表示)，这种保护措施称为**保护接零**，这一系统称为 TN 系统，如图 8-14 所示。由于外壳与零线连接，当出现漏电或一相碰壳时，该相相线与零线之间形成短路，接于该相线上的短路保护装置或过电流保护装置便会动作，切断电源，消除触电危险。

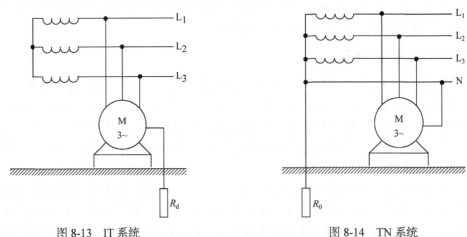

图 8-13   IT 系统   图 8-14   TN 系统

采用这种保护措施时，最好是从电源中性点引出两根零线：工作零线(即中性线，用 N 表示)和保护零线(用 PE 表示)。工作零线正常工作时是有电流通过的，保护零线仅供保护接零用，正常工作时是没有电流通过的，只有在用电设备发生漏电或一相碰壳时才有故障电流通过。

由于经济和线路敷设等方面的原因，有时也将工作零线和保护零线部分或全部合二为一，根据保护零线是否与工作零线分离，TN 系统又可以进一步分为 TN-S(separate)系统、TN-C(combined)系统和 TN-C-S 系统。

TN-S 系统是指电源中性点接地，保护零线与工作零线完全分开的系统，如图 8-15 所示。

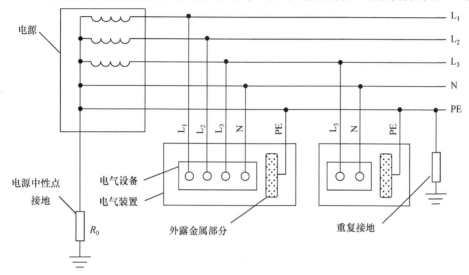

图 8-15　TN-S 系统

目前单独使用变压器供电或变配电所距施工现场较近的工地基本上都采用 TN-S 系统，与逐级剩余电流保护相配合，能起到保障施工用电安全的作用。

TN-C 系统是指电源中性点接地，保护零线与工作零线全部合二为一(称为 PEN 线)的系统，如图 8-16 所示。

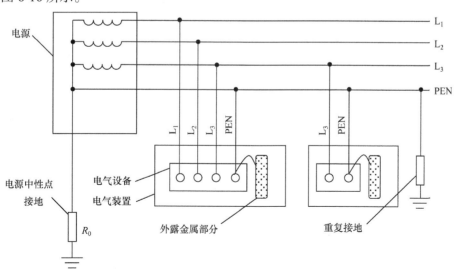

图 8-16　TN-C 系统

TN-C-S 系统是指电源中性点接地,前面部分采用 TN-C 方式供电,后面部分采用 TN-S 方式供电的系统,如图 8-17 所示。

TN 系统

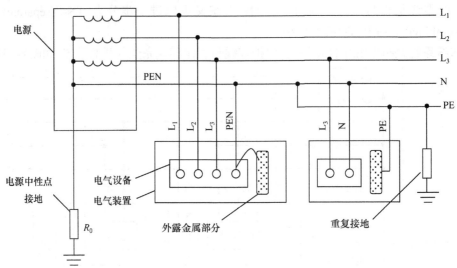

图 8-17　TN-C-S 系统

TN-C-S 接地系统大量使用在居家配电中。居家的 PEN 线从户外电表箱处接地,然后分开为工作零线 N 和保护零线 PE 入户。接入家里的有相线 L、工作零线 N 和保护零线 PE。图 8-18 所示是一张家庭配电系统示意图。

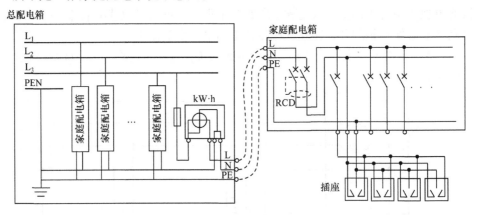

图 8-18　家庭配电系统示意图

从安全性上来说,TN 系统采用的接零保护的安全性是比较高的。但是 TN 系统也存在一个严重问题,即在采用 TN-C-S 系统时,如果 PEN 线断开,会造成故障电压的蔓延,使得系统中所有采用接零保护的电气设备的外壳带电,危害相当大。采用重复接地,能较大限度地防止这种情况的发生。而采用 TN-S 系统可以避免出现这种情况,但成本会大大提高。

3. TT 系统

TT 系统是指电源中性点接地,用电设备采用保护接地的系统,如图 8-19 所示。

采用 TT 系统的用电设备,如果有一相漏电或碰壳,故障电流流经接地电阻 R_d 和 R_0,

用电设备的对地电压 U_d 和零线的对地电压 U_0 之比为

$$\frac{U_d}{U_0}=\frac{R_d}{R_0}$$

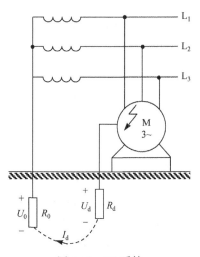

与没有接地相比较，用电设备的对地电压有所降低。但零线上却产生了对地电压，且 U_d 和 U_0 都可能超过安全值。人体触及用电设备或零线都有可能发生触电事故。设电源相电压为 U_p=220V，接地电阻 $R_d=R_0=4\Omega$，则故障电流

$$I_d=\frac{U_p}{R_d+R_0}=\frac{220}{4+4}=27.5(A)$$

一般的短路保护装置和过电流保护装置不一定会动作，不能及时切断电源。因此，采用 TT 系统，必须使

图 8-19　TT 系统

R_d 的大小能保证出现故障时在规定的时间内切断电源，或保证用电设备外壳的对地电压不超过 50V。为了提高 TT 系统触电保护的灵敏度，使 TT 系统更为安全可靠，国家标准规定由 TT 系统供电的用电设备宜采用剩余电流动作保护装置(也称漏电开关)。

在同一供电系统中，不能同时采用 TN 和 TT 两种系统。因为一旦采用接地保护的设备发生单相接地故障时，危险的接地电压会通过大地传至接零保护的设备上，使该设备外壳电位升高，形成危险电压。如图 8-20 所示，假设设备 A 采用的是接零保护，设备 B 采用的是接地保护且在同一配电系统之中，当设备 B 发生碰壳时，由于故障电流不会太大，线路可能不会断开，故障可能长时间存在。这时除了接触该设备的人员有触电的危险外，由于零线对地电压升高到 $U_0=(R_0/(R_d+R_0))\times U_p$，因此所有与接零设备接触的人员都有触电的危险。因此，在同一配电系统中不允许接地保护和接零保护混用。

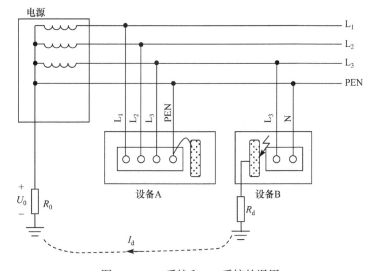

TT 系统

图 8-20　TT 系统和 TN 系统的混用

8.5.3　剩余电流动作保护器

剩余电流动作保护器，简称剩余电流保护器(residual current operated protective device, RCD)，是指在规定条件下，当剩余电流达到或超过给定值时，能自动断开电路的机械开关电器或组合电器，又称漏电保护器。

剩余电流，是指低压配电线路中各相(含中性线)电流相量和的有效值。通俗讲，当用电侧发生了事故，电流从带电体通过人体流到大地，使主电路进出线中的电流大小不相等，俗称漏电。

剩余电流保护装置由电流互感器 CT、放大电路 FA、执行机构 Q 等部分组成。在没有故障时，电流 $\dot{I}_1 + \dot{I}_2 = 0$，互感器的感应电流为零。当被保护线路上有漏电或发生触电事故时，故障电流 I_d 经保护线 PE 返回电源，电流 $\dot{I}_1 + \dot{I}_2 \neq 0$，电流互感器的二次侧感应出电流，当感应电流达到整定值时，通过放大电路，使执行机构中的脱扣器动作，切断电源。如图 8-21 所示。

剩余电流保护器按运行方式、安装型式、极数和电流回路数、保护功能、额定剩余动作电流可调性以及接线方式可分为多种类型。

剩余电流保护装置一般需要作三级保护。低压电网的配电变压器必须装有总保护，总保护安装在配电变压器的配电箱(柜)内，使配电变压器的低压网络都处在保护范围之内。二级保护安装在低压线路的分支线杆上或配电箱内。三级保护安装于用户进线开关电源侧，临时用电设备必须安装末级保护。

总保护的额定剩余电流动作电流值宜采用可调的，调节范围一般为 50～200mA，最大可达 300mA 以上。对泄漏电流较小的电网，非阴雨天气的额定剩余电流动作电流值为 50mA，阴雨季节为 200mA；对泄漏电流较大的电网，非阴雨天气的额定剩余电流动作电流值为 100mA，阴雨天气为 300mA。实现完善的分级保护后，允许将动作电流加大到 500mA。

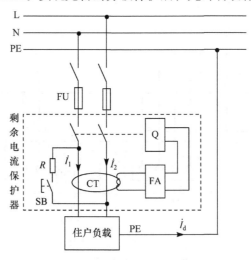

图 8-21　剩余电流保护原理图

二级保护动作电流值一般为 50～100mA。

三级保护剩余电流动作开关的动作电流值一般不大于 30mA。其动作时间一般不超过 0.1s。手持式电动器具额定剩余动作电流值为 10mA，特别潮湿的场所为 6mA。

在低压电网中安装剩余电流保护器是防止人身触电、电气火灾及电气设备损坏的一种有效的防护措施。世界各国和国际电工委员会通过制订相应的电气安装规程和用电规程在低压电网中大力推广使用剩余电流动作保护器。

8.6　电气防火防爆

电气火灾和爆炸事故在火灾和爆炸事故中占有很大的比例，它往往是一种重大的人身伤亡和设备损坏事故，且所占的比例有上升的趋势。配电线路、开关电器、熔断器、插座、照明器具、电热器具、电动机等电气设备均可能引起火灾。电力电容器、电力变压器、多油断路器等电气装置还可能发生爆炸。电气火灾和爆炸事故除可能造成人身伤亡和设备损坏外，还可能造成大规模或长时间停电，造成重大损失。所以应了解电气火灾发生的原因，采取预防措施，在火灾发生后能采取正确的扑救方法，防止人身触电及爆炸事故的发生。

1. 电气火灾与爆炸的原因

引发电气火灾和爆炸有两个基本要素：存在易燃易爆物质和环境，电气设备产生的高温和火花。在生产和生活的各种场所中，存在着大量易燃易爆易挥发的物质，如煤炭、石油、化工等生产、运输和储存环节，这些都是易燃易爆的物质和环境。在生活场所的各种电气设备和线路以及生产场所的动力、照明、控制、保护等系统，在正常工作或发生故障时，经常会产生高温、电弧和火花。

电气火灾发生的原因是多种多样的，如过载、短路、接触不良、电弧火花、漏电、雷电或静电等都能引起火灾。从电气防火角度看，电气设备质量不高，安装使用不当，保养不良，雷击和静电是造成电气火灾的几个重要原因。

2. 电气防火防爆措施

电气防火防爆需要采用综合性的措施，包括合理选用电气设备，保证电气设备的正常运行，采取必要的隔离或防火间距，具有良好的通风和良好的接地等。

电气的防火
与防爆

3. 扑救电气火灾的常识

燃烧的必要条件是具有可燃物质、助燃物质和火源。助燃物质多数是空气中的氧，火源则是指具有一定温度和热量的能源，如电火花、电弧、危险的高温以及明火等。灭火就是破坏燃烧条件，使燃烧终止的过程。灭火的基本措施是：控制可燃物、隔绝空气、消除着火源以及阻止火势爆炸波的蔓延。

电气火灾有其特殊性。电气设备或线路发生火灾，如果没有及时切断电源，电气设备可能因绝缘损坏而短路，电气线路也可能因电线掉落而接地，在一定范围内存在着危险的接触电压或跨步电压，可能使扑救人员发生触电伤亡事故；使用不合适的灭火剂(如水枪、泡沫灭火器)，也可能造成触电事故。因此，发现电气火灾时，首先应设法切断电源。

如果情况危急或其他原因不允许，或无法及时切断电源时，只能带电灭火。带电灭火时应注意以下几点。

(1) 应使用不导电的灭火器，如二氧化碳灭火器、干粉灭火器等，泡沫灭火器因其灭火剂(水溶液)具有导电性,在带电灭火时禁止使用。

(2) 用水枪灭火时应采用喷雾水枪,如果使用普通的直流水枪,应将水枪喷嘴可靠接地或者让灭火人员穿戴绝缘手套、绝缘靴等。

(3) 灭火人员与带电体必须保持一定的安全距离。当电压小于等于 10kV 时,水枪喷嘴与带电体之间的距离不应小于 3m。

8.7 静 电 防 护

静电是指静止不动的电荷,一般存在于物体的表面,是正负电荷在局部范围内失去平衡的结果。

静电技术应用十分广泛,如静电除尘、静电喷涂、静电印花、静电复印等。但静电也同时会给生产生活带来诸多危害。静电虽然能量不大,但因其电压很高而容易发生放电,如果周围有易燃物质或爆炸性混合物,就可能因为静电火花点燃易燃物体而发生爆炸。当其他物体上的静电向人体发生放电,或者人体带有较多的静电时,电流从人体流向接地体,都会发生静电电击,引起人体坠落、摔倒等二次事故或其他伤害。静电对电子元件、电子设备也会产生不利的影响。

1. 静电的产生

物体产生静电的方式主要有物体间的摩擦、物体间的接触和分离、电磁感应以及摩擦与电磁感应综合效应等。传动皮带在皮带轮上摩擦、塑料或纸张与辊筒之间的摩擦、固体物质的粉碎等都极易产生静电。

人体产生静电的方式主要有步行、摩擦、静电感应和接触传导等。

产生静电电荷的多少与物体的性质、摩擦力的大小和摩擦面积大小等因数有关。

2. 静电的特点

静电主要有以下一些特点。

(1) 电压高。静电电压可高达几万甚至几十万伏,带静电体与其他物体接触时极易发生火花放电。

(2) 泄漏慢。因为积累静电的材料的电阻率都很高,静电泄漏往往需要很长时间。

(3) 尖端放电。物体的尖端静电集中,尖端部位极易产生火花放电。

(4) 静电感应。静电感应会使原来不带电的物体带上静电,可能产生意外的火花放电。

3. 静电的防止

防止静电的产生主要有以下几个方面:控制静电的生成环境;防止人体带电;选用合适的材料,制定防静电的工艺措施等。另外,还可以通过接地、增湿、离子中和、静电屏蔽、采用静电消除器等措施来消除静电。

习 题

8-1 对于 15～100Hz 的交流电,在正常环境下,人体安全电压的最大值为(   )。

(a) 30V   (b) 50V   (c) 80V   (d) 100V

8-2 在低压配电系统中,电气设备保护接地的接地电阻值一般应为(   )。

习题答案8

(a) ≤ 4Ω　　　　　　　　(b) ≥ 4Ω　　　　　　　　(c) ≤ 10Ω　　　　　　　　(d) ≥ 10Ω

8-3　在电网输送的视在功率一定的条件下，电网电压越高，则电网中电流(　　)。

(a) 越大　　　　　　　　(b) 不变　　　　　　　　(c) 越小　　　　　　　　(d) 不定

8-4　在低压配电系统的接地形式中，IT 系统和 TT 系统的共同点是(　　)。

(a) 电源中性点都接地　　　　　　　　　(b) 用电设备外露金属部分接到零线上

(c) 电源中性点经大电阻接地　　　　　　(d) 用电设备外露金属部分直接接地

试卷一

8-5　在低压供电系统中，电压损失的正确说法是(　　)。

(a) 电压损失与导线的长度成正比　　　　(b) 电压损失与导线的截面积成正比

(c) 电压损失与负载端的电压成正比　　　(d) 电压损失与输出功率成反比

8-6　有些人将家用电器的外壳接到自来水管或暖气管上，这实际构成了 TT 系统。试问这样构成的 TT 系统能保证安全吗？为什么？

8-7　低压配电系统中 TN-C、TN-S、TN-C-S 的含义是什么？

8-8　采用安全电压供电的系统绝对安全吗？

8-9　列举影响触电严重程度的四个主要因素。

试卷二

第 9 章 半导体器件

半导体器件是重要的信息处理和转换元件,对于掌握电子电路的工作原理和信息处理有着重要作用。本章在阐述半导体材料以及半导体器件工作的核心组成部分——PN 结的基础上,重点介绍半导体二极管特性及由半导体二极管组成的电路,并简要介绍几种特殊半导体二极管,最后介绍双极型晶体管和 MOS 场效应晶体管。

9.1 半导体基础知识和 PN 结

9.1.1 半导体概念

半导体是指常温下导电性能介于导体与绝缘体之间的材料,半导体的导电性可以从绝缘体至导体之间进行调控,常见的半导体材料有硅、锗、砷化镓等。半导体与导体和绝缘体有着不同的特性。与导体和绝缘体相比,半导体主要有以下一些特性。

(1) 掺杂性。当半导体晶体掺入某些特定的非金属元素(称为**杂质**)时,半导体的导电能力明显增强,称为半导体的掺杂性。利用半导体的掺杂性可以制成各种半导体器件,如半导体二极管、晶体管等。

(2) 热敏性。当环境温度增高时,半导体导电能力会显著增加的特性,称为半导体的热敏性,也称负温度特性。利用热敏性可以制作与温度有关的器件,如热敏电阻。

(3) 光敏性。当半导体吸收光线或者一定频段的电磁波时,会激发电子空穴对,改变半导体的导电能力,这种特性称为光敏性。利用半导体的光敏性可以制作光敏元件,如光敏电阻、光敏二极管、光敏晶体管、太阳能电池和光电耦合元件等。

除上述特性之外,半导体还有整流特性、压敏特性等。

9.1.2 本征半导体

纯净的具有晶体结构的半导体称为**本征半导体**。对于晶体半导体来说,在绝对零度(0K)时,半导体的所有电子都受到束缚,半导体不能导电。随着温度的上升,电子受到热激发,部分电子会挣脱原子核的束缚,成为**自由电子**,该原子缺少一个电子后形成一个带正电的空位,称为**空穴**。

在有外界电场时,电子移动,填补空穴,再移动填补下一个空穴,相当于空穴在移动,所以空穴导电并不是实际运动,而是一种等效。电子导电时等电量的空穴会沿其反方向运动。它们在外电场作用下产生定向运动而形成宏观电流,分别称为**电子导电**和**空穴导电**。

自由电子和空穴都称为**载流子**,半导体中同时存在两种载流子,并且都参与导电,是半导体区别于导体的重要特点。

对于本征半导体来说,电子和空穴成对出现,被热激发的电子空穴比较少,导电性较差。

如果掺入微量的其他元素(称为杂质),能明显改善其导电性能。掺入杂质的本征半导体称为掺杂半导体,也称**杂质半导体**。

9.1.3　杂质半导体

在本征半导体中掺入某种五价元素(如磷元素)作为杂质,少数硅原子被五价的磷原子替代,磷原子四个电子与相邻周围的硅原子电子建立四价共价键,多余的一个电子很容易成为自由电子,如图 9-1(a)所示。半导体中自由电子的数量明显增加,自由电子的浓度远远大于空穴的浓度,这种半导体称为 **N 型半导体**。

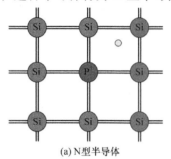
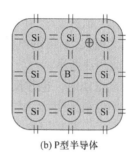

(a) N型半导体　　　　　　　　(b) P型半导体

图 9-1　杂质半导体

同理,若硅原子被三价硼原子占据,需要拉一个电子与硅原子建立四价共价键,此时在硅原子外围留有一个空位——空穴,如图 9-1(b)所示。半导体中空穴的数量明显增加,空穴的浓度远远大于自由电子的浓度,这种半导体称为 **P 型半导体**。

N 型半导体的载流子主要是电子,电子为**多数载流子**(简称**多子**),空穴为**少数载流子**(简称**少子**)。P 型半导体的载流子主要是空穴,空穴为多子,电子为少子。

9.1.4　PN 结

通过扩散、离子注入等半导体工艺在半导体两侧分别制作成 P 型半导体和 N 型半导体,就形成了 PN 结。PN 结是构成各种半导体器件的基本单元。在没有外加电压时,P 型半导体一侧空穴浓度很高(多子),N 型半导体一侧空穴浓度很低(少子),此时空穴从 P 型半导体扩散到 N 型半导体,并与 N 型半导体中的自由电子复合,在交界面 P 区一侧留下带负电的离子;同理,N 型半导体一侧的电子扩散到 P 型半导体一侧,并与 P 型半导体中的空穴复合,在交界面 N 区一侧留下带正电的离子,从而在交界处产生一个空间电荷区,这个空间电荷区就是 **PN 结**。这种多数载流子因浓度上的差异而形成的运动称为**扩散运动**。空间电荷区会形成一个内电场,这个内电场会阻碍多数载流子的扩散运动。

在内电场的作用下,P 区的少数载流子(自由电子)会越过空间电荷区进入 N 区,并与空穴复合,同样,N 区的少数载流子(空穴)会越过空间电荷区进入 P 区,并与自由电子复合。这种少数载流子在内电场作用下的运动称为**漂移运动**。

随着内电场的增强,多子的扩散运动逐渐削弱,少子的漂移运动逐渐增强,当多数载流子的扩散运动和少数载流子的漂移运动达到动态平衡时,空间电荷区的宽度也就稳定下来。如图 9-2 所示。图中 "⊖" 和 "⊕" 分别表示不能移动的负离子和正离子,"●" 和 "○" 分别表示可以移动的自由电子和空穴。

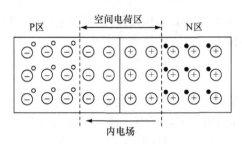

图 9-2　PN 结的形成

当外加正向电压时，也称**正向偏置**，即 P 端电位比 N 端高，这时外加的电场抵消内建电场，使得空间电荷区变窄，P 区的空穴扩散到 N 区变得更为容易，即多子的扩散运动得到加强，扩散电流很大，P 区的电位越高，扩散电流越大，宏观上看，从 P 区到 N 区能形成较大的电流，如图 9-3 所示。

当外加反向电压时，也称**反向偏置**，即 P 端电位比 N 端低，这时外加电场和内建电场方向一致，空间电荷区变大，内电场增强，多子的扩散运动显著变小，虽然内电场增强，但由于漂移的是少子，数量很少，因此反向电流很小，如图 9-4 所示。当反向电压继续升高到一定程度，空间电荷区扩展到边界，或者由于电场过大，引起雪崩效应或齐纳效应，则器件会击穿，产生很大的反向电流。

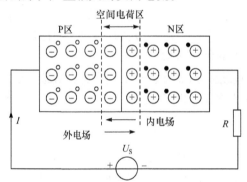

图 9-3　PN 结的正向偏置

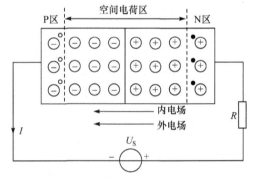

图 9-4　PN 结的反向偏置

根据击穿机理不同，二极管的击穿可分为雪崩击穿、齐纳击穿和热电击穿等，雪崩击穿和齐纳击穿是软击穿，击穿后可以重复使用，稳压管属于软击穿，热电击穿属于硬击穿，一次击穿后，器件即损坏。

从上述分析可知，PN 结具有**单向导电**的特性，即当外加正向电压(正偏)时能流过较大的正向电流，而当外加反向电压(反偏)时，只能流过很小的反向电流。

9.2　半导体二极管

9.2.1　半导体二极管的基本知识

应用 PN 结原理可以制成半导体二极管，简称二极管。其基本结构是在 PN 结两端引出金属电极封装而成。

半导体基础
知识和二极管

半导体二极管按功能不同可分为普通二极管、整流二极管、发光二极管、光敏二极管、稳压管等；按半导体材料不同可分为硅二极管、锗二极管、砷化镓二极管、碳化硅二极管等；按功率不同可分为点接触型二极管、面接触型二极管和平面型二极管。平面型二极管主要用于集成电路。

利用 PN 结，不仅可以制作二极管，还可以制成晶体管(见 9.3 节)。图 9-5 列出了不同类型二极管的图形符号。

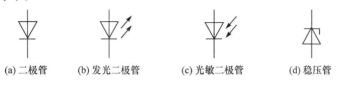

(a) 二极管　　　(b) 发光二极管　　　(c) 光敏二极管　　　(d) 稳压管

图 9-5　常用二极管的图形符号

9.2.2　半导体二极管的特性和参数

半导体二极管的伏安特性如图 9-6 所示。在伏安特性中，U_D 大于零部分称为正向特性，U_D 小于零部分称为反向特性。

在正向特性中，OA 段的正向电流很小，当 $U_D > U_A$ 时，随着正向电压的增大，正向电流也相应增大，A 点对应的电压称为**死区电压**(也称为阈值电压或开启电压)，OA 段称为死区。在这一区域，虽然施加了正向电压，但二极管仍处于截止状态。硅管的死区电压约为 0.5V，锗管的死区电压约为 0.1V。当正向电压大于死区电压时(AB 段)，可以近似认为电流随电压线性变化，AB 段称为线性区。在这一区域，二极管可等效为一个阻值可变的小电阻，当二极管充分导通后，其正向电压基本维持不变，称为**正向导通电压**，用 U_F 表示。硅管的正向导通电压约为 0.7V，锗管约为 0.3V。

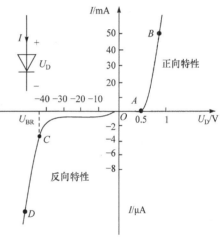

图 9-6　半导体二极管的伏安特性

在反向特性中，OC 段的电流基本保持在一个很小的恒定数值，可以近似认为二极管上无电流通过，二极管处于关断状态，因此 OC 段称为**反向截止区**。当温度升高时，反向电流会明显增大。在 CD 段，随着反向电压的进一步增加，反向电流迅速增加，CD 段称为反向击穿区。C 点对应的电压称为**反向击穿电压**，用 U_{BR} 表示。二极管被反向击穿后，如电流不加限制，会使二极管因过热而损坏，失去其单向导电特性。

半导体二极管的主要参数有以下几种。

额定正向平均电流 I_F：也称最大整流电流，是指二极管在连续工作的情况下，允许通过的最大正向电流的**平均值**。当正向电流超过该值时，二极管会因为过热而损坏。对于大功率二极管，在使用时必须按规定加装散热片。

正向电压降 U_F：指二极管通过额定正向电流时，二极管两端的电压降。

最高反向工作电压 U_R：指二极管不被击穿所允许施加的最大反向电压，一般规定为反向击穿电压 U_{BR} 的 1/2 或 2/3。

最大反向电流 I_R：指在规定的最高反向工作电压时，流过二极管的反向电流值。反向电流越小，表明其单向导电性能越好。

二极管的其他参数还有反向击穿电压 U_{BR}、最高工作频率 f_M、结电容 C 等。

在选用二极管时，主要根据额定正向平均电流 I_F 和最高反向工作电压 U_R 这两个参数来选择合适的型号，其次再根据具体的使用场合(如频率、反向电流要求等)考虑其他的一些参数。

二极管例题1

9.2.3 半导体二极管应用电路

利用半导体二极管的单向导电性和伏安特性，半导体二极管在整流、限幅、检波以及保护等方面具有广泛的应用。二极管应用电路的分析和计算方法详见二维码中相关内容。

二极管例题2

9.2.4 稳压二极管

1. 稳压管的特性

在半导体二极管被软击穿时，反向电流可以急剧上升，但反向电压变化很小，稳压二极管就是根据这个特性制成的。

稳压二极管(又称齐纳二极管)是一种半导体材料(目前硅材料占大多数)制成的面接触型晶体二极管，简称**稳压管**。稳压管在反向击穿时，在一定的电流范围内(或者说在一定功率损耗范围内)，端电压几乎不变，表现出稳压特性，因而广泛应用于稳压电源与限幅电路之中。稳压二极管是根据击穿电压来分档的，因为这种特性，稳压管主要作为稳压器或电压基准元件使用。

稳压二极管的伏安特性与普通二极管类似，但反向击穿电压小，反向击穿曲线比较陡，

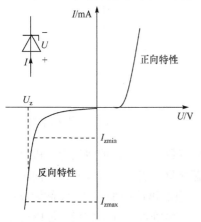

图 9-7　稳压二极管的伏安特性

如图 9-7 所示。稳压二极管通常都工作在反向击穿区。稳压二极管的正向伏安特性与普通二极管基本一致，因此，当稳压管正偏时，稳压管两端的电压都是 0.7V(或 0.3V)。

2. 稳压管的主要参数

稳压管的主要参数如下。

(1) 稳定电压 U_z。

稳定电压是指稳压二极管在正常工作时，管子两端的电压值。这个数值随工作电流和温度的不同略有改变，同一型号的稳压二极管，稳定电压值也有一定的分散性。

(2) 稳定电流 I_z。

稳定电流是指稳压二极管工作电压等于稳定电压时的反向电流。与此相关的还有最小稳定电流 I_{zmin} 和最大稳定电流 I_{zmax}。最小稳定电流 I_{zmin} 是指稳压二极管工作于稳定电压时所需的最小反向电流；最大稳定电流 I_{zmax} 是指稳压二极管允许通过的最大反向电流。

(3) 额定功率 P_z。

反向电流通过稳压二极管的 PN 结时，要产生一定的功率损耗，PN 结的温度也将升高。根据允许的 PN 结工作温度决定了稳压管的允许消耗的功率。其数值为稳定电压 U_z 和最大

稳定电流 I_{zmax} 的乘积。通常小功率管的额定功率约为几百毫瓦至几瓦。

(4) 动态电阻 r_z。

在稳定电压范围内，二极管两端电压的变化量与工作电流的变化量之比，称为动态电阻 r_z，即 $r_z = \Delta u_z / \Delta i_z$。该比值随工作电流的不同而变化，工作电流越大，动态电阻越小。

稳压二极管可以串联起来使用。当两个稳压管同向串联时，其稳定电压是这两个稳压管稳定电压之和，如图 9-8(a)所示，当电流的实际方向为图中所示方向时，$U_z=U_{z1}+U_{z2}$。当两个稳压管反向串联时，其稳定电压是其中一个稳压管的稳定电压与另一个稳压管的正向电压之和，如图 9-8(b)所示，假设图中稳压管都是硅管，电流的实际方向如图中所示方向时，$U_z=U_{z1}+0.7$。

双向稳压二极管就像两个稳定电压相同的稳压二极管反向串联，图形符号如图 9-9 所示。对于双向稳压二极管，无论电流是哪个方向，其稳压值都是相同的。

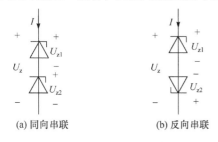

(a) 同向串联　　　(b) 反向串联

图 9-8　稳压二极管的串联

图 9-9　双向稳压二极管

稳压电路的
工作原理

3. 稳压管的应用

图 9-10 是由稳压二极管构成的直流稳压电路示意图，其中电阻 R 起限流作用。稳压电路的输入电压为 U_I，输出电压 U_L 等于稳压管的稳定电压 U_z。

这种稳压电路简单，但受稳压二极管最大稳定电流的限制，输出电流不能太大，而且稳定性也不太理想。

电路的稳压原理和应用电路的分析详见二维码内容。

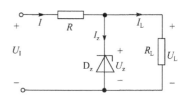

图 9-10　稳压管构成的直流稳压电路

稳压管例题

9.2.5　发光二极管和光敏二极管

发光二极管简称 LED，是一种常用的发光器件，它能高效地将电能转化为光能，常用于照明、平板显示、医疗器件等。

光敏二极管也称光电二极管，是一种能将光信号变成电信号的半导体器件，对光的变化非常敏感，光敏二极管需要在反向电压作用下工作，常用于光的检测。

发光二极管与
光敏二极管

9.3　双极型晶体管

9.3.1　晶体管的基本结构

双极型晶体管是指由电子和空穴两种极性的载流子参与导电的半导体晶体管，简称**晶体管**或**三极管**。晶体管由两个 PN 结组成，按 PN 结组合方式的不同，分为 **NPN 型**和 **PNP 型**

两种基本结构。每种晶体管都有三个导电区，分别为发射区、基区和集电区。**发射区**的掺杂浓度较高，主要用于发射载流子；**集电区**掺杂浓度较低，尺寸较大，主要用于收集载流子；**基区**位于中间，掺杂浓度很低，且很薄，主要起控制载流子的作用。从这三个导电区引出的三个电极分别为**发射极(E)**、**基极(B)**和**集电极(C)**。发射区与基区之间的 PN 结称为**发射结**，集电区与基区之间的 PN 结称为**集电结**。晶体管的结构示意图和图形符号如图 9-11 所示。图形符号中发射极的箭头表示晶体管正常工作时实际电流的方向。

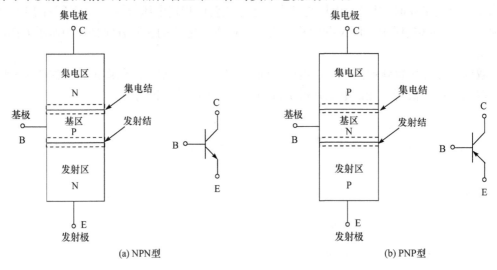

图 9-11　晶体管的结构示意图和图形符号

9.3.2　晶体管的工作状态

无论是哪种类型的晶体管，其工作原理都是相同的。晶体管工作于什么状态，取决于发射结和集电结这两个 PN 结的偏置状态。由于晶体管有三个电极、两个 PN 结，因此需要外加两个电压，下面以 NPN 型晶体管为例，说明晶体管的工作状态。

晶体管的工作状态有放大、饱和和截止三种。

1. 放大状态

晶体管放大电路如图 9-12 所示。图中晶体管的发射极、基极、电阻 R_B 和电源 U_{BB} 组成**基极电路**，也称**输入回路**或**控制回路**，发射极、集电极、电阻 R_C 和电源 U_{CC} 组成**集电极电路**，也称为**输出回路**或**工作回路**。因为发射极是这两部分电路的公共端，所以称这种电路为**共发射极电路**。

在这个电路中，基极电源 U_{BB} 使得晶体管的发射结正偏，发射区中的自由电子(多子)很容易通过发射结向基区扩散，基极电源 U_{BB} 不断补充电子形成发射极电流 I_E；同时基区的空穴也很容易通过发射结扩散到发射区，但因为基区的杂质浓度低且很薄，由空穴形成的电流很小，可忽略。发射区的电子进入基区后，由于基区空穴浓度低且很薄，只有很小一部分的电子与基区的空穴复合，基极电源 U_{BB} 从基区抽走电子来补充空穴，形成基极电流 I_B。

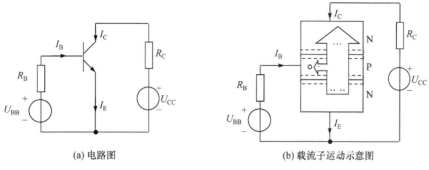

(a) 电路图　　　　　　　　　　(b) 载流子运动示意图

图 9-12　晶体管共射放大电路

通常集电极电源 U_{CC} 要比基极电源大，因此晶体管的集电结处于反偏状态。从发射区扩散到基区的自由电子只有很少一部分在基区与空穴复合，而自由电子在基区属于少数载流子，当集电结反偏时，具有很强的反向电场，在反向电场的作用下，从发射区扩散到基区的绝大部分自由电子将越过集电结向集电区漂移，被集电区收集，集电极电源 U_{CC} 从集电区拉走电子形成集电极电流 I_C。

综合上述分析可得，**晶体管工作于放大状态的条件**是：发射结正向偏置，集电结反向偏置。在放大状态时，晶体管内部载流子的运动过程是：发射区发射载流子形成发射极电流 I_E，其中少部分在基区与空穴复合形成基极电流 I_B，大部分被集电区收集形成集电极电流 I_C。因此，晶体管三极电流满足以下关系：

$$I_E = I_B + I_C \tag{9-1}$$

无论晶体管工作在什么状态，式(9-1)始终成立。

晶体管三极电流的大小取决于发射结电压 U_{BE} 的大小，在一定范围内，U_{BE} 越大，发射区发射的载流子越多，I_E、I_C、I_B 也就越大。

当 $I_B=0$，即基极开路时的集电极电流称为**穿透电流**，用 I_{CEO} 表示。I_{CEO} 通常都很小，可以忽略不计，但随着温度升高，I_{CEO} 会明显增加。在忽略 I_{CEO} 时，集电极电流 I_C 与基极电流 I_B 之比称为晶体管的**直流(静态)电流放大倍数**，用 $\overline{\beta}$ 表示，即

$$\overline{\beta} = \frac{I_C}{I_B} \tag{9-2}$$

保持集-射电压 U_{CE} 不变，集电极电流 I_C 的变化量与基极电流 I_B 的变化量之比称为晶体管的**交流(动态)电流放大倍数**，用 β 表示，即

$$\beta = \frac{\Delta I_C}{\Delta I_B} \tag{9-3}$$

直流电流放大倍数 $\overline{\beta}$ 和交流电流放大倍数 β 一般不相等，也都不是常数，但当晶体管工作在放大状态时，两者数值很接近，通常认为两者相等且是常数，统一用 β 表示。

从式(9-2)和式(9-3)可以看出，对于晶体管，只要输入回路提供较小的基极电流 I_B，就能在输出回路中提供较大的集电极电流 I_C，基极电流 I_B 的微小变化能控制集电极电流 I_C 的较大变化，且两者比值基本保持恒定。这种现象称为晶体管的**电流放大**作用，这时晶体管的工作状态称为放大状态。

晶体管工作在放大状态时有以下性质。

(1) 基极电流 I_B 增加时，集电极电流 I_C 也相应增加。

(2) 集电极电流 I_C 和基极电流 I_B 满足 $I_C=\beta I_B$，集电极电流 I_C 的大小由基极电流 I_B 和电流放大倍数 β 所决定。

(3) 集电极与发射极之间的电压 $U_{CE}=U_{CC}-I_CR_C$。

由以上性质，结合晶体管工作于放大状态的条件，晶体管是否工作在放大状态，可从电流或电压两个方面进行判别。

(1) 在已知晶体管三个电极的电流时，如果集电极电流 I_C 与基极电流 I_B 之间满足 $I_C=\beta I_B$，则晶体管工作在放大状态。

(2) 在已知晶体管三个电极的电位时，如果满足 $U_{CE}>U_{BE}>0$，或者满足 $U_{BE}>0$ 且 $U_{BC}<0$，则晶体管工作在放大状态。

2. 饱和状态

工作于放大状态的晶体管，随着基极电流 I_B 的增大，集电极电流 I_C 也会按比例增大 $(I_C=\beta I_B)$，U_{CE} 会相应减小 $(U_{CE}=U_{CC}-I_CR_C)$。当 U_{CE} 减小到接近于零时，集电极电流达到最大值 $(I_C\approx U_{CC}/R_C)$，如果再增大基极电流 I_B，集电极电流不可能再增加，晶体管的这种工作状态称为饱和状态。

晶体管工作在饱和状态时，由于 $U_{CE}\approx0$，因此集电结也为正向偏置。由此可知**晶体管工作在饱和状态的条件**是：发射结正向偏置，集电结正向偏置。

晶体管工作在饱和状态时，$U_{CE}\approx0$，因此 $I_C\approx U_{CC}/R_C$。从输出回路看，晶体管相当于短路，也就是相当于一个开关处于闭合状态。

晶体管工作在饱和状态时有以下性质。

(1) 基极电流 I_B 增加时，集电极电流 I_C 基本不变。

(2) 集电极电流 $I_C\approx U_{CC}/R_C$，集电极电流 I_C 的大小由集电极电源 U_{CC} 和电阻 R_C 所决定。

(3) 集电极与发射极之间的电压 $U_{CE}\approx0$。

(4) 晶体管相当于短路(集电极与发射极之间相当于短路)。

由以上性质，结合晶体管工作于饱和状态的条件，晶体管是否工作在饱和状态，同样可从电流或电压两个方面进行判别。

(1) 如果基极电流 I_B 与集电极的电源电压 U_{CC} 和电阻 R_C 之间满足 $\beta I_B\geqslant U_{CC}/R_C$，则晶体管工作在饱和状态。

(2) 如果发射结正偏，根据 $I_C=\beta I_B$，$U_{CE}=U_{CC}-I_CR_C$ 计算所得的 $U_{CE}<0$，则晶体管工作在饱和状态。

(3) 在已知晶体管三个电极的电位时，如果发射极正偏即 $U_{BE}>0$ 且 $U_{CE}\leqslant0.3V(\approx0)$，或者 $U_{BE}>0$ 且 $U_{BC}>0$，则晶体管工作在饱和状态。

3. 截止状态

如果将晶体管的发射结和集电结均反向偏置，则晶体管工作在截止状态。此时，基极电流和集电极电流均为零，即 $I_B=0$，$I_C=0$。从输出回路看，晶体管相当于开路，也就是相当于一个开关处于断开状态。

晶体管工作在截止状态的条件是：发射结反向偏置，集电结反向偏置。

晶体管工作在截止状态时有以下性质。

(1) 基极电流 I_B 和集电极电流 I_C 均为零，即 $I_B=0$，$I_C=0$。

(2) 集电极与发射极之间的电压 $U_{CE} \approx U_{CC}$。

(3) 晶体管相当于开路(集电极与发射极之间相当于开路)。

判断晶体管是否工作在截止状态较为简单，如果发射结反向偏置，即 $U_{BE}<0$，则晶体管工作在截止状态。

晶体管工作
状态例题

9.3.3　晶体管的特性和参数

1. 晶体管的特性曲线

晶体管的特性是指晶体管各极电流与极间电压的关系。表示这种关系的曲线称为晶体管的特性曲线，它们是分析和计算晶体管电路的重要依据。常用的晶体管特性曲线有输入特性曲线和输出特性曲线。

1) 输入特性曲线

晶体管的输入特性曲线是指晶体管的集电极-发射极间的电压 U_{CE}=常数时，基极电流 I_B 与基极-发射极间(发射结)电压 U_{BE} 之间的关系曲线 $I_B=f(U_{BE})$。不同温度时，晶体管的输入特性曲线如图 9-13 所示。

从图 9-13 可以看出，晶体管的输入特性曲线与二极管的伏安特性相似，也有一段死区，硅管的死区电压约为 0.5V，锗管的死区电压约为 0.2V。只有当 U_{BE} 超过死区电压后，晶体管才真正进入放大状态。进入放大状态后，特性曲线变得很陡，U_{BE} 几乎不变，硅管约为 0.7V，锗管约为 0.3V。

不同 U_{CE} 值时，输入特性曲线也有所不同。当 $U_{CE}>1V$，晶体管处于放大状态时，输入特性曲线基本上是重合的。此时，I_B 主要受 U_{BE} 控制，U_{CE} 的变化对 I_B 几乎没有影响。因此这条输入特性曲线基本上代表了整个放大状态的情况。

当温度增加时，热激发使得载流子增多，在同样的 U_{BE} 时，基极电流 I_B 增加，输入特性曲线往左移动。

2) 输出特性曲线

晶体管的输出特性曲线是指晶体管的基极电流 I_B=常数时，集电极电流 I_C 与集电极-发射极间的电压 U_{CE} 之间的关系曲线 $I_C=f(U_{CE})$。对应于某个基极电流 I_B，就有一条对应的输出特性曲线，因此，晶体管的输出特性是一簇曲线，如图 9-14 所示。

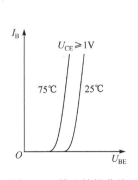

图 9-13　输入特性曲线

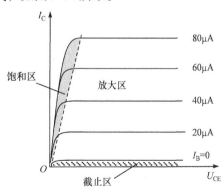

图 9-14　输出特性曲线

对应于晶体管的三种工作状态，输出特性曲线可分为三个区域。

(1) 截止区。输出特性曲线中最低的那条线的 $I_B=0$，表示基极开路，此时的集电极电流即为穿透电流 I_{CEO}。$I_B=0$ 所对应的输出特性曲线与横轴之间的区域称为截止区，如图 9-14 中斜线部分所示。在该区域 $I_C \approx 0$，集电极与发射极之间相当于开路，晶体管相当于一个处于断开状态的开关。为了使晶体管可靠截止，通常给发射结施加反向电压，即 $U_{BE}<0$。

(2) 饱和区。图 9-14 中虚线与输出特性曲线上升部分之间的区域称为饱和区，如图中阴影部分所示。当 $U_{CE}=U_{BE}$ 时，晶体管处于临界饱和状态，图中的虚线即为临界饱和点的轨迹。在阴影部分，$U_{CE}<U_{BE}$，即集电结处于正向偏置，晶体管工作于饱和状态。在该区域中，不同基极电流 I_B 所对应的输出特性曲线几乎是重合的，说明这时的集电极电流 I_C 不受基极电流 I_B 的控制，而只与集电极与发射极之间的电压 U_{CE} 有关，晶体管不具有放大作用。晶体管工作在饱和状态时，集电极与发射极之间的电压 U_{CE} 很小，对于小功率的硅管约为 0.3V，锗管约为 0.1V，晶体管的集电极与发射极之间相当于短路。

(3) 放大区。输出特性曲线中与横坐标基本平行的部分称为放大区。当 U_{CE} 超过一定值后(约 1V)，晶体管的发射结正偏，集电结反偏，此时晶体管工作在放大状态。在放大区，输出特性曲线与横坐标基本平行(略有上翘)，说明此时的集电极电流 I_C 基本与集电极-发射极间的电压 U_{CE} 无关，而只与基极电流 I_B 有关，集电极电流 I_C 与基极电流 I_B 之间满足 $I_C=\beta I_B$，晶体管具有电流放大作用。

放大区的特点是：集电极电流 I_C 受基极电流 I_B 的控制，与集电极-发射极间的电压 U_{CE} 的大小几乎无关，晶体管是一个受电流 I_B 控制的电流源。特性曲线平坦部分之间的间隔大小，反映基极电流 I_B 对集电极电流 I_C 控制能力的大小，间隔越大表示晶体管的电流放大倍数 β 越大。

2. 晶体管的主要参数

(1) **电流放大倍数 $\bar{\beta}$、β**。电流放大倍数分为直流(静态)电流放大倍数 $\bar{\beta}$ 和交流(动态)电流放大倍数 β，其定义见式(9-2)和式(9-3)。常用小功率晶体管的电流放大倍数 β 为 20～150，β 值随着温度的升高而增大。由于制造工艺的分散性，同一型号的晶体管，其 β 值也各不相同。电流放大倍数 β 也称为**电流增益**，用 h_{fe} 表示。

(2) **穿透电流 I_{CEO}**。指基极开路时，在集电极、发射极间施加一定反向电压时的集电极电流。穿透电流 I_{CEO} 是反映晶体管质量的重要参数，硅管的穿透电流 I_{CEO} 比锗管小很多。穿透电流 I_{CEO} 随温度的增加而增大。

(3) **反向击穿电压 $U_{(BR)CEO}$**。指基极开路时，集电极与发射极之间允许施加的最大电压，它体现了晶体管的耐压能力。当 $U_{CE}>U_{(BR)CEO}$ 时，晶体管的穿透电流 I_{CEO} 会急剧增大，表示晶体管被反向击穿。

(4) **集电极最大允许电流 I_{CM}**。晶体管的集电极电流增大到一定值时，它的电流放大倍数 β 将下降。当 β 值下降到正常值的 2/3 所对应的集电极电流称为集电极最大允许电流。当集电极电流超过 I_{CM} 时，晶体管的性能变坏，甚至可能被烧坏。

(5) **集电极最大允许耗散功率 P_{CM}**。指集电结上允许功率损耗的最大值。晶体管集电极的功率损耗可按下式计算

$$P_C = I_C U_{CE} \tag{9-4}$$

当 $P_C>P_{CM}$ 时，集电结的温度过高，会使晶体管的性能变坏，很容易被烧坏。晶体管的 P_{CM} 还与环境温度密切相关，环境温度越高，则 P_{CM} 越小。对于大功率的晶体管，必须按要求加规定尺寸的散热片。

在晶体管的输出特性中，可分别画出 $P_C=P_{CM}$、$I_C=I_{CM}$ 和 $U_{CE}=U_{(BR)CEO}$ 三条曲线(或直线)，由这三条曲线所包围的区域称为晶体管的安全工作区。$I_C>I_{CM}$ 部分称为过流区，$U_{CE}>U_{(BR)CEO}$ 部分称为过压区，$P_C>P_{CM}$ 部分称为过损耗区，如图 9-15 所示。

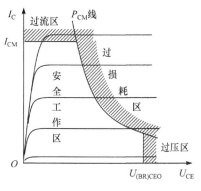

晶体三极管
和场效应管

图 9-15　晶体管的安全工作区

9.3.4　特殊晶体管

其他类型的晶体管主要还有光敏晶体管和光电耦合器，具体介绍详见二维码中内容。

光敏晶体管和
光电耦合器

9.4　绝缘栅场效应晶体管

晶体管在正常工作时，需要控制电路提供基极电流 I_B，通过基极电流来控制集电极电流 I_C(放大状态)，或控制晶体管的饱和导通和截止(开关状态)，它属于**电流控制型器件**，输入电阻较低。场效应晶体管(field effect transistor)(简称场效应管或 FET)是通过改变输入电压来控制输出电流(放大状态)，或控制场效应晶体管的饱和导通和截止(开关状态)，它属于**电压控制型器件**，除了在开关过程中结电容的充放电需要极小的电流外，几乎不需要控制电路提供电流，输入电阻很高。

场效应晶体管也是一种重要的半导体器件，它与晶体管的主要区别是场效应晶体管在工作时只有一种载流子参与导电，因而又称为**单极型晶体管**。在场效应晶体管中，导电的途径称为**沟道**，通过外加电场对沟道的厚度和形状进行控制，改变沟道的电阻，从而改变电流的大小，故而称为场效应晶体管。

根据结构的不同，场效应晶体管可分为**绝缘栅场效应晶体管**(简称绝缘栅场效应管)和**结型场效应晶体管**(简称结型场效应管)两大类，其中绝缘栅场效应晶体管因性能更优越，制造工艺简单，便于集成等优点，应用更为广泛，因此，在本书中只介绍绝缘栅场效应管，没有特别说明，本书后续章节中提到的场效应晶体管(或场效应管)都是指绝缘栅场效应晶体管。

9.4.1　场效应晶体管的结构和工作原理

按照导电沟道的不同，绝缘栅场效应管分为 N 沟道和 P 沟道两类。在制造场效应管时，以一块掺杂浓度较低的 P 型硅作为衬底，用扩散的方法在 P 型衬底上制成两个浓度很高的 N 型区(用 N^+ 表示)，用金属铝分别从这两个 N^+ 区引出两个电极，一个称为**漏极 D**，另一个称为**源极 S**。然后在衬底表面生成一薄层 SiO_2 绝缘体，并在源极和漏极之间的表面上再覆盖一层金属铝，引出一个电极，称为**栅极 G**。这种场效应管称为 **N 沟道绝缘栅场效应管**，其结构示意图和图形符号如图 9-16 所示。显然，栅极与其他电极之间是绝缘的，因此称为绝缘栅场效应管。由于它是由金属、氧化物和半导体构成的，因而也称为金属-氧化物-半导体 (metai-oxide-semiconductor)场效应管，简称 **MOS 场效应管**或 **MOSFET**。

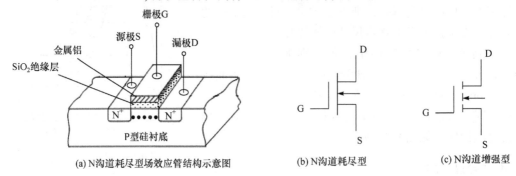

(a) N沟道耗尽型场效应管结构示意图　(b) N沟道耗尽型　(c) N沟道增强型

图 9-16　N 沟道场效应管

衬底也有引线引出，通常在内部与源极或漏极相连。一般 N 型 MOSFET 衬底与源极 S 接在一起，而 P 型 MOSFET 与漏极 D 接在一起。

如果在 SiO_2 绝缘层中掺入大量的正离子，这些正离子把 P 型硅衬底中的电子吸引到表层，从而在漏极和源极之间形成 N 型原始导电沟道(图 9-16(a)中用小黑点"•"表示)。这样即使在栅极与源极之间不加电压，即 $U_{GS}=0$ 时，漏极与源极之间已经存在导电沟道，这种场效应管称为**耗尽型场效应管**。随着栅源电压 $|U_{GS}|(U_{GS} <0)$ 的增大，导电沟道会越来越薄，当导电沟道刚消失时的漏源电压，也就是场效应管由导通变为不导通的临界栅源电压称为**夹断电压**，用 U_P 表示。对于耗尽型的场效应管，$U_P<0$。N 沟道耗尽型场效应管的图形符号如图 9-16(b)所示，图中带箭头的为衬底引出线。

如果在 SiO_2 绝缘层中不掺入或只掺入少量的正离子，则在 P 型硅衬底表层不能形成原始导电沟道，只有在栅极与源极之间施加一定的正向电压时，漏极 D 与源极 S 之间才能产生导电沟道，这种场效应管称为**增强型场效应管**。刚开始产生导电沟道时，漏极 D 与源极 S 之间的电压，也就是场效应管由不导通变为导通的临界电压称为**开启电压**，用 U_T 表示。对于增强型的场效应管，$U_T>0$。N 沟道增强型场效应管的图形符号如图 9-16(c)所示。

如果在制造场效应管时，以一块掺杂浓度较低的 N 型硅作为衬底，用扩散的方法在 N 型衬底上制成两个浓度很高的 P 型区(用 P^+ 表示)，并引出相应的电极，那么这种场效应管称为 P 沟道绝缘栅场效应管，其结构示意图和图形符号如图 9-17 所示。

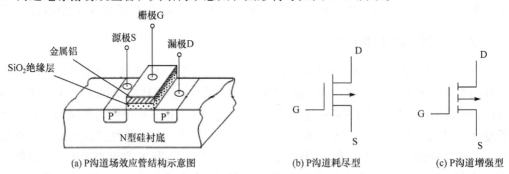

(a) P沟道场效应管结构示意图　(b) P沟道耗尽型　(c) P沟道增强型

图 9-17　P 沟道场效应管

N 沟道和 P 沟道绝缘栅型场效应管的工作原理是相同的,主要的区别在于电源极性和电流方向的不同。N 沟道与 P 沟道场效应管的区别类似于晶体管中 NPN 型与 PNP 型的区别。

以 N 沟道增强型场效应管为例,当漏极与源极之间的电压 U_{DS} 为常数时,增大栅极与源极之间的电压 U_{GS},栅极与衬底(衬底与源极 S 相连)之间的电场增强,导电沟道变宽,漏极电流 I_D 增大,当栅源电压 U_{GS} 减小时,导电沟道变窄,漏极电流 I_D 减小。因此,场效应管是通过栅源电压 U_{GS} 来控制漏极电流 I_D 的,是一种电压控制型的器件。

由于 N 沟道场效应管的衬底是与源极 S 相连的,衬底与漏极 D 之间有一个 PN 结,这个 PN 结构成的二极管称为**体二极管**,因此 N 沟道的场效应管有时也画成图 9-18 所示。当电流从衬底(源极)流向漏极时,相当于这个体二极管正向导通,这个电流是不受栅源电压 U_{GS} 控制的。类似地,P 沟道场效应管也有体二极管存在,在使用时要注意。

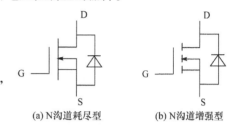

(a) N沟道耗尽型　　　　(b) N沟道增强型

图 9-18　N 沟道场效应管

9.4.2　场效应晶体管的特性和参数

1. 特性曲线

与晶体管的输入特性曲线和输出特性曲线类似,场效应管的特性曲线主要有转移特性曲线和输出特性曲线,详见二维码的内容。

场效应管的
特性曲线

2. 主要参数

场效应管的参数很多,包括直流参数、交流参数和极限参数,使用时主要关注以下这些参数。

(1) 开启电压 U_T 和夹断电压 U_P。

开启电压 U_T 是指增强型绝缘栅场效管中,使漏极与极源间刚导通时的最小栅源电压。

夹断电压 U_P 是指耗尽型绝缘栅场效应管中,使漏极与源极间刚截止时的栅源电压,也就是使漏极电流 $I_D=0$ 时的最大栅源电压 U_{GS}。

(2) 跨导 g_m。

跨导反映了栅源电压 U_{GS} 对漏极电流 I_D 控制作用的大小,是衡量场效应管放大能力的重要参数,其定义为

$$g_m = \frac{\partial I_D}{\partial U_{GS}}\bigg|_{U_{DS}=常数} \approx \frac{\Delta I_D}{\Delta U_{GS}} \tag{9-5}$$

(3) 饱和漏极电流 I_{DSS}。

饱和漏极电流 I_{DSS} 是指耗尽型场效应管当栅源电压 $U_{GS}=0$ 时,漏极上通过的电流。

(4) 最大漏源击穿电压 $U_{(BR)DS}$。

最大漏源击穿电压 $U_{(BR)DS}$ 是指栅源电压 U_{GS} 一定时,场效应管正常工作所能承受的最大漏源电压。正常工作时,加在场效应管上的工作电压必须小于 $U_{(BR)DS}$。当漏极与源极之间的电压超过该值时,漏极与衬底之间的 PN 结(体二极管)被反向击穿,漏极电流 I_D 急剧上升,场效应管会被损毁。

(5) 最大漏极电流 I_{DM} 和最大耗散功率 P_{DM}。

最大漏极电流 I_{DM} 是场效应管正常工作时漏极电流允许的上限值。最大耗散功率 P_{DM} 是指场效应管性能不变坏时所允许的最大漏源耗散功率。使用时，场效应管实际功耗应小于 P_{DM} 并留有一定余量。场效应管的耗散功率可按式(9-6)计算：

$$P_{DM} = U_{DS}I_{D} \tag{9-6}$$

9.4.3 场效应管与晶体管的比较

场效应管与晶体管最大的区别是：场效应管属于电压控制型的器件，它是通过改变栅源电压 U_{GS} 来控制漏极电流 I_D，控制电路所需的功率较小；而晶体管属于电流控制型的器件，它是通过改变基极电流 I_B 来控制集电极电流 I_C，控制电路所需的功率较大。场效应管与晶体管的一些主要区别见表9-1。

表9-1　场效应管与晶体管的比较

项目	场效应管	晶体管
载流子	只有一种极性的载流子参与导电	两种不同极性的载流子都参与导电
类型	N沟道、P沟道	NPN型、PNP型
控制方式	电压控制	电流控制
放大参数	跨导 g_m：$1\sim5$mA/V	电流放大倍数 β：$20\sim150$
输入电阻	10MΩ以上	100Ω～10kΩ
输出电阻	r_{ds} 很高	r_{ce} 很高
热稳定性	较好	较差
制造工艺	简单	较复杂

习　题

9-1　电路如图9-19所示，二极管D为理想元件，$U=3$V，$u_i=6\sin\omega t$V，试画出输出电压 u_o 的波形。

9-2　在如图9-20所示的电路中，已知 $u_i=30\sin\omega t$V，二极管的正向压降可忽略不计，试画出输出电压 u_o 的波形。

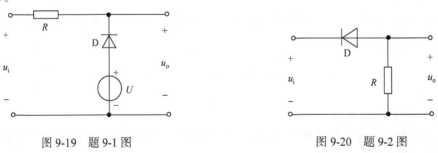

<table>
<tr><td>图9-19　题9-1图</td><td>图9-20　题9-2图</td></tr>
</table>

9-3　在如图9-21所示电路中，$V_A=10$V，$V_B=0$V。假设二极管是理想的。试求输出端电位 V_Y 及各元件中流过的电流。

9-4　电路如图9-22所示，设二极管 D_1 和 D_2 为理想元件，试计算电路中电流 I_1 和 I_2。

9-5　电路如图9-23所示，设二极管为理想元件，判断各个二极管的工作状态并求电位 V_0。

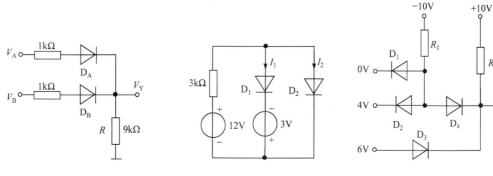

题9-5解答

图 9-21　题 9-3 图　　　　　图 9-22　题 9-4 图　　　　　图 9-23　题 9-5 图

9-6　电路如图 9-24(a)所示，输入信号 u_{i1}，u_{i2} 的波形如图 9-24(b)所示，忽略二极管的正向压降，试画出输出电压 u_o 的波形，并说明在 t_1，t_2 时间段内二极管 D_1，D_2 的工作状态。

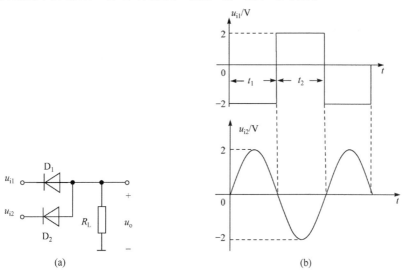

图 9-24　题 9-6 图

9-7　已知图 9-25 所示电路中稳压管的稳定电压 U_z=6V，稳定电流的最小值 I_{zmin}=5mA，最大功耗 P_{zM}=150mW。为使该稳压电路正常工作，试求电阻 R 的取值范围。

9-8　用直流电压表测得某电路中三个晶体管的三个电极对地电压分别如图 9-26 所示，试指出每个晶体管的 B、C、E 极。

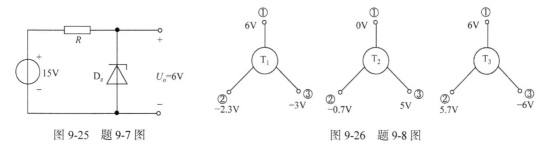

图 9-25　题 9-7 图　　　　　　　　图 9-26　题 9-8 图

9-9　什么是晶体管的极限参数？集电极电流 I_C 超过 I_{CM}，管子是否会被烧坏？U_{CE} 超过 $U_{(BR)CEO}$ 又会怎样？为什么不允许 I_{CM} 和 $U_{(BR)CEO}$ 同时达到？

9-10 试判断图 9-27 所示电路中各晶体管的工作状态。

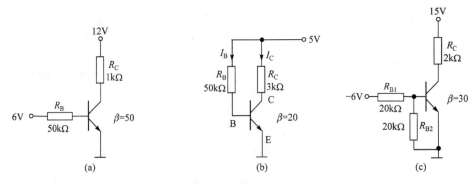

图 9-27 题 9-10 图

9-11 绝缘栅型场效应管的输出特性曲线如图 9-28 所示。(1)根据图 9-28(a)～(d)的曲线，说明各为何种类型的场效应管；(2)根据图中的数据确定 U_T、U_P 和 I_{DSS}。

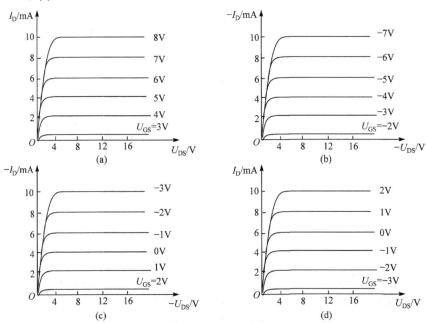

图 9-28 题 9-11 图

第 10 章　基本放大电路及其特性

现代电子系统中, 电信号的产生、发送、接收、变换和处理, 都是以放大电路为基础的, 放大电路是电子电路的基本单元, 理解放大电路的工作原理是掌握电子电路工作基本原理的基础。本章首先介绍由三极管构成的基本放大电路的工作原理、性能指标、频率特性及其失真, 然后简要介绍多级放大电路和差分放大电路。

10.1　放大电路概述

放大电路亦称为放大器, 它是使用最为广泛的电子电路之一, 也是构成其他电子电路的基本单元电路。所谓放大, 就是将输入的微弱信号(简称信号, 指变化的电压、电流等)放大到所需要的幅值且与原输入信号变化规律一致的信号, 即进行不失真的放大。

由于正弦信号是一种基本信号, 在对放大电路进行性能分析和测试时, 经常以正弦信号作为输入信号。因此, 在对放大电路进行理论分析时, 也常以正弦信号作为输入信号, 并用相量表示。

10.1.1　放大电路的作用

放大电路通常是由信号源、晶体三极管构成的放大器及负载组成的。放大器的作用可以用图 10-1 来表示, 它是利用晶体管或场效应管的控制作用放大微弱信号, 一个电压输入信号 u_i 经过放大器的放大之后, 输出信号在电压幅度上得到了几倍、几十倍甚至几百倍的提高, 输出信号的能量得到了加强。

为了实现放大, 必须给放大器提供能量, 常用的能源是直流电源。放大电路放大的本质是能量的控制和转换, 有源器件(晶体管、场效应管等)在交流小信号的激励下通过内部控制将直流能源转换为放大的交流电信号, 提供给负载。在大部分情况下, 放大后的信号应该具有放大之前信号的特征, 只有在不失真的情况下放大才有意义。

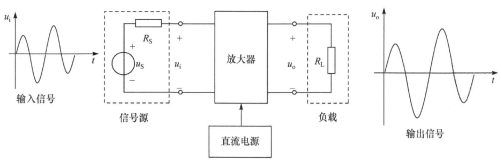

图 10-1　放大器的作用

能实现信号放大的有源电子器件有很多，如 BJT(双极型晶体管)、MOSFET(金属氧化物半导体场效应晶体管)、HBT(异质结双极晶体管)等。现代使用最广的是以双极型晶体管或场效应晶体管放大电路为基础的集成放大器。

10.1.2　放大电路的类型

根据输入信号随时间变化的情况不同，放大电路可以分为**交流放大电路**和**直流放大电路**。如果输入信号的变化十分缓慢，或者是不随时间变化的直流信号，这类放大电路称为直流放大电路。例如，温度测量电路中的放大电路就属于直流放大电路。如果输入信号的变化较快，这类放大电路称为交流放大电路。例如，扩音器电路中的放大电路就属于交流放大电路。

根据输入信号的不同(可能是电压信号 $\dot{U}_i$ 或电流信号 $\dot{I}_i$)和关心的输出信号不同(可能是电压信号 $\dot{U}_o$ 或电流信号 $\dot{I}_o$)，放大电路又可以分为电压放大电路、电流放大电路、互导放大电路和互阻放大电路四种类型。

在实际应用中，电压信号是最常见的一种信号，放大电路多为电压放大器，即输入为电压信号，输出也是电压信号，放大电路主要考虑输出电压与输入电压之间的关系。图 10-1 所示的即为电压放大电路。

在电压放大电路中，输出电压 $\dot{U}_o$ 与输入电压 $\dot{U}_i$ 之比定义为**电压放大倍数** A_u，也称为电压增益

$$A_u = \frac{\dot{U}_o}{\dot{U}_i} \tag{10-1}$$

输出电压 $\dot{U}_o$ 与信号源的电压 $\dot{U}_S$ 之比定义为**源电压放大倍数** A_{us}，也称为源电压增益

$$A_{us} = \frac{\dot{U}_o}{\dot{U}_S} \tag{10-2}$$

其他类型的放大电路

其他类型放大电路的介绍详见二维码中的内容。

10.2　放大电路的工作原理

由三极管构成的放大电路中，三极管既要与输入信号构成输入回路，又要与负载构成输出回路，因此三极管中必须有一个管脚作为输入、输出回路的公共端。下面以最基本的放大电路——共发射极放大电路为例，说明放大电路的工作原理。

10.2.1　放大电路的组成

图 10-2 是一个由 NPN 型三极管构成的共发射极放大电路。从三极管基极通过电容 C_1 引出一根输入线，该输入线与地线组成一对输入端，输入端接待放大的信号 u_i(信号源或前级放大电路的输出)，u_i 通常也称为输入信号。在集电极通过电容 C_2 引出一根输出线，该输出线与地线组成一对输出端，输出端接负载或后级放大电路的输入端，将已放大的信号 u_o 输送出去。在这个放大电路中，输入信号 u_i 加在基极与发射极间的输入回路中，输出信号 u_o 从集电极和发射极之间输出，发射极是输入回路与输出回路的公共端，因此称为**共发射极放大电路**。

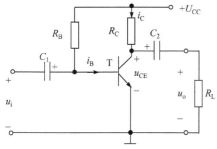
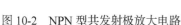

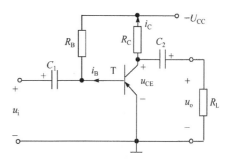

图 10-2　NPN 型共发射极放大电路　　　　图 10-3　PNP 型共发射极放大电路

图 10-2 中符号"⊥"表示该点为电位为零的参考点，称为接地(注意：实际上该点不一定真正接到大地的)。这样电路中各点的电位实际上就是该点与"地"之间的电压，如图中"+U_{CC}"就表示该点与地之间的电压为 U_{CC}，相当于该点与地之间接了一个电压为 U_{CC} 的直流电压源。

电路中各元件的作用如下。

三极管 T 具有电流放大作用，它是整个电路的核心。利用它的电流放大作用，在集电极获得放大了的电流。从能量的角度看，输入信号的能量较小，而输出信号的能量较大，输出较大能量来自集电极电源 U_{CC}。即能量较小的输入信号通过三极管的控制作用，去控制电源 U_{CC} 所提供的能量，从而在输出端得到一个能量较大的信号。

集电极电源 U_{CC} 除了为三极管提供放大所需的能量外，还保证三极管的发射结正偏而集电结处于反偏，使三极管处于放大状态。

基极电阻 R_B 也称为**偏置电阻**，它为三极管提供大小适当的基极电流 I_B。改变 R_B 的大小可以调节基极电流 I_B，使放大电路获得合适的工作点。基极电路和集电极电路共用一个直流电压源。

集电极负载电阻 R_C 也称集电极电阻。输入信号 u_i 的变化会引起三极管基极电流 i_B 的变化，从而控制集电极电流 i_C 的变化，而 i_C 的变化又会使电阻 R_C 上的电压发生变化，最终使得三极管集-射之间的电压 u_{CE} 发生变化。因此，电阻 R_C 的作用是将集电极的电流变化转换为电压变化，以实现电压的放大。

耦合电容 C_1 和 C_2 一方面起到"隔直"的作用：电容 C_1 隔断放大电路与输入信号之间的直流通路，电容 C_2 隔断放大电路与负载 R_L 之间的直流通路，使放大电路与输入信号、负载之间没有直流联系。另一方面又起到"交流耦合"的作用：输入的交流信号可以通过电容 C_1 传送到三极管的基极，而放大后的交流分量通过电容 C_2 传递到输出端，提供给负载。耦合电容 C_1、C_2 要求足够大，使得交流信号在耦合电容上的压降小到可以忽略不计。耦合电容 C_1、C_2 一般为几微法到几十微法，通常采用有极性的电解电容，使用时要注意其极性。显然，在直流放大电路中，不能有耦合电容 C_1 和 C_2。

图 10-2 所示的是由 NPN 型三极管构成的放大电路，如果改用 PNP 型三极管，只需改变集电极电源 U_{CC} 和耦合电容 C_1、C_2 的极性即可，如图 10-3 所示。

10.2.2　放大电路的工作过程

放大器在输入端不加输入信号时的工作状态称为**静态**。静态时的基极电流也称**偏置电流**，简称**偏流**。此时，三极管各极电压和电流都是直流。由于电容 C_1、C_2 的隔直作用，输入端(信号源)和输出端(负载)没有直流电流和电压。

放大器在输入端加上输入信号时的工作状态称为**动态**。交流输入信号 u_i 通过电容 C_1 耦合到三极管的发射结，但发射结始终保持正偏。发射结电压 u_{BE} 可以分解为两个分量：由直流电源 U_{CC} 产生的静态直流分量 U_{BE} 和由输入信号引起的交变分量 u_{be}，即 $u_{BE}=U_{BE}+u_{be}$。

放大电路的
工作原理

在进行放大电路的分析时，规定小写字母加小写下标表示**动态交流分量的瞬时值**，如 i_b、i_c、u_{be}；大写字母加大写下标表示**静态直流分量**，如 I_B、I_C、U_{BE}；小写字母加大写下标表示**动态时的总量**，即直流分量和交流分量总和的瞬时值，如 i_B、i_C、u_{BE}。

放大器的具体工作过程及波形详见二维码中的内容。

从以上的分析可以看出，放大电路可分为静态和动态两种工作状态。在静态时，需要设置偏置电阻以产生合适的偏流 I_B，建立合适的**静态工作点**(即合适的 I_B、I_C 和 U_{CE})，保证输出信号不失真。在动态时，要保证输入信号能耦合到三极管的发射结两端，选择合适的集电极电阻把三极管的电流放大转换为电压放大，并将放大后的信号输送出去。因而，放大电路的分析也分为静态分析和动态分析两部分。

10.3　放大电路的静态工作点

静态时，在三极管的输入特性和输出特性上所对应的工作点称为**静态工作点**，用 Q 表示。静态工作点不仅与三极管的特性曲线有关，也与放大电路的结构和参数有关。

由放大电路求得偏置电流 I_B 后，就可以在输入特性曲线上确定静态工作点 Q，并求出发射结电压 U_{BE}，如图 10-4(a)所示。

在输出特性上，集电极电流 I_C 与集-射间电压 U_{CE} 之间既要满足三极管的输出特性，又要满足方程 $U_{CE}=U_{CC}-I_CR_C$，这一线性方程所对应的直线称为**直流负载线**。静态工作点应位于直流负载线与 I_B 所对应的输出特性的交点上，如图 10-4(b)中 Q 点所示。由该点可求得集电极电流 I_C 和集-射间电压 U_{CE}。

放大电路的
非线性失真

静态工作点选择是否合适，会影响到放大电路能否正常工作。当偏置电流 I_B 太小，即静态工作点太低时(如图 10-4(b)中的 Q_2 点)，容易产生**截止失真**；当偏置电流 I_B 太大，即静态工作点太高时(如图 10-4(b)中的 Q_1 点)，容易产生**饱和失真**。截止失真和饱和失真的相关波形图详见二维码中的内容。

截止失真和饱和失真都是由三极管的非线性所引起的，统称为**非线性失真**。为避免非线性失真，静态工作点应合理选择，以保证在输入信号的整个周期内三极管都处于放大状态。关于放大电路的失真，在 10.6 节中还会进行进一步的讨论。

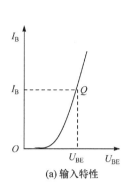
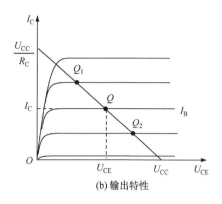

(a) 输入特性　　　　　　　　　　(b) 输出特性

图 10-4　静态工作点

10.4　放大电路的性能指标

放大电路的性能指标决定了放大电路的适用范围和性能的好坏,一个放大电路必须具有良好的性能指标才能较好地完成放大任务。放大电路的性能指标有很多,其中,放大倍数(增益)、输入电阻 r_i 和输出电阻 r_o 是放大电路最主要的三个性能指标。

放大电路的交流等效电路如图 10-5 所示。根据戴维南定理,信号源可以等效为一个电压源 $\dot{U}_S$ 与电阻 R_S 串联的模型,R_S 即为信号源的内阻。对信号源来说,放大电路就是一个负载,因此可以等效为一个电阻 r_i。放大电路和信号源构成一个有源二端网络,对负载来说,可以等效为一个电压源 $\dot{U}'_o$ 与电阻 r_o 串联的模型,因为放大电路的输出电压 $\dot{U}'_o$ 是受输入电压 $\dot{U}_i$ 控制的,因此这个电压源应该是一个受控电压源。

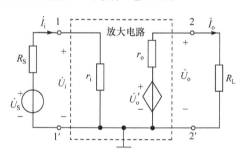

图 10-5　放大电路的交流等效电路

1. 放大倍数

放大倍数又称增益,它是衡量放大电路放大能力的指标。电压放大倍数的计算公式如式(10-1)所示,放大倍数也可以用分贝(dB)来表示

$$|A_u|(\mathrm{dB}) = 20\lg|A_u| \tag{10-3}$$

2. 输入电阻

放大电路的输入电阻是从输入端向放大电路看进去的等效电阻,它等于放大电路输入电压与输入电流之比,即

$$r_{\mathrm{i}} = \frac{\dot{U}_{\mathrm{i}}}{\dot{I}_{\mathrm{i}}} \tag{10-4}$$

对于信号源来说，放大电路的输入电阻就是它的等效负载。

电压源 $\dot{U}_{\mathrm{S}}$ 与输入电压 $\dot{U}_{\mathrm{i}}$ 之间的关系为

$$\dot{U}_{\mathrm{i}} = \frac{r_{\mathrm{i}}}{R_{\mathrm{S}} + r_{\mathrm{i}}} \dot{U}_{\mathrm{S}} \tag{10-5}$$

根据图 10-5 和式(10-1)及式(10-2)，考虑放大电路的输入电阻 r_{i} 和信号源内阻 R_{S}，电压放大倍数 A_{u} 和源电压放大倍数 A_{us} 之间的关系为

$$A_{\mathrm{us}} = \frac{r_{\mathrm{i}}}{R_{\mathrm{S}} + r_{\mathrm{i}}} A_{\mathrm{u}} \tag{10-6}$$

输入电阻 r_{i} 的大小反映了放大电路对信号源的影响程度。输入电阻越大，放大电路从信号源汲取的电流(即输入电流)就越小，信号源内阻上的压降就越小，其实际输入电压就越接近于信号源电压，常称为恒压输入。反之，当要求恒流输入时，必须使 $r_{\mathrm{i}} \ll R_{\mathrm{S}}$；若要求获得最大功率输入，则要求 $r_{\mathrm{i}} = R_{\mathrm{S}}$，称为阻抗匹配。

3. 输出电阻

对负载而言，放大电路相当于一个电源，可等效为一个电压源 $\dot{U}_{\mathrm{o}}'$ 与电阻 r_{o} 串联的模型，这个电阻称为放大电路的输出电阻。输出电阻 r_{o} 的大小反映了放大电路带负载的能力，输出电阻越小，输出电压受负载的影响就越小，若 $r_{\mathrm{o}} = 0$，则输出电压的大小将不受负载电阻 R_{L} 的影响，称为恒压输出。当 $R_{\mathrm{L}} \ll r_{\mathrm{o}}$ 时可近似得到恒流输出。

输出电阻的大小将影响放大电路驱动负载的能力，当放大电路接上负载电阻 R_{L} 时，输出电流 $\dot{I}_{\mathrm{o}}$ 在输出电阻 r_{o} 上会产生压降，使得负载上获得的电压 $\dot{U}_{\mathrm{o}}$ 小于空载时的电压(开路电压) $\dot{U}_{\mathrm{o}}'$，其关系可以表示为

$$\dot{U}_{\mathrm{o}} = \frac{R_{\mathrm{L}}}{r_{\mathrm{o}} + R_{\mathrm{L}}} \dot{U}_{\mathrm{o}}' \tag{10-7}$$

放大电路接负载时的电压放大倍数 A_{u} 和空载时的电压放大倍数 A_{o} 之间的关系为

$$A_{\mathrm{u}} = \frac{R_{\mathrm{L}}}{r_{\mathrm{o}} + R_{\mathrm{L}}} A_{\mathrm{o}} \tag{10-8}$$

可见，接负载后，放大电路的输出电压和电压放大倍数都比空载时有所下降。输出电阻 r_{o} 越小，输出电压 $\dot{U}_{\mathrm{o}}$ 越大越稳定，放大电路带负载的能力也越强，反之则带负载的能力越弱。设计放大电路时，为了输出稳定的输出电压 $\dot{U}_{\mathrm{o}}$，提高负载的驱动能力，要把输出电阻 r_{o} 设计得尽可能小一些。

放大电路
性能的例题

放大电路的其他参数还有速度、功耗、输出功率以及效率等。

10.5   放大电路的频率响应

在实际的放大电路中，半导体器件存在各种各样的电容，电路的连线或者元件也有电感。在直流放大电路中，当考虑放大电路中电容、电感的充放电效应时，放大器的增益不再是一个常数；在交流放大电路中，电容和电感都有相应的容抗和感抗，会对电路中的电压进行分

压或对电流进行分流，放大器的增益也不是一个常数，而是与频率有关的函数，如果输入的是一个频率变化的正弦信号，不仅放大器的增益会随频率变化，而且正弦信号的相位也会受到影响。也就是说，放大器的增益大小和相位都会随频率变化，定义这种关系为放大器的**频率特性**或者**频率响应**。

放大电路的频率特性或频率响应定义为增益与频率(或角频率)之间的关系，即

$$A_u(j\omega) = \frac{\dot{U}_o(j\omega)}{\dot{U}_i(j\omega)} = A_u(\omega)\angle\varphi(\omega) \tag{10-9}$$

式中，ω 为角频率，$A_u(\omega)$ 为增益的模，它与角频率的关系称为**幅频特性**；$\angle\varphi(\omega)$ 为增益的初相位，它与角频率的关系称为**相频特性**。

实际放大电路中，由于耦合电容的存在，放大电路的幅频特性如图 10-6 所示。

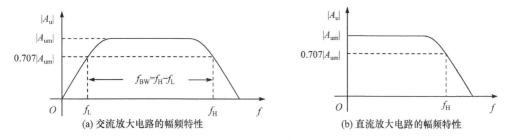

图 10-6　放大电路的幅频特性

从图 10-6(a)可以看出，放大电路的增益在很宽频率范围内(中频区)是一个常数且最大，用 A_{um} 表示。当信号频率较小而使增益下降到 A_{um} 的 $1/\sqrt{2}$(即 0.707)时，对应的频率称为**下限截止频率**，记为 f_L；当信号频率升高而使增益下降到 A_{um} 的 $1/\sqrt{2}$(0.707)时，对应的频率称为**上限截止频率**，记为 f_H。上限频率 f_H 和下限频率 f_L 之间的频带称为**通频带**，记为 f_{BW}。

$$f_{BW} = f_H - f_L \tag{10-10}$$

通频带越宽，说明电路对信号频率的适应能力越强，对于音响设备来说，意味着可以将原乐曲中丰富的高、低音都完美重现。通频带窄对于某些要求一定频率带的信号也有选择作用，用作带通滤波器。

对于直流放大电路来说，下限截止频率为 0，通频带为 f_H，其增益随着频率上升而下降，其幅频特性如图 10-6(b)所示。其主要是半导体器件内部的结电容以及引线的分布电容、分布电感等引起的。容抗与频率成反比，频率很高时相当于短路，感抗与频率成正比，频率很高时相当于开路。这两种情况都会造成信号衰减，因此增益随着频率的增大而下降。许多传感器的输出信号为直流信号或变化缓慢的信号，如压力传感器、温度传感器等，对这些信号进行放大就需要直流放大器。

10.6　放大电路的失真

理想的放大器输出信号的频率、幅度、相位等特性都与输入信号一致或呈线性关系，在实际电路中，由于半导体放大器件工作条件、环境温度改变、晶体管老化、电源电压不稳等因素，输出信号的波形与输入信号的波形特征不再一致，造成**波形失真**，简称**失真**。例如，

在录音再重放时，有时候播放出来的声音与原来的声音不完全一致，原因是某些频率的信号已经丢失或者幅度不能按相同比例进行放大或者不同频率的信号相位不一致。放大电路的波形失真类型有很多，主要有**线性波形失真**和**非线性波形失真**。

放大电路对信号的不同频率分量具有不同的增益幅值或相移，就会使输出波形发生失真。这种失真是由该电路的线性电抗元件对不同频率具有不同的响应而引起的，因此称为**线性波形失真**，又称**频率失真**。线性失真又可分为**幅度失真**和**相位失真**。线性失真时，输出信号中不会有输入信号中所没有的新的频率分量，各个频率的输出波形也不会变化。

非线性波形失真表现为输出信号与输入信号不呈线性关系，主要是由电子元器特性曲线的非线性所引起的。非线性失真会产生高次谐波，使输出信号中产生新的谐波成分，改变了原有信号的频谱。因此非线性失真也称为**谐波失真**。

10.7　多级放大电路

由单个三极管或场效应管外加一些电阻电容元件构成的放大电路称为**单级放大电路**。在实际应用中，常常对放大电路的性能有多方面的要求，单级放大电路的电压放大倍数一般只能达到几十倍，往往不能满足实际应用的要求，而且也很难兼顾各项性能指标。这时，可以选择多个基本放大电路，将它们合理连接，构成多级放大电路，如图 10-7 所示。

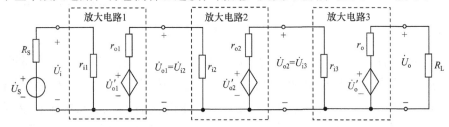

图 10-7　多级放大电路

多级放大电路一般分为输入级、中间级和输出级三部分。与信号源相连接的第一级放大电路称为**输入级**；与负载相连接的末级放大电路称为**输出级**；输入级与输出级之间的放大电路统称为**中间级**。输入级与中间级的位置处在整个放大电路的前几级，故又称为前置级，前置级一般都属于小信号工作状态，主要进行电压放大；输出级是大信号放大，常采用功率放大电路。

1. 多级放大电路的耦合

在多级放大电路中，级与级之间的连接方式称为**耦合**。在选择耦合方式时，应尽量使信号传递过程中的损失最小，同时使各个放大电路的直流工作状态不受影响。常见的耦合方式有直接耦合、阻容耦合、变压器耦合和光电耦合等。

由于温度、频率等的影响，直接耦合的多级放大电路在输入信号为零时，输出端的电位会偏离初始设定值，产生缓慢而不规则的波动，这种输出端电位的波动现象就称为**零点漂移**(简称零漂)，又称温漂。

2. 多级放大电路的增益

按照定义，多级放大电路的电压增益为 $A_u = \dfrac{\dot{U}_o}{\dot{U}_i}$。以图 10-7 所示的三级放大电路为例，

考虑到 $\dot{U}_{o1}$ 和 $\dot{U}_{o2}$ ，电压增益可以改写为

$$A_{u} = \frac{\dot{U}_{o}}{\dot{U}_{i}} = \frac{\dot{U}_{o1}}{\dot{U}_{i}} \times \frac{\dot{U}_{o2}}{\dot{U}_{o1}} \times \frac{\dot{U}_{o}}{\dot{U}_{o2}} = A_{u1} \times A_{u2} \times A_{u3} \tag{10-11}$$

式中，A_{u1}、A_{u2} 和 A_{u3} 分别为第一级、第二级和第三级放大电路的电压增益。

多级放大电路的电压增益是各级放大电路电压增益的乘积。需要注意的是，计算每一级电压增益时，要考虑放大电路负载的影响，即后一级放大电路的输入电阻就是前一级放大电路的负载电阻。

对整个放大电路来说，多级放大电路的输入电阻即为第一级放大电路的输入电阻，多级放大电路的输出电阻即为末级放大电路的输出电阻。

同样，多级放大电路的电流增益是各级放大电路电流增益的乘积，总的功率增益也是各级放大电路功率增益的乘积。

多级放大
电路例题

10.8　差分放大电路

由于放大器件的特性容易受到温度、噪声等因素的影响，应用差分放大器可以减少噪声的干扰。差分放大器也称**差动放大器**，是一种将两个输入端电压的差以一固定增益放大的放大电路。

图 10-8 是用两个三极管构成的差分放大电路的原理图。电路结构对称，两个三极管的特性和对应电阻的参数都相同。输入信号 u_{i1} 和 u_{i2} 分别从两个三极管的基极输入，输出信号取自两个三极管的集电极。

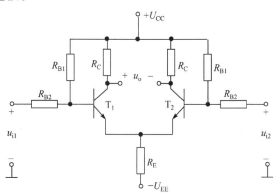

图 10-8　差分放大电路原理图

在静态时，$u_{i1} = u_{i2} = 0$，由于电路的对称性，两个三极管的集电极电流相等，$I_{C1} = I_{C2}$，集电极电位也相等，$U_{C1} = U_{C2}$。因此，输出电压 $u_{o} = U_{C1} - U_{C2} = 0$。

当温度升高时，两个三极管的集电极电流都增大，集电极电位都下降，但变化量是相同的，即

$$\Delta I_{C1} = \Delta I_{C2}, \qquad \Delta U_{C1} = \Delta U_{C2}$$

因此，虽然每个三极管都产生了零点漂移，但由于两个集电极电位的变化是相同的，所

以输出电压仍为零, 即

$$u_o = (U_{C1} + \Delta U_{C1}) - (U_{C2} + \Delta U_{C2}) = 0$$

零点漂移被完全抑制了。对称差分放大电路能抑制零漂是它最突出的优点, 因此也常被用作多级直接耦合放大电路的输入级。

在分析差分放大电路时, 经常会用到差模电压 u_{id} 和共模电压 u_{ic} 这两个概念。

输入电压 u_{i1} 与 u_{i2} 之差称为**差模电压**, 即

$$u_{id} = u_{i1} - u_{i2} \tag{10-12}$$

输入电压 u_{i1} 与 u_{i2} 的算术平均值称为**共模电压**, 即

$$u_{ic} = \frac{u_{i1} + u_{i2}}{2} \tag{10-13}$$

当用差模电压和共模电压表示输入电压时, 有

$$u_{i1} = u_{ic} + \frac{u_{id}}{2}, \quad u_{i2} = u_{ic} - \frac{u_{id}}{2} \tag{10-14}$$

差分放大电路的输出电压 u_o 与差模输入电压 u_{id} 之比, 称为**差模电压放大倍数**, 或**差模电压增益**, 用 A_{ud} 表示, 即

$$A_{ud} = \frac{u_o}{u_{id}} \tag{10-15}$$

差分放大电路的输出电压 u_o 与共模输入电压 u_{ic} 之比, 称为**共模电压放大倍数**, 或**共模电压增益**, 用 A_{uc} 表示, 即

$$A_{uc} = \frac{u_o}{u_{ic}} \tag{10-16}$$

为了全面衡量差分放大电路对差模信号的放大能力和对共模信号的抑制能力, 引入共模抑制比 K_{CMR}。**共模抑制比**定义为差模电压放大倍数 A_{ud} 与共模电压放大倍数 A_{uc} 之比的绝对值, 即

$$K_{CMR} = \left| \frac{A_{ud}}{A_{uc}} \right| \tag{10-17}$$

用分贝表示时

$$K_{CMR} = 20 \lg \left| \frac{A_{ud}}{A_{uc}} \right| \quad \text{dB} \tag{10-18}$$

对理想的放大器来说, 共模增益为零, 共模抑制比为无穷大, 即只对差模信号进行放大, 而对共模信号完全抑制。对实际电路来说, 由于器件不可能完全对称, 共模增益不可能为零, 共模抑制比也不是无穷大。

对于实际差分放大器来说, 共模抑制比越大, 共模信号对差分放大器的性能影响越小, 因此, 希望共模抑制比越大越好。

习　题

10-1　根据输入信号和输出信号的不同, 放大电路可以分为哪几类?

10-2　简述放大电路中静态、动态和静态工作点的概念。

10-3　简述图 10-2 所示放大电路是怎么放大电压信号的。

10-4　静态工作点的选择对放大电路有什么影响？

10-5　根据输出信号的波形，怎么区别截止失真和饱和失真？

10-6　如果要求放大器负载两端的电压与输入信号成正比，放大器的输出电阻该怎么设计？如果要求流过负载的电流与输入信号成正比，放大器的输出电阻又该怎么设计？

10-7　某一电压放大电路，空载时输出电压为 10V，接负载电阻 R_L=1kΩ 时，输出电压为 8V。求该放大电路的输出电阻 r_o。

10-8　某放大电路空载时的电压放大倍数 A_o=500，输入电阻 r_i=2kΩ，输出电阻 r_o=25Ω，信号源 U_S=20mV，内阻 R_S=500Ω。负载电阻 R_L=75Ω。求：(1)电压增益 A_u；(2)源电压增益 A_{us}；(3)电流增益 A_i；(4)功率增益 A_P。

10-9　假设放大电路的负载电阻可变，则当负载电阻为多大时，放大电路的输出功率最大？

10-10　根据图 10-6(a)所示的频率特性曲线，简述在低频段和高频段电压放大倍数下降的原因。

10-11　通常音频信号的频率范围为 20Hz～20kHz，如果要设计一个音频放大器，应如何设定截止频率？

10-12　某直流放大电路的中频增益 A_{u1}=100，上限截止频率 f_H=20kHz。如果将这样的两个放大器级联起来，求：(1)级联后总的中频增益 A_u；(2)在截止频率处的总增益 A_{ufH}。

10-13　简述放大电路的幅度失真和相位失真。

10-14　什么是谐波失真(非线性失真)？产生谐波失真的原因是什么？

10-15　线性失真与非线性失真的根本区别是什么？

10-16　多级放大电路的输入电阻、输出电阻和电压放大倍数与每一级放大电路的参数有什么关系？

10-17　多级放大电路有哪几种耦合方式？

10-18　一个两级放大电路，信号源内阻 R_S=47kΩ；第一级放大电路的空载电压放大倍数 A_{o1}=50，输入电阻 r_{i1}=3kΩ，输出电阻 r_{o1}=1kΩ；第二级放大电路的空载电压放大倍数 A_{o2}=100，输入电阻 r_{i2}=300kΩ，输出电阻 r_{o2}=2kΩ；负载电阻 R_L=1kΩ。求这个两级放大电路的输入电阻 r_i、输出电阻 r_o、空载电压放大倍数 A_o、负载电压放大倍数 A_u 和源电压放大倍数 A_{us}。

10-19　如果改变题 10-18 中两个放大电路的级联顺序，负载电阻不变，重新计算放大电路的输入电阻 r_i、输出电阻 r_o 和空载电压放大倍数 A_o、负载电压放大倍数 A_u 和源电压放大倍数 A_{us}。比较这两种情况的源电压放大倍数，可以得出怎样的结论？

10-20　一个三级放大电路，每级放大电路的参数都相同，空载电压放大倍数 A_{o1}=40，输入电阻 r_i=2kΩ，输出电阻 r_o=500Ω。求这个三级放大电路的输入电阻 r_i、输出电阻 r_o 和空载电压放大倍数 A_o。

10-21　为什么差分放大电路能抑制零漂？

10-22　一差分放大电路的差模电压增益为 5000，如果在两个输入端同时加上 1V 的信号，测得输出信号为 0.1V。求该放大器的共模电压增益和共模抑制比(用 dB 表示)。

10-23　已知某放大电路的输出信号 u_o 与输入信号 u_{i1}、u_{i2} 之间的关系满足 u_o=100u_{i1}-99u_{i2}。(1)当 u_{i1}=0.05V，u_{i2}=-0.05V 时，求共模输入信号 u_{ic} 和差模输入信号 u_{id}、输出电压 u_o 以及差模电压增益 A_{ud}；(2)当 u_{i1}=u_{i2}=0.05V 时，求共模输入信号 u_{ic} 和差模输入信号 u_{id}、输出电压 u_o 以及共模电压增益 A_{uc}；(3)求共模抑制比 K_{CMR}。

10-24　差分放大器的差模增益 A_{ud}=20，共模增益 A_{uc}=0.1，输入信号 u_{i1} 和 u_{i2} 如图 10-9 所示。画出差模信号 u_{id}、共模信号 u_{ic} 和输出信号 u_o 的波形。

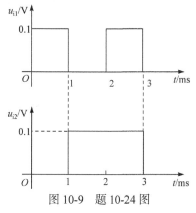

图 10-9　题 10-24 图

习题答案10

第 11 章　集成运算放大器

集成电路是继电子管和晶体管后的第三代新型电子器件，它采用微电子技术将二极管、晶体管、场效应管、电阻等元器件和导线都集成在一小块半导体晶片上，具有一定功能的完整电路。按其集成度，集成电路可分为小规模集成电路、中规模集成电路、大规模集成电路和超大规模集成电路。按其功能，集成电路可分为处理模拟信号(随时间连续变化的信号)的模拟集成电路和处理数字信号(随时间不连续变化的信号)的数字集成电路。

本章主要介绍集成运算放大器的组成、基本特性、放大器中的反馈、基本运算电路、电压比较器以及信号发生电路等内容。

11.1　集成运算放大器概述

集成运算放大器(简称集成运放)最早是应用在模拟计算机中实现运算功能的放大器，因此称为运算放大器。随着半导体集成技术的飞速发展，集成运算放大器的性能不断得到完善，已广泛应用于信号的产生和处理、信号的转换与测量以及自动控制等各个方面，是电子技术中应用最为广泛的电子器件之一。

11.1.1　集成运算放大器的组成

集成运算放大器是一种电压放大倍数很大、采用直接耦合、性能优越的多级放大电路。集成运算放大器通常由输入级、中间级、输出级和偏置电路等四部分组成，如图 11-1 所示。

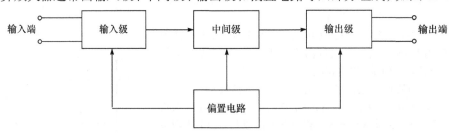

图 11-1　集成运放的组成

输入级通常采用双端输入的差分放大电路，这样能有效地克服温漂问题，同时还具有高输入电阻和良好的抗干扰能力。

中间级主要完成电压放大任务，一般采用共射放大电路，常由多级放大电路组成，使得集成运放的电压放大倍数可达 $10^4 \sim 10^6$。

输出级主要进行功率放大，使集成运放具有一定的驱动能力，即在保证输出电压稳定的条件下，能提供一定的输出电流，输出电阻尽可能小。输出级一般采用互补对称的功率放大电路。输出级通常还附带保护电路，以免在过载或者短路时造成损坏。

偏置电路的作用是为各级放大电路提供偏置电流。

11.1.2 集成运算放大器的符号、特性和参数

1. 集成运算放大器的图形符号

集成运算放大器的图形符号如图 11-2 所示，其中图(a)为国标规定的图形符号，图(b)为国际电工委员会(IEC)使用的图形符号。本书采用图 11-2(a)所示的国标图形符号。

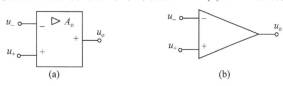

图 11-2 集成运放的图形符号

在图 11-2(a)所示的图形符号中有两个输入端，一个输出端。

左侧 "−" 端称为反相输入端，当信号从该端输入时，输出信号与输入信号相位相反。

左侧 "+" 端称为同相输入端，当信号从该端输入时，输出信号与输入信号相位相同。

右侧 "+" 端称为输出端，信号从该端输出。

图中 "▷" 表示放大器，A_o 表示电压放大倍数。

当信号从反相端与地之间输入，同相输入端接地时，这种输入方式称为**反相输入**；当信号从同相端与地之间输入，反相输入端接地时，这种输入方式称为**同相输入**；如果将两个信号分别从同相端和反相端输入，这种输入方式称为**差分输入**。

实际的集成运算放大器除了上述三个接线端子(引脚)外，还有电源和其他一些接线端子。集成运放在使用时，通常需要加正负电源，如图 11-3(b)所示，这种供电方式称**双电源供电**；有时也可以只加一个正电源，称**单电源供电**。国产 CF741(国外型号为 UA741 或 LM741)集成运放的引脚排列如图 11-3(a)所示，图 11-3(b)为接线原理图，图 11-3(c)为 UA741 的实物图。

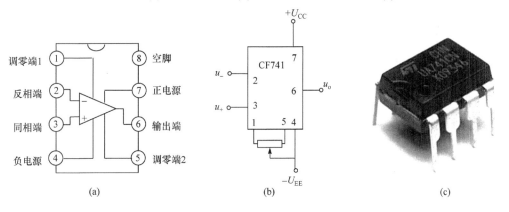

图 11-3 CF741 的功能框图和接线图

2. 集成运算放大器的电压传输特性

集成运算放大器在开环时，输出电压 u_o 与输入电压 u_i 之间的关系曲线 $u_o=f(u_i)$，称为集成运算放大器的**电压传输特性**，如图 11-4 所示，它分成线性区和饱和区两部分。

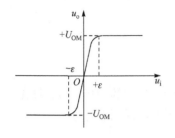

图 11-4　集成运放的电压传输特性

当 $-\varepsilon < u_i < +\varepsilon$ 时，输出电压 u_o 与输入电压 u_i 之间呈线性关系，即

$$u_o = A_o u_i = A_o (u_+ - u_-) \tag{11-1}$$

式中，$u_i = u_+ - u_-$，u_+ 和 u_- 分别为同相输入端和反相输入端对地的电压。

当 $u_i > +\varepsilon$ 或 $u_i < -\varepsilon$ 时，运放输出达到饱和状态，分别输出正饱和电压 $+U_{OM}$ 和负饱和电压 $-U_{OM}$。考虑到输出级管子的饱和压降，正(负)饱和电压通常比电源电压小 $1 \sim 2V$。

集成运放在应用时，工作于线性区的称为线性应用，工作于饱和区的称为非线性应用。从电压传输特性中可以看出，运放的线性范围非常小。假设运放的开环电压放大倍数 $A_o = 10^5$，电源电压为 12V，运放输出的正(负)饱和电压约为 $\pm 10V$，通过计算可得 $\varepsilon = 0.1mV$。因此，运放在开环使用时，即使输入信号很小，由于外部干扰等，很难实现输出电压与输入电压的线性关系。因此，集成运放只有引入深度负反馈(见 11.2 节)，才能使其工作在线性区。

集成运放的
主要参数

3. 集成运算放大器的主要参数

集成运算放大器的主要参数有输入失调电压 U_{IO}、输入偏置电流 I_{IB}、输入失调电流 I_{IO}、开环差模电压放大倍数 A_o、最大差模输入电压 U_{idmax}、最大共模输入电压 U_{icmax}、最大输出电压 U_{omax}、最大输出电流 I_{omax}、共模抑制比 K_{CMR}、输入电阻 r_i 和输出电阻 r_o 等，详见二维码中的内容。

11.1.3　理想运算放大器

实际的集成运算放大器的开环电压放大倍数非常大，输入电阻非常大，输出电阻非常小。因此在实际应用中，可用理想的运算放大器来代替实际的运算放大器。

将实际运算放大器理想化，需要满足以下这些条件：

(1) 开环电压放大倍数 $A_o \rightarrow \infty$；

(2) 输入电阻 $r_i \rightarrow \infty$；

(3) 输出电阻 $r_o \rightarrow 0$；

(4) 共模抑制比 $K_{CMR} \rightarrow \infty$。

将实际运算放大器图形符号中 A_o 改为 ∞，即为理想运算放大器的图形符号，如图 11-5(a) 所示，图 11-5(b) 是理想运放的电压传输特性。

集成运放的基本
概念和分析方法

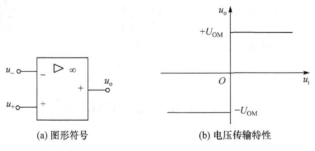

(a) 图形符号　　　　　　(b) 电压传输特性

图 11-5　理想运放的图形符号和电压传输特性

理想运算放大器开环时，工作在非线性区，即

当 $u_+ > u_-$ 时，$u_o = +U_{OM}$。

当 $u_+ < u_-$ 时，$u_o = -U_{OM}$。

在引入深度负反馈(见 11.2 节)后，理想运放工作在线性区，利用理想运放的特性可以推导出以下结论。

(1) 由于理想运放的开环电压放大倍数 $A_o \to \infty$，而输出电压为有限值，因此

$$u_i = u_+ - u_- = \frac{u_o}{A_o} = 0$$

即
$$u_+ = u_- \tag{11-2}$$

式(11-2)说明，理想运放的两个输入端的电位相等，就好像是短路一样，但实际上并没有真正的短路，因此称为"**虚短**"。运算放大器只有工作在线性区，才存在"虚短"的特性。

(2) 由于理想运算放大器的输入电阻 $r_i \to \infty$，因此同相输入端电流 i_+ 和反相输入端的电流 i_- 为零，即

$$i_+ = i_- = 0 \tag{11-3}$$

式(11-3)说明，理想运放两个输入端的电流为零，就好像是断路一样，但实际上并没有真正的断路，因此称为"**虚断**"。无论理想运放是否工作在线性区，都具有"虚断"的特性。

(3) 由于理想运算放大器的输出电阻 $r_o \to 0$，因此运算放大器带负载与不带负载时的输出电压相同，即输出电压不受负载的影响。

当运算放大器工作在线性区时，利用上述三个特性可简化对含有运放电路的分析计算工作。

11.2　放大电路的负反馈

11.2.1　反馈的基本概念

将电路的输出信号(电压或电流)的一部分或全部通过某一电路或元件送回到电路的输入端，这种措施称为**反馈**。实现这一反馈的电路或元件称为反馈电路。反馈电路的示意图如图 11-6 所示。

图中 x_i 为输入信号，x_o 为输出信号，x_f 为反馈信号，x_d 称为净输入信号。

如果反馈信号的引入使得净输入信号 x_d 减小，即 $x_d = x_i - x_f$，这种反馈称为**负反馈**。如果反馈信号的引入使得净输入信号 x_d 增大，即 $x_d = x_i + x_f$，这种反馈称为**正反馈**。

具有反馈的放大电路称为**闭环放大电路**，此时输出信号 x_o 与输入信号 x_i 之比称为**闭环电压放大倍数**，用 A_f 表示，即

$$A_f = \frac{x_o}{x_i} \tag{11-4}$$

没有反馈的放大电路称为**开环放大电路**，此时基本放大电路的输出信号 x_o 与净输入信号 x_d 之比称为**开环电压放大倍数**，用 A_o 表示，即

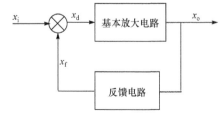

图 11-6　反馈电路示意图

$$A_o = \frac{x_o}{x_d} \tag{11-5}$$

反馈信号与输出信号之比称为**反馈系数**，用 F 表示，即

$$F = \frac{x_f}{x_o} \tag{11-6}$$

在负反馈电路中，综合式(11-4)~式(11-6)可得

$$A_f = \frac{x_o}{x_i} = \frac{A_o x_d}{x_d + x_f} = \frac{A_o}{1 + \frac{x_f}{x_d}} = \frac{A_o}{1 + FA_o} \tag{11-7}$$

显然，引入负反馈后，放大电路的放大倍数减小，$|1+FA_o|$ 称为**反馈深度**，当 $|1+FA_o| \gg 1$ 时，称为**深度负反馈**。此时，闭环电压放大倍数为

$$A_f = \frac{A_o}{1 + FA_o} \approx \frac{1}{F} \tag{11-8}$$

式(11-8)说明，在深度负反馈时，放大电路的闭环电压放大倍数 A_f 只与反馈系数 F 有关。

11.2.2　反馈的分类与判别

反馈可以从不同的角度进行分类。按照反馈信号极性的不同，可以分为正反馈和负反馈；按照基本放大电路和反馈电路在输入端连接方式的不同，可以分为串联反馈和并联反馈；按照反馈信号取样方式的不同，可以分为电压反馈和电流反馈。综合以上的反馈方式，对于负反馈来说，有电压串联负反馈、电压并联负反馈、电流串联负反馈和电流并联负反馈等四种类型。

1. 正反馈与负反馈

正负反馈的判别可以采用**瞬时极性法**。先假设电路输入信号的极性，并以此为依据，逐级判断电路中各相关点的极性，从而得到输出信号的极性；根据输出信号的极性判断出反馈信号的极性；若反馈信号使基本放大电路的净输入信号增大，则说明引入了正反馈；若反馈信号使基本放大电路的净输入信号减小，则说明引入了负反馈。

当反馈电路与输入信号接在运算放大器的同一个输入端时，如图 11-7 和图 11-8 所示，反馈信号与输入信号应该以电流的形式进行比较，即输入信号为 i_i，反馈信号为 i_f，净输入信号为 i_d。

在图 11-7 中，设输入信号的瞬时极性为正，因为输入信号 u_i 是加在同相端的，所以输出信号 u_o 为正，反馈电阻 R_f 上的电压减小，使得反馈信号 i_f 减小，净输入信号 $i_d = i_i - i_f$ 随之增加，引入反馈后使净输入信号增加，因而这个反馈是正反馈。

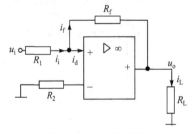

图 11-7　正反馈电路

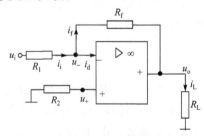

图 11-8　电压并联负反馈电路

当反馈电路与输入信号接在运算放大器的不同输入端时，如图 11-9 和图 11-11 所示，反馈信号与输入信号应该以电压的形式进行比较，即输入信号为 u_i，反馈信号为 u_f，净输入信号为 u_d。

集成运放
的负反馈

在图 11-9 中，设输入信号的瞬时极性为正，因为输入信号 u_i 是加在同相端的，所以输出信号 u_o 为正，使得反馈信号 u_f 增加，净输入信号 $u_d=u_i-u_f$ 随之减小，引入反馈后使净输入信号减小，因而这个反馈是负反馈。

对于只有一个集成运放构成的放大电路，如果反馈回路接到反相输入端，则为负反馈；如果反馈回路接到同相输入端，则为正反馈。

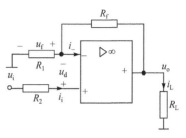

图 11-9　电压串联负反馈电路

2. 串联反馈与并联反馈

串联反馈是指反馈信号与输入信号以串联的形式作用于净输入端。并联反馈是指反馈信号与输入信号以并联的形式作用于净输入端。

串联反馈和并联反馈一般可以根据反馈信号与输入信号的不同比较方式来加以判别。当反馈信号与输入信号是以电流方式进行比较时，说明它们是以并联的形式作用于净输入端，因此为并联反馈。当反馈信号与输入信号是以电压方式进行比较时，说明它们是以串联的形式作用于净输入端，因此为串联反馈。

在图 11-8 中，电阻 R_f 构成反馈网络，图 11-10 中负载电阻 R_L 和电阻 R_f、R_3 构成反馈网络，它们都接到集成运放的反相输入端，因此都是负反馈。

在输入回路中，输入信号、反馈信号和净输入信号以电流的形式相加减，即 $i_d=i_i-i_f$，因此都是并联反馈。

在图 11-9 中，电阻 R_f 和 R_1 构成反馈网络，在图 11-11 中负载电阻 R_L 和电阻 R_f 构成反馈网络，它们都接到集成运放的反相输入端，因此也都是负反馈。

在输入回路中，输入信号、反馈信号和净输入信号以电压的形式相加减，即 $u_d=u_i-u_f$，因此都是串联反馈。

对于由集成运算放大器构成的放大电路来说，串联反馈和并联反馈也可以用下述方法进行判别：反馈电路与输入信号接在运算放大器的同一个输入端时为并联反馈，反馈电路与输入信号接在运算放大器的不同输入端时为串联反馈。

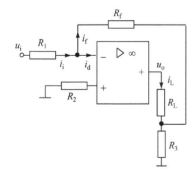

图 11-10　电流并联负反馈电路

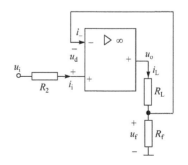

图 11-11　电流串联负反馈电路

反馈类型
的判别

3. 电压反馈与电流反馈

电压反馈是指反馈信号取自输出电压，与输出电压成正比，电流反馈是指反馈信号取自输出电流，与输出电流成正比。

在图 11-8 所示电路中，利用集成运放"虚短"的性质可知 $u_-=u_+=0$，因此 $i_f=-u_o/R_f$，即反馈信号 i_f 与输出电压 u_o 成正比，因此是电压反馈。

在图 11-9 所示电路中，利用集成运放"虚断"的性质可知 $i_-=0$，电阻 R_f 和 R_1 可以看成是串联的关系，因而有 $u_f=u_o\times R_1/(R_1+R_f)$，即反馈信号 u_f 与输出电压 u_o 成正比，因此也是电压反馈。

在图 11-10 所示电路中，同样利用集成运放"虚短"的性质可知 $u_+=0$，电阻 R_3 与 R_f 可以看成是并联的关系，因而有 $i_f=-i_L\times R_3/(R_3+R_f)$，即反馈信号 i_f 与输出电流 i_L 成正比，因此是电流反馈。

在图 11-11 所示电路中，利用集成运放"虚断"的性质可知 $i_-=0$，电阻 R_L 和 R_f 可以看成是串联的关系，因而有 $u_f=i_L\times R_f$，即反馈信号 u_f 与输出电流 i_L 成正比，因此是电流反馈。

电压反馈和电流反馈也可以按照以下两种方法进行判别：假设负载电阻 R_L 开路，如果这时的反馈信号等于零，说明它与负载电流 i_L 成正比，为电流反馈；如果反馈信号不为零，说明它与输出电压 u_o 成正比，为电压反馈。也可以假设负载电阻 R_L 短路(注意只是 R_L 短路，而不一定是输出端与地短路)，如果这时反馈信号等于零，说明它与输出电压 u_o 成正比，为电压反馈；如果反馈信号不为零，说明它与负载电流成正比，为电流反馈。

如图 11-8 中，当负载电阻 R_L 断开时，反馈信号 i_f 不为零，因此是电压反馈；在图 11-11 中，当负载电阻 R_L 断开后，反馈信号 $u_f=0$，因此是电流反馈。

电压负反馈能使输出电压保持恒定，而电流负反馈能使输出电流保持恒定，具体分析见 11.2.3 节。

集成运放
反馈的例题

对于由集成运算放大器构成的放大电路来说，如果反馈电路的一端直接连接在运放的输出端，则为电压反馈。

根据上述原则，可以分别判断出图 11-8～图 11-11 所示各图的反馈类型。

11.2.3 负反馈对放大电路性能的影响

在 11.2.1 节中，对采用负反馈的放大电路的电压放大倍数进行了分析。放大电路引入负反馈后，使净输入信号减小，导致输出信号也相应减小，因而使放大电路的电压放大倍数下降，但它能在多方面改善放大电路的性能。

负反馈对放大电路的影响主要体现在以下几个方面。

(1) 提高放大倍数的稳定性。

(2) 改善放大电路的非线性失真。

(3) 扩展放大电路的通频带。

(4) 改变放大电路的输入电阻和输出电阻。

负反馈对放大
电路的影响

电压负反馈能稳定输出电压，具有恒压输出的特性，使输出电阻 r_o 减小；电流负反馈能稳定输出电流，具有恒流输出的特性，使输出电阻 r_o 增大。并联负反馈使输入电阻 r_i 减小；串联负反馈使输入电阻 r_i 增大。

11.3　基本运算电路

集成运算放大器在引入深度负反馈后，便可工作在线性区，能对信号进行比例、加法、减法、微分和积分等运算。当运放工作在线性区时，具有"虚短"和"虚断"的特性，即满足式(11-2)和式(11-3)，利用这两个特性，可以方便地推导这些运算电路输出信号与输入信号之间的关系。

11.3.1　比例运算电路

1. 反相比例运算电路

反相比例运算电路如图 11-12 所示。输入信号 u_i 经电阻 R_1 加到运放的反相输入端，反馈电阻 R_f 构成电压并联负反馈，同相输入端经电阻 R_2 接地。

下面利用运放工作在线性区时的"虚断"和"虚短"这两个特性，来推导反相比例运算电路输出电压 u_o 与输入电压 u_i 之间的关系。

因为"虚断"，所以 $i_+=0$，$i_-=0$。从而可得

$$u_+ = 0, \qquad i_i = i_f \tag{11-9}$$

又因为"虚短"，可得 $u_-=u_+=0$。反相输入端虽然没有接地，但因为该点电位为零，就好像是接地一样，故常称该点为"**虚地**"。因此

$$i_i = u_i / R_1, \qquad i_f = -u_o / R_f$$

代入式(11-9)，可得输出电压与输入电压的关系为

$$u_o = -\frac{R_f}{R_1} u_i \tag{11-10}$$

闭环电压放大倍数

$$A_u = \frac{u_o}{u_i} = -\frac{R_f}{R_1} \tag{11-11}$$

式(11-11)表明，输出电压 u_o 与输入电压 u_i 是一种比例运算关系，且其闭环电压放大倍数只取决于电阻 R_f 与 R_1 的比值，而与运放本身的参数无关，这样就能保证闭环电压放大倍数的精度和稳定性。式中的负号表示输出电压 u_o 与输入电压 u_i 的极性相反。

通常集成运放的输入级都是采用差分放大电路，为了保证电路的对称性，要求同相端和反相端向外看的等效电阻也相同。因此，图 11-12 中同相端的电阻

$$R_2 = R_1 // R_f \tag{11-12}$$

R_2 通常也称为**平衡电阻**。一般情况下，电阻 R_1 和 R_f 的取值范围为几千欧到几百千欧。

如果取 $R_1=R_f$，则 $u_o=-u_i$，即 $A_u=-1$，输出电压与输入电压大小相等，相位相反，此时的电路称为**反相器**。

反相比例运算电路的输入电阻

$$r_i = \frac{u_i}{i_i} = R_1 \tag{11-13}$$

由于是电压负反馈，因此反相比例运算电路的输出电阻较小。

2. 同相比例运算电路

同相比例运算电路如图 11-13 所示。输入信号 u_i 经电阻 R_2 加到运放的同相输入端，电阻 R_1 和 R_f 构成电压串联负反馈。

比例运算
电路

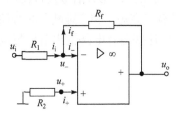
图 11-12　反相比例运算电路

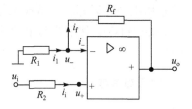
图 11-13　同相比例运算电路

同样可以利用运放工作在线性区时的"虚断"和"虚短"这两个特性，来推导同相比例运算电路输出电压 u_o 与输入电压 u_i 之间的关系。

因为"虚断"，所以 $i_i=0$，$i_-=0$。从而可得

比例运算
电路例题

$$u_+ = u_i, \qquad i_1 = i_f \tag{11-14}$$

又因为"虚短"，可得 $u_-=u_+=u_i$。（注意，此时反相输入端的电位不为零，不是"虚地"。）因此

$$i_1 = -u_i/R_1, \qquad i_f = (u_i - u_o)/R_f$$

代入式(11-14)，可得输出电压与输入电压的关系为

$$u_o = \left(1+\frac{R_f}{R_1}\right)u_i \tag{11-15}$$

闭环电压放大倍数

$$A_u = \frac{u_o}{u_i} = 1+\frac{R_f}{R_1} \tag{11-16}$$

式(11-16)表明，输出电压 u_o 与输入电压 u_i 是一种比例运算关系，且其闭环电压放大倍数只取决于电阻 R_f 与 R_1 的比值，而与运放本身的参数无关。输出电压 u_o 与输入电压 u_i 的极性相同。同相端的平衡电阻

基本运算
放大电路1

$$R_2 = R_1 // R_f \tag{11-17}$$

如果取 $R_1=\infty$ 或 $R_f=0$，则 $u_o=u_i$，即 $A_u=1$，输出电压与输入电压大小相等，相位相同，此时的电路称为**电压跟随器**，如图 11-14 所示。

同相比例运算电路的输入电阻 $r_i=u_i/i_i$，由于 i_i 很小，因此输入电阻很大。由于是电压反馈，因此输出电阻较小。

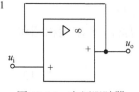
图 11-14　电压跟随器

11.3.2　加法运算电路

加法运算电路如图 11-15 所示，该电路有两个输入信号 u_{i1} 和 u_{i2}。输入信号 u_{i1} 经电阻 R_{11}、输入信号 u_{i2} 经电阻 R_{12} 均加在运放的反相输入端，电阻 R_{11}、R_{12} 和 R_f 构成电压并联负反馈。

加法运算电路同样可以利用运放的"虚断"和"虚短"两个特性来推导输出电压 u_o 与输入电压 u_{i1}、u_{i2} 之间的关系，也可以利用叠加定理来推导该电路的输入输出关系。

当 u_{i1} 单独作用时($u_{i2}=0$)，即 u_{i2} 端接地，因为反相端是"虚地"，R_{12} 两端都是零电位，所以 R_{12} 在电路中不起作用，这时相当于一个反相比例放大电路

$$u_o' = -\frac{R_f}{R_{11}}u_{i1}$$

同理，当 u_{i2} 单独作用时，有

$$u_o'' = -\frac{R_f}{R_{12}}u_{i2}$$

当 u_{i1}、u_{i2} 共同作用时

$$u_o = u_o' + u_o'' = -\frac{R_f}{R_{11}}u_{i1} - \frac{R_f}{R_{12}}u_{i2}$$

当 $R_{11}=R_{12}=R_1$ 时，有

$$u_o = -\frac{R_f}{R_1}(u_{i1}+u_{i2}) \tag{11-18}$$

即输出电压 u_o 与输入电压 u_{i1}、u_{i2} 之和成正比。

如果 $R_1=R_f$，则

$$u_o = -(u_{i1}+u_{i2}) \tag{11-19}$$

平衡电阻 R_2 应为

$$R_2 = R_{11}//R_{12}//R_f \tag{11-20}$$

从上述推导过程可以看出，加法运算电路不限于两个信号输入，它也可以实现多个输入信号的相加。

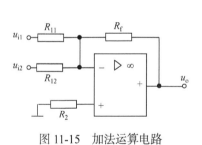

图 11-15　加法运算电路

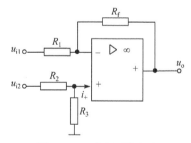

图 11-16　减法运算电路

加法和减法
运算电路

11.3.3　减法运算电路

减法运算电路如图 11-16 所示，该电路也有两个输入信号 u_{i1} 和 u_{i2}。输入信号 u_{i1} 经电阻 R_1 加到运放的反相输入端，输入信号 u_{i2} 经电阻 R_2、R_3 分压后加在运放的同相输入端，电阻 R_1 和 R_f 构成电压负反馈。

同样可以利用叠加定理来推导输出电压与输入电压之间的关系。

当 u_{i1} 单独作用时($u_{i2}=0$)，即 u_{i2} 端接地，这时相当于一个反相比例放大电路

$$u'_o = -\frac{R_f}{R_1}u_{i1}$$

当 u_{i2} 单独作用时(u_{i1}=0)，即 u_{i1} 端接地，这时相当于一个同相比例放大电路。需要注意的是，由于 i_+=0，R_2 与 R_3 是串联的关系，因而输入信号 u_{i2} 经电阻 R_2、R_3 分压后，只有电阻 R_3 上的电压被送到运放同相端进行放大，同相端的电位为

$$u_+ = \frac{R_3}{R_2+R_3}u_{i2}$$

因此

$$u''_o = \left(1+\frac{R_f}{R_1}\right)u_+ = \left(1+\frac{R_f}{R_1}\right)\frac{R_3}{R_2+R_3}u_{i2}$$

当 u_{i1}、u_{i2} 共同作用时

$$u_o = u'_o + u''_o = \left(1+\frac{R_f}{R_1}\right)\frac{R_3}{R_2+R_3}u_{i2} - \frac{R_f}{R_1}u_{i1} \tag{11-21}$$

取 R_1=R_2、R_f=R_3，则有

$$u_o = \frac{R_f}{R_1}(u_{i2}-u_{i1}) \tag{11-22}$$

即输出电压 u_o 与输入电压 u_{i2}、u_{i1} 之差成正比。因此，这种电路也称为差分输入运算电路。

如果 R_1=R_f，则

$$u_o = u_{i2} - u_{i1} \tag{11-23}$$

在图 11-16 中，如将 R_3 断开，则 u_+=u_{i2}，式(11-21)变为

$$u_o = \left(1+\frac{R_f}{R_1}\right)u_{i2} - \frac{R_f}{R_1}u_{i1} \tag{11-24}$$

即为同相比例运算与反相比例运算输出电压的叠加。

图 11-16 所示减法运算电路的输入电阻比较小，为提高输入电阻，也可以采用两个运放来构成减法运算电路，如图 11-17 所示。该电路的两个输入信号都是从集成运放的同相端输入的，因此输入电阻很高。

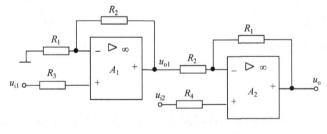

图 11-17　同相输入的减法运算电路

图 11-17 中运放 A_1 构成的是同相比例运算电路

$$u_{o1} = \left(1+\frac{R_2}{R_1}\right)u_{i1}$$

利用叠加定理，可以求得运放 A_2 的输出信号 u_o 与输入信号 u_{i1}、u_{i2} 之间的关系

$$u_o = \left(1 + \frac{R_1}{R_2}\right)u_{i2} - \frac{R_1}{R_2}u_{o1} = \left(1 + \frac{R_1}{R_2}\right)(u_{i2} - u_{i1}) \tag{11-25}$$

11.3.4　积分运算电路

积分运算电路如图 11-18 所示。由于反相输入端为"虚地"，可得

$$i_i = \frac{u_i}{R_1}, \qquad i_f = C\frac{\mathrm{d}u_C}{\mathrm{d}t} = -C\frac{\mathrm{d}u_o}{\mathrm{d}t}$$

再利用"虚断"性质 $i_-=0$，可得

$$i_i = i_f$$

因此有

$$\frac{u_i}{R_1} = -C\frac{\mathrm{d}u_o}{\mathrm{d}t}$$

即

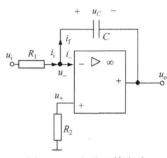

图 11-18　积分运算电路

$$u_o = -\frac{1}{R_1 C}\int u_i \mathrm{d}t \tag{11-26}$$

可见，输出电压 u_o 与输入电压 u_i 的积分成正比。

当输入电压 u_i 为如图 11-19(a)所示的阶跃电压时，输出电压 u_o 为

$$u_o = -\frac{U_1}{R_1 C}t \tag{11-27}$$

因此，输出电压 u_o 随时间线性增加，最后达到负饱和值$-U_{OM}$，如图 11-19(b)所示。

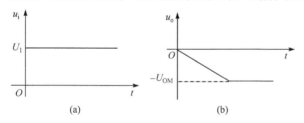

(a)　　　　　　　　　　　(b)

图 11-19　积分运算电路的阶跃响应

在 2.7.2 节中对 RC 电路的充放电过程进行了分析，从图 2-13、图 2-15 和图 2-16 中可以看出，电容上的电压 u_C 是按指数规律变化的，如果把电容电压 u_C 作为输出电压，线性度较差。但在图 11-18 所示的积分电路中，当输入为直流电压时，电容的充放电电流基本是恒定的($i_f \approx i_i \approx U_i/R_1$)，因此输出电压 u_o 与时间 t 成正比(如式 11-27)，提高了它的线性度。

11.3.5　微分运算电路

微分运算电路如图 11-20 所示。由于反相输入端为"虚地"，可得

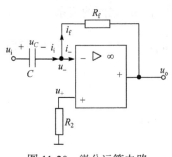

图 11-20 微分运算电路

$$i_i = C\frac{\mathrm{d}u_C}{\mathrm{d}t} = C\frac{\mathrm{d}u_i}{\mathrm{d}t}, \qquad i_f = -\frac{u_o}{R_f}$$

再利用"虚断"性质 $i_- = 0$，可得

$$i_i = i_f$$

因此有

$$C\frac{\mathrm{d}u_i}{\mathrm{d}t} = -\frac{u_o}{R_f}$$

即

$$u_o = -R_f C\frac{\mathrm{d}u_i}{\mathrm{d}t} \tag{11-28}$$

可见，输出电压 u_o 与输入电压 u_i 的微分成正比。

当输入 u_i 为如图 11-21(a)所示的阶跃电压时，输出电压 u_o 为一脉冲电压，如图 11-21(b)所示。即只有在输入信号发生变化时，才有输出信号。

积分、微分
运算电路例题

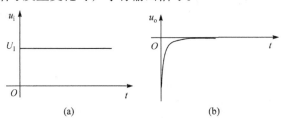

图 11-21 微分运算电路的阶跃响应

11.4 电压比较电路

电压比较电路是将一个模拟输入信号与一个参考电压相比较，并将输出结果用高电平和低电平两种状态表示。在电压比较电路中，集成运放处于开环或正反馈状态，工作于电压传输特性的饱和区，属于集成运放的非线性应用。电压比较电路在越限报警、信号幅值比较、波形变换和模/数转换等方面应用广泛。

11.4.1 单门限电压比较器

将集成运放两个输入端中任何一端加上输入信号 u_i，另一端加上固定的参考电压 U_R(也称门限电压)，就构成了单门限电压比较器。这时输出电压 u_o 与输入信号 u_i 之间的关系曲线称为电压比较器的**电压传输特性**。

在图 11-22(a)中，输入信号 u_i 加在反相端，参考电压 U_R 加在同相端。当 $u_i < U_R$，即 $u_+ > u_-$ 时，集成运放输出正饱和电压(高电平)$+U_{OM}$；当 $u_i > U_R$，即 $u_+ < u_-$ 时，集成运放输出负饱和电压(低电平)$-U_{OM}$，电压传输特性如图 11-22(b)所示。

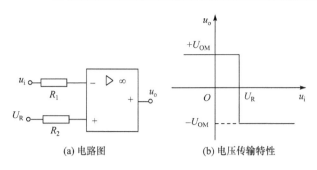

(a) 电路图　　　　(b) 电压传输特性

图 11-22　反相端输入的电压比较器

在图 11-23(a)中，输入信号 u_i 加在同相端，参考电压 U_R 加在反相端。当 $u_i<U_R$，即 $u_+<u_-$ 时，集成运放输出负饱和电压(低电平)$-U_{OM}$；当 $u_i>U_R$，即 $u_+>u_-$ 时，集成运放输出正饱和电压(高电平)$+U_{OM}$，电压传输特性如图 11-23(b)所示。

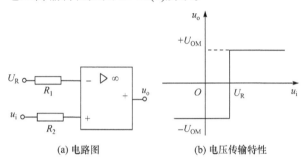

(a) 电路图　　　　(b) 电压传输特性

图 11-23　同相端输入的电压比较器

如果参考电压 $U_R=0$，则在输入信号过零时，输出状态发生变化，这种比较器称为**过零比较器**。利用过零比较器，可把正弦信号转变为方波信号，如图 11-24 所示，在控制系统中常用于检测电压或电流的过零点。

理论上讲，所有的运算放大器都可用作比较器，但目前已有许多专门用于比较器的集成芯片，如 LM339、LM393 等。LM339 是内部含有四个独立电压比较器的集成芯片。该芯片的特点是：失调电压小；电源电压范围宽(2～36V 或±(1～18)V)；对信号源的内阻要求低；共模范围很大；差动输入电压范围较大。LM339 采用集电极开路(OC)输出，它的输出端相当于一只不接集电极电阻的晶体三极管，在使用时需要接一个电阻(称为上拉电阻)到正电源，这样可灵活方便地选用输出端电位。利用 LM339 电压比较器构成的蓄电池电量指示电路详见二维码中的内容。

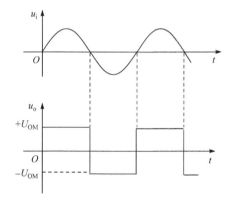

蓄电池电量
指示电路

图 11-24　过零比较器波形

用两个运放还可以构成**双限电压比较器**(简称双限比较器)，也称**窗口比较器**，电路如图 11-25(a)所示(假设 $U_H>U_L$)。

当输入信号 $u_i<U_L$ 时，运放 A_1 输出负饱和电压$-U_{OM}$，运放 A_2 输出正饱和电压$+U_{OM}$，

二极管 D_1 截止，D_2 导通，因此输出电压 $u_o=+U_{OM}$。

当 $U_L<u_i<U_H$ 时，运放 A_1 输出负饱和电压$-U_{OM}$，运放 A_2 也输出负饱和电压$-U_{OM}$，二极管 D_1、D_2 都截止，因此输出电压 $u_o=0$。

当输入信号 $u_i>U_H$ 时，运放 A_1 输出正饱和电压$+U_{OM}$，运放 A_2 输出负饱和电压$-U_{OM}$，二极管 D_1 导通，D_2 截止，因此输出电压 $u_o=+U_{OM}$。

根据上述分析，可得电压传输特性如图 11-25(b)所示。双限电压比较器常用于判断输入信号 u_i 是否在限定的范围($U_L\sim U_H$)内。

集成运放在信号处理中的应用

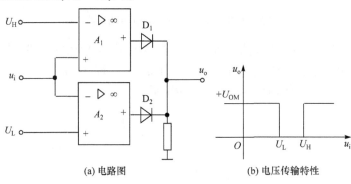

(a) 电路图   (b) 电压传输特性

图 11-25 双限电压比较器

11.4.2 滞回电压比较器

在实际应用时，由于受到各种干扰，输入电压 u_i 有可能在参考电压附近波动，有时大于 U_R，有时小于 U_R，如果采用单门限电压比较器，则它的输出会在高、低电平间来回跳变，这在控制系统中是不允许的。为解决这个问题，可采用滞回电压比较器，它的特点是当输入信号由小变大或由大变小时，有两个不同的门限电压。

滞回电压比较器简称滞回比较器，电路如图 11-26(a)所示。为了加速输出端高、低电平的转换，运放接成正反馈的形式，属于电压串联正反馈。因为是正反馈，所以运放只能工作在非线性区。

电压比较器简介

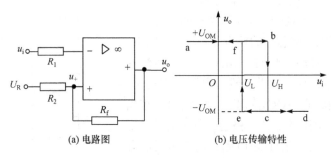

(a) 电路图   (b) 电压传输特性

图 11-26 滞回电压比较器

当运放输出电压 $u_o=+U_{OM}$ 时，同相输入端的电压称为**上限触发电压**，用 U_H 表示。可用分压公式或叠加定理求出 U_H，为

$$U_H = \frac{R_2}{R_2+R_f}(U_{OM}-U_R)+U_R = \frac{R_2}{R_2+R_f}U_{OM}+\frac{R_f}{R_2+R_f}U_R \tag{11-29}$$

当运放输出电压 $u_o=-U_{OM}$ 时，同相输入端的电压称为**下限触发电压**，用 U_L 表示。用同样方法可求得 U_L，为

$$U_L = \frac{R_2}{R_2 + R_f}(-U_{OM} - U_R) + U_R = -\frac{R_2}{R_2 + R_f}U_{OM} + \frac{R_f}{R_2 + R_f}U_R \tag{11-30}$$

在运放输出电压 $u_o=+U_{OM}$ 时，运放同相输入端的电位 $u_+=U_H$，如果输入电压从小逐渐增大到 $u_i>U_H$，则运放的输出电压将从 $+U_{OM}$ 跳变为 $-U_{OM}$，在电压传输特性中按 a→b→c→d 的轨迹变化；在运放输出电压 $u_o=-U_{OM}$ 时，运放同相输入端的电位 $u_+=U_L$，如果输入电压从大逐渐减小到 $u_i<U_L$，则运放的输出电压将从 $-U_{OM}$ 跳变为 $+U_{OM}$，在电压传输特性中按 d→e→f→a 的轨迹变化，如图 11-26(b)所示。

从图 11-26(b)的电压传输特性可以看出，输出电压与输入信号之间的关系可归纳如下：当输入信号 $u_i<U_L$ 时，输出电压为 $+U_{OM}$；当输入电压 $u_i>U_H$ 时，输出电压为 $-U_{OM}$；当输入信号 $U_L<u_i<U_H$ 时，输出电压保持原值不变。

两个触发电压 U_H 与 U_L 之差称为滞回比较器的**滞回电压**或**回差**，用 ΔU 表示

$$\Delta U = U_H - U_L = \frac{2R_2}{R_2 + R_f}U_{OM} \tag{11-31}$$

从式(11-29)～式(11-31)可以看出，改变 R_2 和 R_f 可以同时调节上下限触发电压值和回差，改变参考电压能改变上下限触发电压值，但回差不变。

滞回比较器具有较强的抗干扰能力，只要干扰信号不超过滞回比较器的回差，输出电压是稳定不变的，不会出现在高低电平之间反复跳变的情况。

11.5　信号发生电路

信号发生电路是指在没有外加输入信号时，能自动产生各种周期性波形的电路，通常也称为**振荡电路**。本节主要介绍正弦波振荡电路。

依靠电路自身条件而产生一定频率和幅值的输出信号的现象称为**自激振荡**。下面讨论产生自激振荡的条件。

1. 自激振荡的条件

一个正反馈放大电路的原理框图如图 11-27(a)所示。因为是正反馈，所以有

$$\dot{U}_d = \dot{U}_i + \dot{U}_f$$

图 11-27 中，F 为反馈系数，$\dot{U}_f = F\dot{U}_o$，A_u 为放大电路的电压放大倍数，$\dot{U}_o = A_u\dot{U}_d$。

如果逐渐减小输入信号 $\dot{U}_i$，并同时增大反馈信号 $\dot{U}_f$，保持净输入信号 $\dot{U}_d$ 不变，从而使得输出信号 $\dot{U}_o$ 稳定不变。如果将输入信号 $\dot{U}_i$ 减小到零，仍能保持输出信号 $\dot{U}_o$ 不变，电路就实现了自激振荡，如图 11-27(b)所示。

从图 11-27(b)可以看出 $\dot{U}_d = \dot{U}_f$，而 $\dot{U}_o = A_u\dot{U}_d$，$\dot{U}_f = F\dot{U}_o$，因而有

$$\dot{U}_o / A_u = F\dot{U}_o$$

得

$$A_u F = 1 \tag{11-32}$$

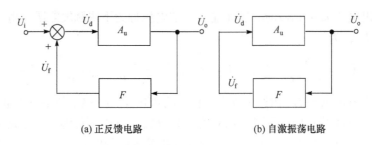

(a) 正反馈电路　　　　　　　　(b) 自激振荡电路

图 11-27　自激振荡电路示意图

正弦波振荡电路

式(11-32)即为产生自激振荡的条件。由于

$$A_u = | A_u | \angle \varphi_A , \qquad F = | F | \angle \varphi_F$$

式(11-32)可改写为

$$| A_u F | \angle \varphi_A + \varphi_F = 1$$

因此，产生自激振荡的条件可分解为幅值和相位两个条件，即

$$| AF | = 1 \tag{11-33}$$

$$\varphi_A + \varphi_F = \pm 2n\pi \tag{11-34}$$

式中，n 为正整数。式(11-33)称为**幅度平衡条件**，式(11-34)称为**相位平衡条件**。要产生自激振荡，必须同时满足这两个条件。

当振荡电路刚接通电源时，会在输入端产生一个微小的扰动信号，这个扰动信号是非正弦信号，可以看成是一系列不同频率的正弦波的合成。为了让信号增大，振荡电路中必须有放大和正反馈环节；为了只对其中某一频率的正弦信号进行放大，同时又能输出一定幅值的正弦波，电路中还必须有选频和稳幅环节。放大、正反馈、选频和稳幅是正弦波振荡电路所必需的四个环节。

2. RC 正弦波振荡电路

正弦波振荡电路是用来产生一定频率和幅度的正弦交流信号。常用的有 LC 振荡电路和 RC 振荡电路两种。LC 振荡电路的振荡频率较高，而 RC 振荡电路的频率较低(最高为几百千赫兹)。正弦波振荡电路常用于正弦波信号发生器、超声波发生器、接近开关和高频感应电炉等。

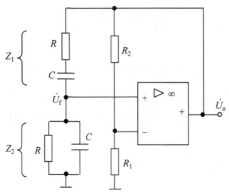

图 11-28　正弦波振荡电路

RC 正弦波振荡电路如图 11-28 所示。电阻 R_2、R_1 接到集成运放的反相输入端，引入负反馈；电阻 R_2、R_1 与集成运放组成了同相比例运算电路，$A_u = 1 + R_2/R_1$，即 $|A_u| = 1 + R_2/R_1$，$\varphi_A = 0°$。电阻 R 和电容 C 组成的串并联电路既是正反馈电路，又是选频电路。输出电压 $\dot{U}_o$ 经 RC 串并联电路分压后得到反馈电压 $\dot{U}_f$，加在运放的同相输入端，作为输入信号。

下面分析 RC 串并联电路中输出电压 $\dot{U}_o$ 与反馈电压 $\dot{U}_f$ 之间的关系，其反馈系数为

$$F = \frac{\dot{U}_f}{\dot{U}_o} = \frac{Z_2}{Z_1 + Z_2} = \frac{R // (-jX_C)}{(R - jX_C) + [R // (-jX_C)]} = \frac{1}{3 + j\frac{R^2 - X_C^2}{RX_C}}$$

为了满足自激振荡的相位平衡条件，输出电压 $\dot{U}_o$ 与反馈电压 $\dot{U}_f$ 必须同相，即 $\varphi_F = 0°$。因此上式分母中的虚数部分必须为零，即

$$R^2 - X_C^2 = 0$$

把 $X_C = 1/(2\pi fC)$ 代入，可得

$$f = \frac{1}{2\pi RC} \tag{11-35}$$

此时，反馈系数 $|F| = 1/3$。为满足自激振荡的幅值平衡条件，同相比例运算电路的放大倍数必须满足 $|A_u| = 3$，即

$$1 + \frac{R_2}{R_1} = 3$$

因此电阻 R_2、R_1 应满足 $R_2 = 2R_1$。

通过上面的分析可以知道，在 $R_2 = 2R_1$ 时，频率 $f = 1/(2\pi RC)$ 的正弦信号能满足自激振荡的条件。或者说，图 11-28 所示的正弦波振荡电路能输出频率 $f = 1/(2\pi RC)$ 的正弦信号。

在起振时，为了能使信号越来越大，应使 $|A_u F| > 1$，即 $|A_u| > 3$，这是自激振荡电路的**起振条件**。随着输出信号的增大，$|A_u|$ 应能自动减小，当输出信号的幅值达到所需要数值时，使 $|A_u| = 1$，这样就能实现自动稳幅。

自动稳幅通常是通过在负反馈回路中加入非线性元件实现的。把图 11-28 所示电路中的反馈电阻 R_2 改为负温度系数的热敏电阻 R_t，就能实现自动稳幅。工作过程如下：在刚开始工作时，热敏电阻 R_t 大于 $2R_1$，$|A_u F| > 1$，满足起振条件，输出信号 u_o 会越来越大；随着输出信号 u_o 的增大，通过热敏电阻 R_t 的电流也增大，R_t 的温度上升，电阻值下降，使得放大倍数 A_u 减小，当 A_u 减小到使得 $|A_u F| = 1$ 时，输出电压 u_o 不再增大，实现了稳幅。

也可以通过二极管来实现自动稳幅，如图 11-29 所示。图中，把原来的电阻 R_2 分成了 R_{21} 和 R_{22} 两部分，$R_{21} + R_{22}$ 略大于 $2R_1$，使得 $|A_u| > 3$，并在 R_{22} 两端正反向并联了两个二极管，每个二极管在正负半周各导通半个周期。在开始工作时，由于输出信号 u_o 很小，二极管都不导通，这时二极管与 R_{22} 并联部分的等效电阻 $R'_{22} \approx R_{22}$，电路开始起振，输出信号逐渐增大。随着输出信号 u_o 的增大，二极管逐渐导通，等效电阻 R'_{22} 减小，放大倍数 A_u 逐渐减小，直到满足等幅振荡的条件，实现自动稳幅。

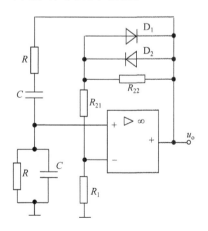

3. 矩形波和三角波发生电路

利用集成运放和 RC 电路的充放电特性，还可以构成矩形波和三角波发生电路。具体的电路和工作原理见二维码中的内容。

图 11-29 二极管稳幅的正弦波振荡电路

矩形波和三角波发生器

习　题

11-1　从运算放大器的内部结构来说，运放一般可以分为哪三级？对各级的要求如何？

11-2　如何识别运放是工作在线性状态还是非线性状态？

11-3　负反馈有哪几种类型？负反馈对放大电路的性能有什么影响？

11-4　电路如图 11-30 所示，理想运放的电源电压为±12V，双向稳压管 U_z=±5V。当输入电压 u_i 在−2～+2V 变化时，输出电压 u_o 怎样变化？

11-5　图 11-31 所示的同相比例运算电路中，已知 R_1=2kΩ，R_F=10kΩ，R_2=2kΩ，R_3=18kΩ，u_i=1V，求 u_o。

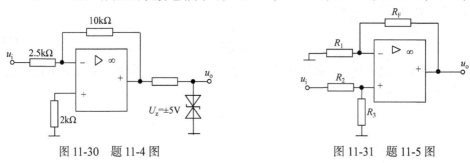

图 11-30　题 11-4 图   图 11-31　题 11-5 图

11-6　电路如图 11-32 所示，已知 u_{i1} = 0.1V，u_{i2} = 0.8V，u_{i3}=−0.2V，R_{11}=60kΩ，R_{12} =30kΩ，R_{13} =20kΩ，R_F = 200kΩ。试计算电路的输出电压 u_o 及平衡电阻 R_2。

11-7　求图 11-33 所示电路中输出电压 u_o 与输入电压 u_i 的运算关系式。

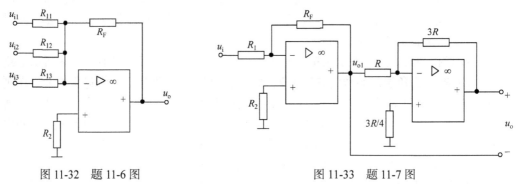

图 11-32　题 11-6 图   图 11-33　题 11-7 图

11-8　试求图 11-34 所示电路输出电压 u_o 与输入电压 u_{i1}、u_{i2}、u_{i3} 的运算关系式，集成运放的共模电压为多少？

11-9　试求图 11-35 所示放大电路的放大倍数 A_{uf}。

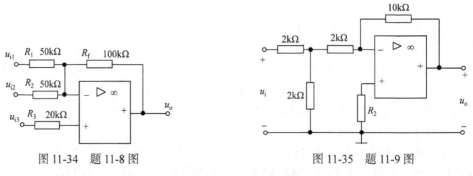

图 11-34　题 11-8 图   图 11-35　题 11-9 图

11-10　理想运算放大器组成如图 11-36 所示电路，试写出输出电压 u_o 与输入电压 u_i 的关系表达式。

11-11　电路如图 11-37 所示，输入电压 u_i=1V，电阻 R_1=R_2=10kΩ，电位器 R_p 的阻值为 20kΩ，试求：

当电位器 R_p 滑动点分别滑动到 A 点、B 点和 C 点(R_p 的中点)时的输出电压 u_o。

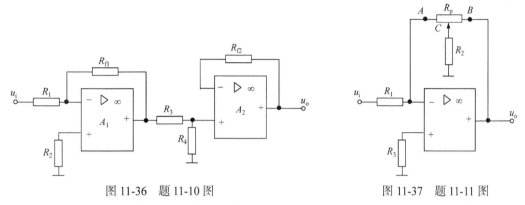

图 11-36 题 11-10 图　　　　　　　　图 11-37 题 11-11 图

题11-11解答

11-12 图 11-38 所示的运放电路中，已知 $u_i=0.1\text{V}$，$R_1=R_2=10\text{k}\Omega$，$R_3=2\text{k}\Omega$，求输出电压 u_o。

11-13 理想运放构成的放大电路如图 11-39 所示。若输入信号为 u_i，为使 $u_o=0$，这些电阻应满足什么关系？

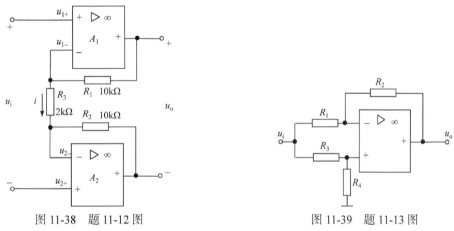

图 11-38 题 11-12 图　　　　　　　　图 11-39 题 11-13 图

11-14 电路如图 11-40 所示，已知 $R_1=R_2=R_3=R_4$，试证明 $u_o=2u_i$。

11-15 已知 $R_1=R_2=R_3=R_F$，试证明图 11-41 所示电路中 $i_L=u_i/R_L$。

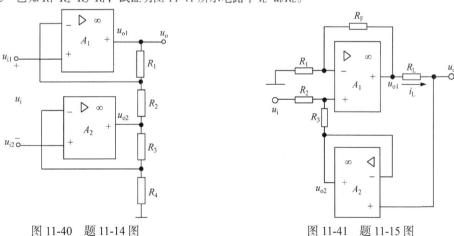

图 11-40 题 11-14 图　　　　　　　　图 11-41 题 11-15 图

11-16 在图 11-42(a)所示电路中，已知输入电压 u_i 的波形如图 11-42(b)所示，当 $t=0$ 时 $u_o=0$。试画出输出电压 u_o 的波形。

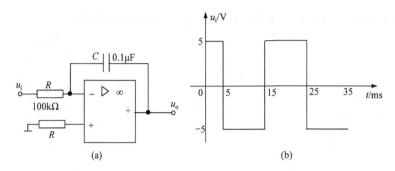

图 11-42   题 11-16 图

11-17   试画出图 11-43 所示电路的电压传输特性。

11-18   电路如图 11-44 所示,其稳压管的稳定电压 $U_{z1}=U_{z2}=6\text{V}$,正向压降忽略不计,参考电压 $U_R=1\text{V}$,输入电压 $u_i=5\sin\omega t$ V,试画出输出电压 u_o 的波形。

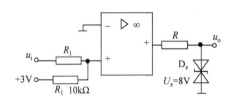

图 11-43   题 11-17 图

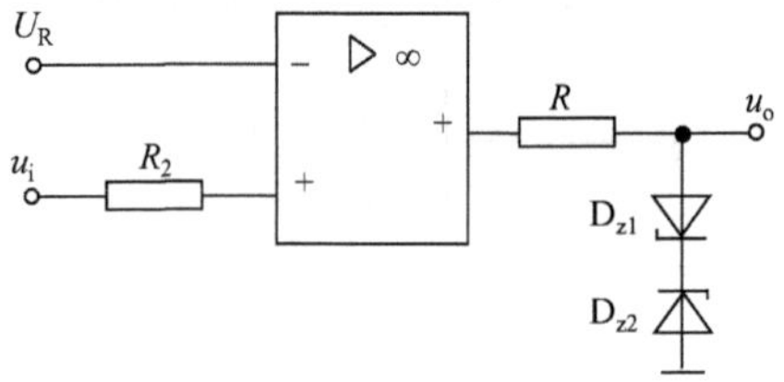

图 11-44   题 11-18 图

11-19   试画出图 11-45 所示电路的电压传输特性。

11-20   方波发生电路如图 11-46 所示。当增大 R_3 和 C 时,输出方波信号的周期会怎样变化? 当增大 U_z 值时,周期又怎样变化?

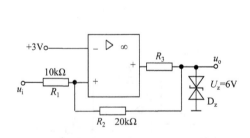

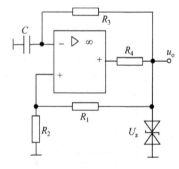

图 11-45   题 11-19 图

图 11-46   题 11-20 图

11-21   试分别求出图 11-47(a)和图 11-47(b)所示电路的电压传输特性。

11-22   图 11-48 是由运算放大器构成的音频信号发生器的简化电路。(1)R_1 大致调到多大才能起振? (2)R_p 为双联电位器,可从 0 调到 14.4kΩ,试求振荡频率的调节范围。

11-23   由运算放大器构成的正弦波振荡电路如图 11-49 所示,已知 $R=160\text{k}\Omega$,$C=0.01\mu\text{F}$。(1)设 $R_1=3\text{k}\Omega$,求满足振荡幅度条件的 R_2 值;为了使电路可靠地起振,起振时 R_2 的值应比计算的大一些还是小一些? 为什么? (2)计算振荡频率 f_0。

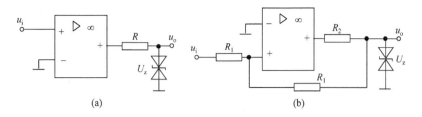

图 11-47 题 11-21 图

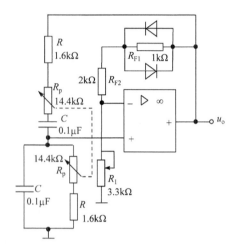

图 11-48 题 11-22 图

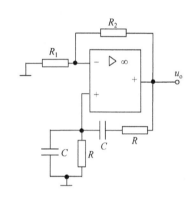

图 11-49 题 11-23 图

习题答案11

第12章 直流稳压电路

稳压电源(stabilized voltage supply)是能为负载提供稳定的交流电或直流电的电子装置，包括交流稳压电源和直流稳压电源两大类。本章在简要介绍直流稳压电源相关知识的基础上，具体分析整流电路、滤波电路以及线性稳压电路和开关型稳压电路的工作原理，详细介绍了三端集成稳压器的相关知识。

12.1 直流稳压电源概述

直流稳压电源的分类方法繁多，按稳压电路是否具有反馈环节，可分为简单稳压电源和反馈型稳压电源；按稳压电路与负载的连接方式不同，可分为串联型稳压电源和并联型稳压电源；按调整管的工作状态不同，又可分为**线性稳压电源**和**开关型稳压电源**等。

线性稳压电源的特点是电路中的功率器件——调整管始终工作在线性区，通过调节调整管的电压降来稳定输出电压。由于调整管静态损耗大，需要一个很大的散热器用于散热。同时还需要一个工频变压器，所以重量较大，体积也较大。

线性稳压电源通常是由变压器、整流电路、滤波电路和稳压电路等几部分组成的，如图 12-1 所示。

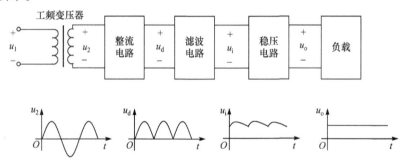

图 12-1 线性稳压电源的结构框图

变压器的作用是把电网电压变换成所需要的交流电压，同时也起到隔离的作用。

整流电路的作用是利用二极管的单向导电性，将交流电变换为方向不变的直流电，但整流电路输出的直流电脉动较大。

滤波电路的作用是将脉动的直流电中的脉动部分(即纹波)滤除，输出较为平滑的直流电。

稳压电路的作用是将较为平滑但不稳定的直流电变为稳定的直流电。

线性稳压电源的优点是输出电压的稳定性高、纹波小、可靠性高、易做成多路输出、输出电压连续可调；缺点是输入电压范围小、体积大、较笨重、效率相对较低。

开关型直流稳压电源(简称开关电源)和线性稳压电源的根本区别在于它的变压器不工

作在工频，而是工作在几十千赫兹到几百千赫兹的高频；功率管工作在开关状态，即工作在饱和区或截止区，开关电源因此而得名。开关电源的电路型式主要有单端反激式，单端正激式、半桥式、推挽式和全桥式等几种。

根据开关管在电路中的连接方式不同，开关电源可分为串联型开关电源、并联型开关电源和脉冲变压器耦合式开关电源。串联型开关电源的开关管(或储能电感)与负载以串联方式连接，并联型开关电源的开关管(或储能电感)与负载以并联方式连接，脉冲变压器耦合式开关电源的开关管与脉冲变压器一次绕组串联后与整流电路并联，负载电路与脉冲变压器的二次绕组并联。

根据开关管的激励方式不同，开关电源又可以分为自激式开关电源和他激式开关电源。自激式开关电源利用电源电路中的正反馈电路来实现自激振荡，启动电源电路工作。他激式开关电源需要专门设计一个振荡器来启动电源电路工作。

脉冲变压器耦合式开关电源的结构框图如图 12-2 所示。

开关电源的优点是体积小、重量轻、稳定可靠、效率高；缺点是相对于线性稳压电源来说输出电压的纹波较大、电磁干扰明显。

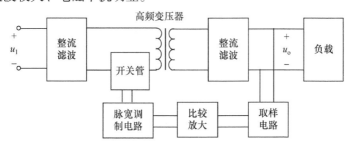

图 12-2　开关电源的结构框图

12.2　整　流　电　路

整流电路(rectifying circuit)是把交流电能转换为直流电能的电路。整流电路主要由整流二极管组成。经过整流之后的电压已经不是交流电压，而是一种含有直流电压和交流电压的混合电压，习惯上称**脉动直流电压**。

按电源的相数不同，整流电路可以分为三相整流电路和单相整流电路，单相整流电路主要有半波整流电路、全波整流电路和桥式整流电路三种。

12.2.1　半波整流电路

半波整流电路是一种最简单的整流电路。它由电源变压器 T、整流二极管 D 和负载电阻 R_L 组成，如图 12-3 所示。变压器把市电变换为所需要的交流电压 u_2，经过二极管 D 把交流电变换为脉动直流电。

假设二极管是理想的，且忽略变压器的内阻，半波整流电路的工作过程如下。设变压器二次绕组电压 $u_2 = \sqrt{2}U_2 \sin\omega t$，波形如图 12-4(a)所示。在 $0\sim\pi$ 时间内，电压 u_2 为正半周，即电压 u_2 的实际方向是上端为正下端为负。此时二极管承受正向电压而导通，负载电阻 R_L

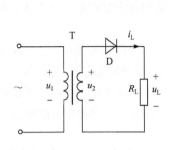

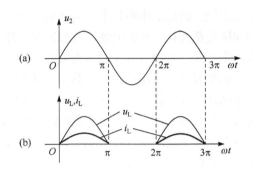

图 12-3　半波整流电路　　　　图 12-4　半波整流电路波形图

上的电压 $u_L=u_2$；在 $\pi\sim2\pi$ 时间内，电压 u_2 为负半周，u_2 的实际方向是下端为正上端为负。这时二极管 D 承受反向电压而截止，负载电阻 R_L 上的电压 $u_L=0$。第二个周期重复第一个周期的过程，这样反复进行，负载电阻 R_L 上只有正半周的电压，负半周被"削"掉了，如图 12-4(b)所示，它是一个单一方向(上正下负)的电压，达到了整流的目的。但负载电压 u_L 以及负载电流 i_L 的大小还是随时间而变化的，通常称它们为脉动直流电。因为是电阻性负载，负载电流 i_L 的波形与电压 u_L 的波形相似。

因为负载上的电压只有变压器二次绕组电压 u_2 的半个周期，所以称为半波整流电路。

半波整流电路的输出电压在整个周期内的平均值，即负载上的直流电压

$$U_L=\frac{1}{2\pi}\int_0^{\pi}\sqrt{2}U_2\sin\omega t\,\mathrm{d}(\omega t)=\frac{\sqrt{2}U_2}{\pi}\approx0.45U_2 \tag{12-1}$$

根据式(3-2)有效值的定义，参考式(3-3)的计算过程，可以得到半波整流电路输出电压的有效值

$$U_{L有效}=\frac{U_2}{\sqrt{2}}=0.707U_2 \tag{12-2}$$

所以，半波整流电路输出电压的有效值与平均值之间的关系为

$$U_{L有效}=1.57U_{L平均} \tag{12-3}$$

流过负载电阻 R_L 的电流 i_L 的平均值，即负载上的直流电流

$$I_L=\frac{U_L}{R_L}=0.45\frac{U_2}{R_L} \tag{12-4}$$

半波整流时，负载电流的有效值与平均值之间也满足式(12-3)的关系。

通过二极管的电流与负载电流相同，因此二极管电流的平均值

$$I_D=I_L=0.45\frac{U_2}{R_L} \tag{12-5}$$

二极管承受的最大反向电压

$$U_{DRM}=\sqrt{2}U_2 \tag{12-6}$$

式(12-1)和式(12-4)用于计算负载电压和负载电流，而式(12-5)和式(12-6)用于选择二极管的型号。

半波整流电路只需要一个整流二极管，但变压器中有直流分量流过，降低了变压器的效

率；整流电流的脉动成分太大，对滤波电路的要求高，电压利用率很低，常用于交流电频率高、输出电流小的场合。

12.2.2 桥式整流电路

桥式整流电路是使用最为广泛的一种整流电路，它的电路结构如图 12-5 所示，图中四个整流二极管 $D_1 \sim D_4$ 接成电桥的形式，因此称为桥式整流电路。

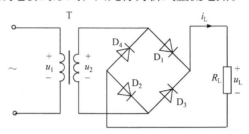

图 12-5 桥式整流电路

桥式整流电路的工作原理如下：在 u_2 的正半周时，二极管 D_1、D_2 正偏导通，D_3、D_4 反偏截止；电路中由 u_2、D_1、R_L、D_2 构成电流通路，在负载电阻 R_L 上形成上正下负的半波整流电压。在 u_2 的负半周时，二极管 D_3、D_4 正偏导通，D_1、D_2 反偏截止；电路中由 u_2、D_3、R_L、D_4 构成电流通路，同样在负载电阻 R_L 上形成上正下负的另外半波的整流电压。负载上的电压、电流波形如图 12-6 所示。

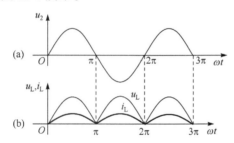

图 12-6 桥式整流电路波形图

桥式整流电路输出电压的平均值为

$$U_L = \frac{1}{\pi} \int_0^\pi \sqrt{2} U_2 \sin \omega t \, d(\omega t) = \frac{2\sqrt{2} U_2}{\pi} \approx 0.9 U_2 \tag{12-7}$$

桥式整流电路中，输出电压 u_L 的有效值与 u_2 的有效值相同，等于 U_2。因此，桥式整流时输出电压有效值与平均值之间的关系为

$$U_{L有效} = 1.11 U_{L平均} \tag{12-8}$$

流过负载电阻 R_L 的电流 i_L 的平均值，即负载上的直流电流

$$I_L = \frac{U_L}{R_L} = 0.9 \frac{U_2}{R_L} \tag{12-9}$$

由于二极管 D_1、D_2 只在正半周导通，D_3、D_4 只在负半周导通，二极管的电流是负载电流的一半，因此二极管电流的平均值

整流电路例题

整流滤波电路

$$I_D = \frac{I_L}{2} = 0.45 \frac{U_2}{R_L} \tag{12-10}$$

从图 12-5 可以看出，在 u_2 的正半周 D_1、D_2 导通时，D_3、D_4 承受的反向电压为 u_2，负半周情况类似，因此二极管承受的最大反向电压

$$U_{DRM} = \sqrt{2}U_2 \tag{12-11}$$

式(12-7)和式(12-9)用于计算负载电压和负载电流，而式(12-10)和式(12-11)用于选择二极管的型号。

桥式整流电路需要四个整流二极管，且在每个半波中都有两个二极管导通，管压降较大，当整流输出电压较低时，效率不高。

12.3 滤 波 电 路

12.2 节所述的半波和桥式整流电路，其输出电压都为脉动直流电压，虽然电压的方向不变，但波动大(纹波大)，不能满足大部分应用场合的要求。滤波电路的作用就是使整流后的脉动直流电压的波形更为平滑、纹波更小。

常用的滤波电路有电容滤波和电感滤波两种类型。利用电容两端电压不能突变的特性，将电容与负载并联；或者利用电感上的电流不能突变的特性，将电感与负载串联，都能达到平滑输出电压的目的。

12.3.1 电容滤波电路

桥式整流电容滤波电路如图 12-7 所示。

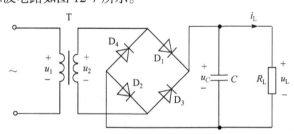

图 12-7 桥式整流电容滤波电路

先分析该电路不接负载，即 $R_L \to \infty$ 时的输出电压。假设 $t=0$ 时接通电源，且电容初始电压 u_C 为零。在 u_2 的正半周，二极管 D_1、D_2 导通，u_2 通过 D_1、D_2 对电容 C 进行充电，由于充电回路的等效电阻(变压器二次绕组的电阻和二极管 D_1、D_2 等效电阻之和)很小，电容 C 两端的电压 u_C 基本跟随 u_2 变化，一直到 u_2 的最大值，电容 C 两端的电压也迅速被充电到 u_2 的最大值，如图 12-8(a)中 $0 \sim t_1$ 时间段。当过了 t_1 时刻，u_2 逐渐减小，但电容 C 两端电压 u_C 仍保持为 $\sqrt{2}U_2$，此时 $u_2 < u_C$，二极管承受反压而截止，电容 C 没有放电回路，因此，输出电压 u_L 一直保持为 $\sqrt{2}U_2$，输出电压的波形如图 12-8(a)所示。

从以上分析可以看出，桥式整流电路采用电容滤波后，空载时输出电压没有纹波，输出电压约为 $\sqrt{2}U_2$。

当桥式整流电路带电阻负载时，同样假设 $t=0$ 时接通电源，且电容初始电压 u_C 为零。在 u_2 正半周的 $0 \sim t_1$ 时间段与空载时的情况相同，输出电压 $u_L = u_2$，电容 C 两端的电压被充电到 u_2 的最大值 $\sqrt{2}U_2$。

在 $t_1 \sim t_2$ 时间段，假设二极管 D_1(或 D_2)断开，这时 u_2 按正弦规律逐渐减小，变化较为缓慢；电容 C 通过负载电阻 R_L 放电，放电速度相对较快。因此，电容电压 u_C 比 u_2 下降得快。二极管 D_1(或 D_2)仍承受正向电压而导通，电容仍处于充电状态，输出电压 $u_L = u_2$。

当 $t > t_2$ 时，u_2 同样按正弦规律逐渐减小，但在这时 u_2 的变化较快；u_2 的下降速度大于电容 C 通过负载电阻 R_L 放电的速度。此时，二极管 D_1(或 D_2)承受反向电压而截止，电容 C 通过 R_L 放电，输出电压逐渐降低，输出电压 $u_L = u_C$。放电的快慢与放电时间常数 $\tau = R_L C$ 有关，时间常数 τ 越大，放电就越慢，如图 12-8(b)中的实线 1；时间常数 τ 越小，则放电越快，如图 12-8(b)中的虚线 2。放电过程一直持续到下一个周期 u_2 上升到与电容电压相等的 t_3 时刻。

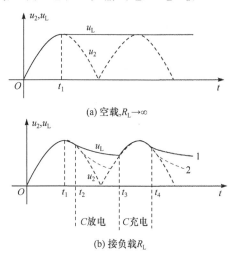

(a) 空载, $R_L \rightarrow \infty$

(b) 接负载 R_L

图 12-8　电容滤波时的波形

当 $t > t_3$ 时，二极管 D_3、D_4 导通，u_2 通过 D_3、D_4 对电容 C 进行充电，直至 $t = t_4$，二极管再次截止，电容再次放电，一直循环，形成周期性的充放电过程。输出电压的波形如图 12-8(b)所示。

从以上分析可以看出，采用电容滤波后，有以下几个特点。

(1) 输出电压的纹波明显减小。很显然，纹波电压的大小与滤波电容和负载电阻有关，即与电容的放电时间常数有关。为了能得到较为平滑的输出电压，一般要求电容的放电时间常数

$$\tau = R_L C = (3 \sim 5) T / 2 \tag{12-12}$$

式中，T 为交流电源的周期。

(2) 输出直流电压增大，且输出直流电压 U_L 随着负载电流 I_L 的增大而减小。输出直流电压的变化范围为 $0.9U_2$(无滤波电容，$C=0$)$\sim 1.4U_2$(无负载电阻，$R_L \rightarrow \infty$)。在满足式(12-12)的条件下，桥式整流电容滤波电路的输出直流电压可按式(12-13)估算：

$$U_L = 1.2U_2 \tag{12-13}$$

(3) 在图 12-8(b)中，二极管只有在 $t_3 \sim t_4$ 时间段导通，二极管上的电流为尖顶波。变压器二次侧电流有效值 I_2 与负载电流平均值 I_L 之间的关系可按式(12-14)估算：

$$I_2 = (1.5 \sim 2)I_L \tag{12-14}$$

(4) 在接通电源前，通常电容上的电压 $u_C = 0$，如果在接通电源瞬间，正好是电压 u_2 的最大值，此时电容相当于短路，会有很大的瞬时冲击电流通过二极管，因此在选择二极管时其额定电流应选得大一些，一般可取 $I_F \geqslant 2I_D$。如果整流电路的容量较大(即 I_L 较大)时，还应

在变压器二次侧与整流桥之间串联一个限流电阻，以防止二极管损坏。

半波整流电路加电容滤波时，输出电压可按式(12-15)估算：

$$U_L = 1.0U_2 \tag{12-15}$$

加电容滤波后，考虑到电容上的最大电压为$\sqrt{2}U_2$，因此，半波整流电容滤波电路中，二极管承受的最大反向电压

$$U_{DRM} = 2\sqrt{2}U_2 \tag{12-16}$$

整流滤波
电路例题

电容滤波电路简单，在满足式(12-12)时滤波效果明显，纹波小，但输出电压受负载变化的影响较大，当负载电流增大时，纹波增加，输出电压下降。因此电容滤波一般适用于负载电压较高、负载电流较小且变化不大的场合。

12.3.2　电感滤波电路

在整流电路与负载之间串联一个电感，就构成了电感滤波电路，如图12-9所示。

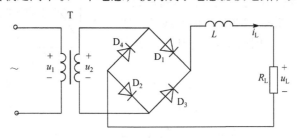

图 12-9　电感滤波电路

电感滤波电路的工作原理简述如下。根据电磁感应定理，当电感中通过变化的电流时，电感两端会产生反电势以阻碍电流的变化。当电感中的电流增大时，反电势会阻碍电流的增大，将一部分能量以磁场能量储存在电感内部；当电感中的电流减小时，反电势会阻碍电流的减小，电感会释放出储存的能量，从而减小输出电流的变化，使其变得平滑，达到滤波目的。当忽略滤波电感L的直流电阻时，负载电阻R_L上的直流电压U_L与不加滤波时负载上的电压相同，即

$$U_L = 0.9U_2 \tag{12-17}$$

半波整流电路中，采用电感滤波时，由于负载上只有正半周的电压(电流)，负半周时电感上的电流很容易减小到零，因此，电感滤波一般不适用于半波整流电路。

与电容滤波相比，电感滤波有以下特点。

(1) 电感滤波时，负载电压U_L随负载电流I_L的增大下降不多，电流纹波小。

(2) 电感滤波电路整流二极管始终处于导通状态，二极管中没有冲击电流。

(3) 电感滤波时，输出电压比电容滤波时低。

电感滤波通常适用于输出电压不高、输出电流较大及负载变化较大的场合。但电感元件体积大、比较笨重、成本也高，电感元件的电阻还会引起电压降和功率损耗。

12.4　线性稳压电路

经过整流和滤波后所得的直流电压虽然已经较为平滑，但在输入电压或负载发生变化时，输出电压也会随之变化。在需要输出电压恒定不变的场合，就需要用到稳压电路。

利用稳压二极管可以构成最简单的稳压电路(见 9.2.4 节)，但输出电流小，输出电压不能调节，应用场合受到很大的限制。目前使用较为普遍的是串联型线性稳压电路和开关型稳压电路。

12.4.1　串联型线性稳压电路的工作原理

串联型线性稳压电路结构框图如图 12-10 所示。电路中起调整作用的晶体管 T 与负载电阻 R_L 串联，故而称为串联稳压电路。图中 U_I 是整流滤波后的输入电压，U_O 是稳压电路的输出电压。稳压电路主要由取样电路、基准电压、放大电路和调整环节等四部分组成。

(1) 取样电路。取样电路由电阻 R_1、R_2 组成。当输出电压发生变化时，取样电阻将变化量按一定比例送到放大电路的反相输入端，取样电压 $U_F = U_O R_2/(R_1 + R_2)$。

(2) 基准电压。基准电压由稳压管 D_z 提供，接到放大电路的同相输入端，基准电压 $U_{REF} = U_{Dz}$，U_{Dz} 为稳压管 D_z 的稳压值。电阻 R 为稳压管 D_z 提供一个合适的工作电流。

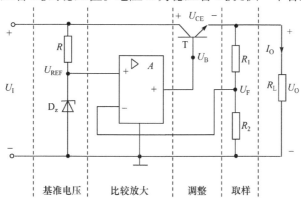

图 12-10　串联型线性稳压电路结构框图

(3) 放大电路。放大电路由集成运算放大器构成，它将取样电压 U_F 与基准电压 U_{REF} 进行比较，并将差值放大后送到调整管 T 的基极。由于集成运算放大器的开环放大倍数非常大，只要输出电压产生微小的变化，就会导致调整管基极电位发生较大的变化，从而使输出电压具有很高的稳定性。

(4) 调整环节。调整管 T 接在输入电压 U_I 和负载电阻 R_L 之间，当输出电压由于电网电压和负载变化等发生波动时，经取样、比较放大后改变调整管的基极电位，使调整管的集电极和发射极之间的电压 U_{CE} 也作出相应的变化，以保持输出电压的恒定。

串联型稳压电路的稳压过程如下：当输入电压 U_I 增加(或负载电流 I_O 减小)，导致输出电压 U_O 增加时，取样电压 U_F 也增加，取样电压 U_F 与基准电压 U_{REF} 相比较，其差值经比较放大后，使 U_B 减小，从而使集电极电流 I_C 减小，调整管集-射间电压 U_{CE} 增大，输出电压 U_O 减小，从而维持 U_O 恒定。

当输入电压 U_I 减小(或负载电流 I_O 增大)，导致输出电压 U_O 减小时，调整过程与上述相反，同样能维持输出电压 U_O 的恒定。

通常集成运算放大器 A 的开环电压放大倍数很大，当它工作在放大状态时，利用运放的"虚短"特性可知

$$U_F = U_{REF} = \frac{R_2}{R_1 + R_2} U_O$$

因此

$$U_O = \frac{R_1 + R_2}{R_2} U_{REF} = \left(1 + \frac{R_1}{R_2}\right) U_{REF} \tag{12-18}$$

直流稳压电源

从式(12-18)可以看出，改变基准电压 U_{REF} 或改变取样环节中的电阻 R_1 与 R_2 的比值就可以改变输出电压 U_O。

12.4.2　三端集成稳压器

随着半导体技术的发展，集成稳压电路得到了迅速发展，将基准电压、比较放大环节、调整管、取样环节以及各种保护电路制作在一个集成块上，就构成了集成稳压电路。本节主要介绍应用最为广泛的三端集成稳压器。它具有精度高、体积小、使用方便、内部含有过流及过热保护电路等优点。

三端集成稳压器只有三个接线端：输入端、公共端和输出端。它有输出固定电压的，也有输出可调电压的；有输出正电压的，也有输出负电压的。

1. 固定输出三端集成稳压器

国产固定输出的三端集成稳压器有 CW78×× 和 CW79×× 两个系列，这两个系列的外形基本相同，塑料封装的外形和引脚排列如图 12-11 所示。CW78×× 系列为正电压输出，引脚 1 为输入端，引脚 2 为接地端，引脚 3 为输出端；CW79×× 系列为负电压输出，引脚 1 为接地端，引脚 2 为输入端，引脚 3 为输出端。"××"表示输出电压值，一般有 5V、6V、8V、9V、10V、12V、15V、18V、24V 等。输出电流有 0.1A、0.5A 和 1.5A 三种。如 CW7805 表示输出电压为+5V，CW7915 表示输出电压为−15V。三端集成稳压器在使用时除了要保证输出电流不超过其额定电流(必要时加装足够大的散热器)，输入电压至少要高于输出电压 2～3V，但也不能超过其最大输入电压。

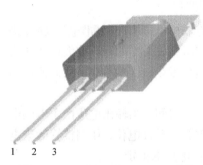

图 12-11　CW78×× 和 CW79×× 系列
三端集成稳压器外形和引脚图

图 12-12 为 CW78×× 和 CW79×× 系列三端集成稳压器的基本应用电路。其中 C_I 用于防止自激振荡，C_O 用于改善输出的瞬态特性，在负载电流变化时不致引起输出电压 U_O 有较大的波动，C 为滤波电容。

图 12-13 是同时输出正负电压的接线图。该电路能同时输出±5V 两路电压。注意变压器二次侧绕组必须要有中心抽头，并接地。这种接法比常规接法可以少用一个桥式整流电路。

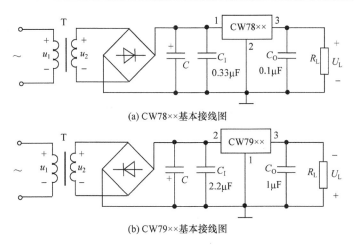

(a) CW78××基本接线图

(b) CW79××基本接线图

图 12-12　固定输出三端集成稳压器基本接线图

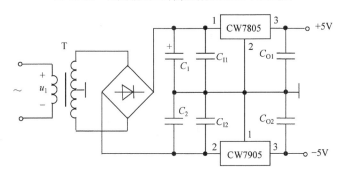

图 12-13　同时输出正负电压的稳压电路

当需要扩大输出电流时，可以通过外接功率管的方法实现，如图 12-14 所示。电路中要求晶体管 T 和二极管 D 采用同一种材料，使得晶体管发射结电压 U_{EB} 与二极管 D 的正向压降相等，因而有 $I_E R_1 = I_D R_2$。当忽略晶体管的基极电流 I_B 和三端稳压器的静态偏置电流 I_Q 时，$I_3 \approx I_D$，而 $I_E \approx I_C$，即 $I_C / I_3 \approx I_E / I_D = R_2 / R_1$。适当选择 R_1、R_2 的比值，就能确定功率管和三端稳压器的电流分担比例。稳压电路总的输出电流 $I_O = I_3 + I_C$。

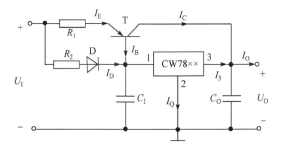

图 12-14　扩大输出电流的稳压电路

利用固定输出的三端集成稳压器也可以组成输出电压连续可调的稳压电路，详见二维码中的例题。

三端集成
稳压器例题

2. 可调输出三端集成稳压器

可调输出三端集成稳压器有 CW117、CW217、CW317 和 CW137、CW237、CW337 两个系列。型号中第一位数字为 1 表示军品级，2 表示工业级，3 表示民用级，不同级别的主要区别在于工作温度范围不同。

这两种型号的外形与固定输出的三端集成稳压器相同，塑料封装的外形和引脚排列与图 12-11 一样。CW117 的输入、输出都为正电压，引脚 1 为调节端，引脚 2 为输出端，引脚 3 为输入端；CW137 的输入、输出都为负电压，引脚 1 为调节端，引脚 2 为输入端，引脚 3 为输出端。输出端与调节端之间为 1.25V 的基准电压。

可调输出三端集成稳压器结构简单，能在 1.25～37V 连续可调，稳压精度高，输出纹波小。

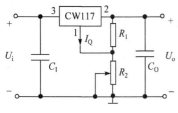

图 12-15 CW117 基本应用电路

由 CW117 构成的输出电压连续可调的基本应用电路如图 12-15 所示。需要时可在电阻 R_2 两端并联电容 C，用于滤除纹波电压。

由于电阻 R_1 两端的电压即为 CW117 输出端与调节端的电压 $U_{21}=1.25V$，忽略 I_Q，可得

$$U_o = \frac{R_1 + R_2}{R_1} \times 1.25 = \left(1 + \frac{R_2}{R_1}\right) \times 1.25 \qquad (12\text{-}19)$$

由式(12-19)可知，改变 R_2 就可调节输出电压 U_o。通常 R_1 为 240Ω，如果取 R_2 为 6.8kΩ，则输出电压的调节范围为 1.25～37V。

12.5 开关型稳压电路

开关型稳压电路的种类繁多，这里主要介绍非隔离型降压开关稳压电路。

无变压器隔离的降压开关稳压电路(也称降压斩波电路)的结构框图如图 12-16 所示。它由开关管、滤波器、比较放大器和脉宽调制器等几部分组成。图中开关管 T 是工作在开关状态的调整管；电感 L 和电容 C 组成滤波电路；二极管 D 起续流作用；运算放大器 A_1 对取样电压 U_P 与基准电压 U_{REF} 进行比较，产生误差信号并放大；运算放大器 A_2 将放大后的误差信号 U_E 与三角波信号进行比较，产生脉冲宽度调制(PWM)波，控制开关管 T 的导通和关断。

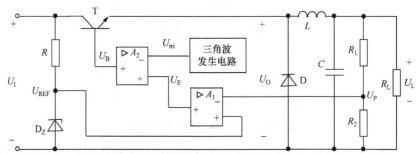

图 12-16 降压开关稳压电路的结构框图

脉宽调制波的产生过程简述如下。

假设在某种稳定状态时，经过比较放大后的误差信号为 U_E，三角波发生电路所产生的三角波如图 12-17(a)所示，误差信号 U_E 与三角波比较后产生图 12-17(b)所示的脉冲波。其中 t_{on} 时间段开关管导通，t_{on} 称为导通时间；t_{off} 时间段开关管关断，t_{off} 称为关断时间，T 为开关周期，且 $T=t_{on}+t_{off}$。导通时间 t_{on} 与开关周期 T 之比称为**占空比**，即

$$\alpha = \frac{t_{on}}{T} \tag{12-20}$$

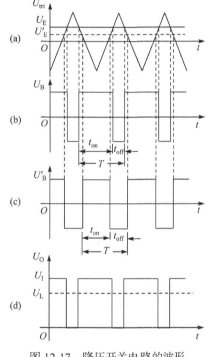

如果由于某种原因输出电压增大，取样电压 U_P 也相应增大，经比较放大后的误差电压减小，由 U_E 变为 U_E'，如图 12-17(a)所示。U_E' 与三角波比较后得到的波形如图 12-17(c)所示，与图 12-17(b)的波形相比较，导通时间 t_{on} 减小，关断时间 t_{off} 增加，但开关周期 T 没有变化。这种频率固定，通过调节脉冲宽度的控制方法称为脉冲宽度调制法。

当开关管导通时，$U_O=U_I$，电源通过电感 L 向负载 R_L 供电，同时也为电感 L 和电容 C 充电；当开关管关断时，电感 L 通过负载、二极管 D 释放能量，电容 C 也同时向负载 R_L 供电。在不计二极管的管压降时，$U_O=0$。U_O 的波形如图 12-17(d)所示。经 LC 滤波后在负载 R_L 两端得到恒定的直流电压 U_L，且输出电压 U_L 与输入电压 U_I 之间满足

$$U_L = \alpha U_I \tag{12-21}$$

式中，$\alpha \leqslant 1$，因此该电路的输出电压总是小于等于输入电压，故称为降压型开关稳压电路。

图 12-17 降压开关电路的波形

隔离型单端
正激式开关
稳压电路

非隔离型的开关稳压电路中，输入直流电压 U_I 一般都是通过工频变压器降压、再经过整流滤波后获得。如果希望在稳压电路中不再使用笨重的工频变压器，则需要采用隔离型开关稳压电路。隔离型单端正激式开关稳压电路的电路结构和工作原理详见二维码中的内容。

习 题

12-1 整流电路如图 12-18(a)所示，二极管为理想元件，变压器二次侧电压有效值 $U_2=10V$，负载电阻 $R_L=2k\Omega$，变压器变比 $K=N_1/N_2=10$。(1)求负载电阻 R_L 上电流的平均值 I_0；(2)求变压器原边电压有效值 U_1；(3)变压器副边电压 u_2 的波形如图 12-18(b)所示，试定性画出 u_0 的波形。

12-2 在图 12-19 所示电路中，已知 $R_L=80\Omega$，直流电压表 V 的读数为 110V。二极管的正向压降忽略不计。试求：(1)直流电流表 A 的读数；(2)整流电流的最大值：(3)交流电压表 V_1 的读数；(4)变压器副边电流的有效值。

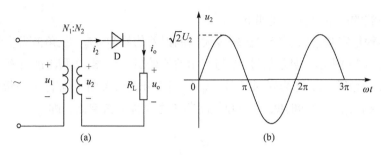

图 12-18　题 12-1 图

12-3　用一个直流电压表测量图 12-20 所示电路中二极管 D_1 的电压，发现不是 0.7V。你认为应该是多少？电压表的正负端应如何连接才能使读数为正值？

12-4　单相桥式整流电路如图 12-20 所示，其中 U_o=36V，R_L=200Ω，试求：(1)变压器二次侧电压和电流的有效值；(2)整流二极管电流 I_D 和承受的反向电压 U_{DRM}。

题12-2解答

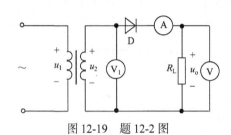

图 12-19　题 12-2 图

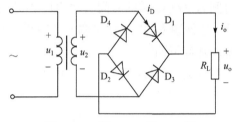

图 12-20　题 12-3、题 12-4 图

12-5　整流电路如图 12-21 所示，变压器二次侧电压 $u_2 = \sqrt{2}U_2\sin\omega t$，二极管是理想元件，要求：(1)定性画出各整流电路 u_o 的波形；(2)如果 U_2=24V，计算各整流电路中二极管承受的最高反向电压。

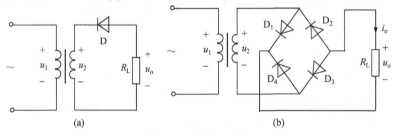

图 12-21　题 12-5 图

12-6　半波整流电容滤波电路如图 12-22 所示，负载电阻 R_L=100Ω，电容 C=470μF，变压器副边电压有效值 U_2=10V，二极管为理想元件，试求：输出电压和输出电流的平均值 U_o、I_o 及二极管承受的最高反向电压 U_{DRM}。

12-7　桥式整流电容滤波电路如图 12-23 所示，已知 U_2=20V，现在用直流电压表测量 R_L 两端的电压 U_o，出现下列几种情况，试分析哪些是合理的，哪些发生了故障，并说明可能是什么故障。(1)U_o=28V；(2)U_o=18V；(3)U_o=24V；(4)U_o =9V。

12-8　电路如图 12-24 所示。已知 U_z=6V，W_1=2kΩ，R_2=1kΩ，R_3=2kΩ，U_i=30V，三极管 T 的电流放大倍数 β=50。试求：(1)电压输出范围；(2)当 U_o=15V、R_L=150Ω 时，调整管 T 的管耗和运算放大器的输出电流。

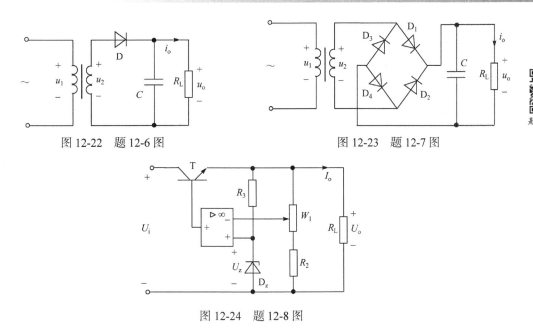

图 12-22 题 12-6 图   图 12-23 题 12-7 图

题 12-7 解答

图 12-24 题 12-8 图

12-9 由集成运算放大器构成的串联型稳压电路如图 12-25 所示,已知 $U_i=30\text{V}$,$U_z=6\text{V}$,$R_1=2\text{k}\Omega$,$R_2=1\text{k}\Omega$,$R_3=1\text{k}\Omega$,试求:(1)变压器副边电压有效值 U_2;(2)输出电压 U_o 的调节范围。

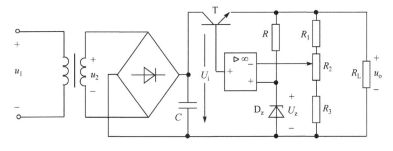

图 12-25 题 12-9 图

12-10 图 12-26 所示为三端集成稳压器组成的恒流源电路。已知 W7805 的静态电流 $I_Q=4.5\text{mA}$。求当电阻 $R=100\Omega$、$R_L=200\Omega$ 时,负载 R_L 上的电流 I_o 和输出电压 U_o 值。

12-11 电路如图 12-27 所示,已知 $R_1=1\text{k}\Omega$;$R_2=3\text{k}\Omega$;$R_p=2\text{k}\Omega$;$R_3=R_4=3\text{k}\Omega$。求输出电压 U_o 的调节范围是多少?

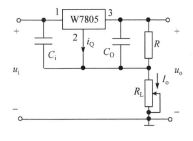   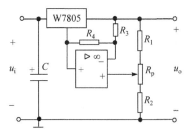

图 12-26 题 12-10 图   图 12-27 题 12-11 图

12-12　图 12-28 所示电路是用 CW117 构成的可调稳压电路。设 $U_I=10V$，$R_1=200\Omega$，$R_2=50\Omega$，$W=220\Omega$。求 U_o 的最大值和最小值。

12-13　降压型斩波电路如图 12-29 所示，已知 $U_S=10V$，$t_{on}=5ms$，$t_{off}=2ms$，试求负载电压的平均值 U_L。

习题答案12

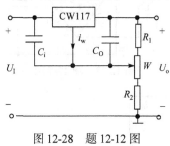

图 12-28　题 12-12 图

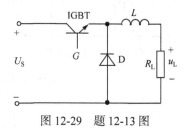

图 12-29　题 12-13 图

第13章 电力电子技术

日常生活和工作中所用的电能有交流和直流两种。在实际的工程应用中，常常需要把交流电变成直流电(整流，AC/DC)，或者把直流电变成交流电(逆变，DC/AC)，或者改变直流电的大小(直流斩波，DC/DC)，或者改变交流电的频率或幅值(变频，AC/AC)，这些电能的变换技术称为变流技术。电力电子技术(也称功率电子技术)是利用电力电子器件，通过弱电(低电压小电流)对强电(高电压大电流)的控制来实现电能的变换与控制，是集电力、电子和控制三大领域的一门交叉学科。本章在介绍晶闸管、绝缘栅双极型晶体管等一些常用电力电子器件的基础上，对可控整流电路、逆变电路和交流调压电路等功率变换电路的原理进行分析。

13.1 电力电子器件

电力电子器件也称为大功率电子器件。根据其控制性能的不同，可以分为不可控器件、半控型器件和全控型器件三大类。

不可控器件通常都为两端器件，这类器件不能控制其导通和关断，如功率二极管。

半控型器件通常为三端器件，这类器件只能通过控制信号控制其导通，而不能控制其关断，如晶闸管。

全控型器件通常也为三端器件，这类器件既可以控制其导通，也可以控制其关断，如功率晶体管(GTR)、功率场效应管(P-MOSFET)、绝缘栅双极型晶体管(IGBT)等。

对于半控型或全控型器件，根据控制量的不同，还可以分为电流控制型和电压控制型两类。

功率晶体管、晶闸管等的控制端需要电流来驱动，属于**电流控制型器件**；功率场效应管、绝缘栅双极型晶体管等的控制端所需的电流极低，只要电压驱动即可，属于**电压控制型器件**。

功率二极管、功率晶体管和功率场效应管的工作原理与第9章中介绍的二极管、晶体管和场效应管(MOS管)的工作原理相同。这里主要介绍晶闸管和绝缘栅双极型晶体管的工作原理、基本特性和主要参数。

13.1.1 晶闸管

晶闸管也称**可控硅**，是到目前为止制造技术最为成熟、可控功率最大的电力电子器件。因此，它也是目前大功率变流技术中应用最为广泛的电力电子器件。

晶闸管是普通晶闸管的简称。在普通晶闸管的基础上，又派生出了快速晶闸管、双向晶闸管、逆导晶闸管和可关断晶闸管等特种晶闸管。

晶闸管实物图

晶闸管按其封装形式可分为金属封装晶闸管和塑料封装晶闸管两种类型。其中,金属封装晶闸管主要有螺栓型和平板型两种;塑料封装晶闸管又分为带散热片型和不带散热片型两种。不同封装的晶闸管的实物图见二维码中图片。

晶闸管按容量的不同可分为大功率晶闸管、中功率晶闸管和小功率晶闸管三种。通常,大功率晶闸管多采用平板型封装,而中、小功率晶闸管则多采用螺栓型或塑料封装。

1. 晶闸管的工作原理

晶闸管的图形符号如图 13-1(a)所示。它有三个电极:A 阳极,K 阴极和 G 门极(也称控制极)。其结构示意图如图 13-1(b)所示。从结构示意图中可以看出,晶闸管的内部是由 P_1、N_1、P_2、N_2 四层半导体构成的,形成了三个 PN 结(J_1、J_2 和 J_3),可等效为由一个 PNP 型晶体管和一个 NPN 型晶体管组合而成,如图 13-1(c)所示。晶闸管的工作原理可用图 13-1(d)所示的双晶体管模型的等效电路来说明。

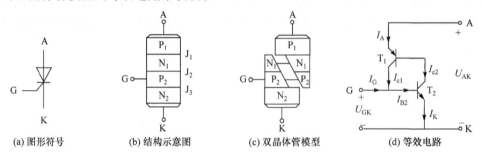

| (a) 图形符号 | (b) 结构示意图 | (c) 双晶体管模型 | (d) 等效电路 |

图 13-1　晶闸管的结构和模型

当 $U_{AK}<0$ 时,即晶闸管外加反向电压时,晶体管内部的两个 PN 结 J_1 和 J_3 都反偏,无论是否有控制电压 U_{GK},晶闸管都不导通,晶闸管处于**反向阻断状态**。当 $U_{AK}>0$,$U_{GK}\leqslant 0$ 时,即晶闸管外加正向电压,但门极没有**驱动电流**(也称**触发电流**),此时,PN 结 J_2 反偏,晶闸管也不会导通,晶闸管处于**正向阻断状态**。

当 $U_{AK}>0$,$U_{GK}>0$ 时,即晶闸管外加正向电压,同时门极有驱动电流 I_G。此时门极的驱动电流 I_G 流入晶体管 T_2 的基极,经过晶体管 T_2 放大后,产生 T_2 的集电极电流 I_{C2},而 I_{C2} 为晶体管 T_1 的基极电流,该电流再经晶体管 T_1 的放大,产生 T_1 的集电极电流 I_{C1},而 $I_{B2}=I_{C1}+I_G$,使得晶体管 T_2 的基极电流进一步增大,如此形成强烈的正反馈,最终使得晶体管 T_1、T_2 都进入饱和状态,晶闸管导通。此时,如果去掉触发电流,则 $I_{B2}=I_{C1}$,正反馈仍然存在,两个晶体管 T_1、T_2 继续保持饱和导通状态,即晶闸管仍保持导通状态。因此,在实际应用中,U_{GK} 常为**触发脉冲**,对晶闸管的驱动过程也常称为触发,产生门极触发电流 I_G 的电路称为**门极触发电路**,简称**触发电路**。晶闸管导通后,阳极 A 和阴极 K 之间的正向压降很小,通过晶闸管电流的大小由外电路决定。

晶闸管内部的正反馈必须由一定的阳极电流 I_A 来维持,因此,要关断晶闸管,必须去掉加在晶闸管两端的正向电压,或者给晶闸管施加反向电压,使得流过晶闸管的电流 I_A 降低到接近于零的某一数值 I_H 以下,内部的正反馈不能维持,晶闸管恢复到正向阻断状态。I_H 称为晶闸管的**维持电流**。

当晶闸管所接负载为感性负载时,由于电压与电流之间有相位差,电压过零时电流并不为零，因此，电压为零时晶闸管不会关断，这点需要特别注意。

晶闸管只能通过门极控制其导通，而不能控制其关断，因此它是一种半控型器件。

2. 晶闸管的工作特性

通过上述分析，可以归纳出晶闸管正常工作时的特性如下：

(1) 晶闸管承受反向电压时，不管门极承受何种电压，晶闸管都处于反向阻断状态。

(2) 晶闸管承受正向电压时，仅在门极有触发电流的情况下晶闸管才导通。这时晶闸管处于正向导通状态。

(3) 晶闸管一旦导通，只要有一定的正向电流，不论门极电压如何，晶闸管始终保持导通状态，即晶闸管导通后，门极失去作用。门极只起触发作用。

(4) 要使已经导通的晶闸管关断，只能利用外加电压和外电路的作用，使得通过晶闸管的电流减小到接近于零(小于维持电流 I_H)。

晶闸管的伏安特性 $I_A=f(U_{AK})$ 如图 13-2(b)所示。它可以分为正向特性和反向特性两部分。在正向特性中，即 $U_{AK}>0$，如果触发电流 $I_G=0$，晶闸管处于正向阻断状态，只有很小的正向漏电流流过。如果正向电压超过正向转折电压 U_{BO}，漏电流急剧增大，晶闸管被正向击穿而导通，在正常工作时应避免出现这种情况。随着门极触发电流的增大，晶闸管从阻断变为导通所需的正向电压降低。导通后的晶闸管特性和二极管的正向伏安特性类似。即使通过较大的电流，晶闸管两端的压降也很小，约 1V。

晶闸管导通之后，如果门极电流为零，且阳极电流减小到维持电流 I_H 以下，则晶闸管又恢复到正向阻断状态。

在反向特性中，即 $U_{AK}<0$，其伏安特性也类似于二极管的反向伏安特性。晶闸管处于反向阻断状态时，只有很小的反向漏电流通过。当反向电压超过反向击穿电压 U_{BR} 时，晶闸管被反向击穿，反向电流急剧增大，晶闸管会因过热而损坏。

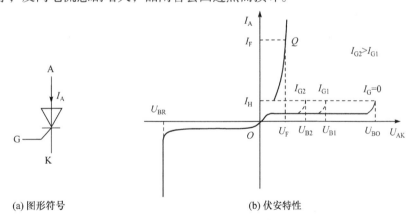

(a) 图形符号　　　　　　　　　　　(b) 伏安特性

图 13-2　晶闸管的图形符号和伏安特性

晶闸管在工作过程中，它的阳极 A 和阴极 K 与电源和负载串联，组成晶闸管的主电路，晶闸管的门极 G 和阴极 K 与晶闸管的控制装置连接，组成晶闸管的控制电路。晶闸管的门极触发电流是从门极 G 流入晶闸管，从阴极 K 流出，阴极 K 是晶闸管主电路与控制电路的公共端。

3. 晶闸管的主要参数

晶闸管的主要参数如下。

(1) 断态重复峰值电压 U_{DRM}。

断态重复峰值电压是指在控制极断路和晶闸管正向阻断的条件下,可以重复加在晶闸管两端的正向峰值电压,其数值应比正向转折电压小。

(2) 反向重复峰值电压 U_{RRM}。

反向重复峰值电压是指在控制极断路时,可以重复加在晶闸管两端的反向峰值电压。通常把 U_{DRM} 与 U_{RRM} 中较小的一个数值作为器件的额定电压。由于瞬时过电压也会使晶闸管遭到破坏,因而在选用晶闸管的时候,应留适当的裕量,额定电压应该为正常工作峰值电压的 2~3 倍。

(3) 正向平均管压降 U_F。

正向平均管压降是指在规定环境温度和标准散热条件下,正向通过正弦半波额定电流时,晶闸管两端的压降在一个周期内的平均值,一般为 0.4~1.2V。

(4) 额定通态平均电流(额定正向平均电流)$I_{T(AV)}$。

在环境温度为 40℃和标准散热状态下,晶闸管处于全导通时,晶闸管元件可以连续通过的工频正弦半波电流的平均值,称为额定通态平均电流 $I_{T(AV)}$,简称额定电流。在选用晶闸管时,要注意平均值和有效值的区别,同时也应留适当的裕量,额定电流应为正常工作时最大电流的 1.5~2 倍。

(5) 维持电流 I_H。

在规定的环境温度和控制极断路的条件下,维持晶闸管持续导通的最小电流称为维持电流 I_H,一般为几十毫安到一百多毫安,其数值与元件的温度成反比。当晶闸管的正向电流小于这个电流时,晶闸管将自动关断。

晶闸管门极所需的触发脉冲要有专门的触发电路来产生。触发电路可以由分立元件组成,如晶体管触发电路、单结晶体管触发电路等,但目前普遍采用集成化触发器和数字式触发器。

4. 双向晶闸管

双向晶闸管可等效为两个晶闸管反向并联,但共用一个门极。其图形符号和伏安特性如图 13-3 所示。

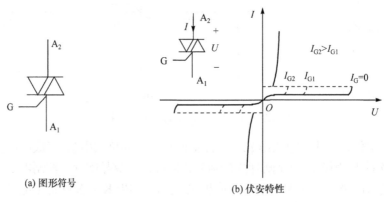

(a) 图形符号   (b) 伏安特性

图 13-3　双向晶闸管的图形符号和伏安特性

双向晶闸管的触发脉冲加在门极 G 与 A_1 极之间，可以用正脉冲，也可以用负脉冲。在图 13-3(b)所示的参考方向下，当双向晶闸管承受的电压 $U>0$ 时，在门极施加触发脉冲，晶闸管导通后，电流方向是从 $A_2 \rightarrow A_1$；当双向晶闸管承受的电压 $U<0$ 时，在门极施加触发脉冲，晶闸管导通后，电流方向是从 $A_1 \rightarrow A_2$。

除额定电流外，双向晶闸管的其他主要参数的定义与普通晶闸管相似。由于双向晶闸管一般都工作在交流电路中，正反向电流都可以通过，因此，它的额定电流不用平均值而用有效值来表示。

双向晶闸管的额定电流是指在规定的环境温度和散热条件下，当器件的单向导通角大于 $170°$，允许通过晶闸管的最大正弦交流电流的有效值，用 $I_{T(RMS)}$ 表示。

双向晶闸管的额定电流 $I_{T(RMS)}$(有效值)与普通晶闸管的额定电流 $I_{T(AV)}$(平均值)之间的换算关系为

$$I_{T(AV)} = \frac{\sqrt{2}}{\pi} I_{T(RMS)} = 0.45 I_{T(RMS)} \tag{13-1}$$

13.1.2　绝缘栅双极型晶体管

功率晶体管(GTR)是一种双极型电流控制的半导体器件，通过较小的基极电流 I_B 来控制较大的集电极电流 I_C，具有电流放大作用。但在电力电子线路中，GTR 工作在开关状态，通过基极来控制 GTR 的导通和截止。GTR 具有控制方便、开关时间短、高频特性好、通态压降低等优点，但存在耐压低和二次击穿等问题。

功率场效应管(P-MOSFET)是一种单极型电压控制的半导体器件，它是通过栅源电压 U_{GS} 来控制漏极电流 I_D。同样，在电力电子线路中，功率场效应管也工作在开关状态。功率场效应管具有驱动功率小、开关速度快等优点，但存在通态压降较大等问题。

把 GTR 和 MOSFET 这两种器件取长补短，就构成了 IGBT。它综合了 GTR 和 MOSFET 的优点，具有良好的性能，目前已取代了 GTR 和部分功率 MOSFET，成为中小功率电力电子线路中的主导器件。

IGBT 有三个引脚：栅极 G、集电极 C 和发射极 E。图 13-4(a)是 N 沟道 IGBT 的图形符号，其简化的等效电路如图 13-4(b)所示。它是由一个 PNP 型 GTR 与 N 沟道增强型 MOSFET 组合而成。

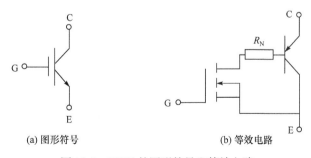

(a) 图形符号　　　　　　　　　(b) 等效电路

图 13-4　IGBT 的图形符号和等效电路

IGBT 的驱动原理与 MOSFET 基本相同，其开通和关断是由栅极与发射极间的电压 U_{GE} 所控制。当栅极与发射极间施加正向电压 U_{GE}，且大于开启电压 U_T 时，MOSFET 内部形成沟道，为晶体管提供基极电流，IGBT 导通。当栅极与发射极间施加反向电压或不加电压时，MOSFET 内部的沟道消失，晶体管的基极电流被切断，IGBT 关断。

由于 IGBT 是 GTR 和 MOSFET 组合的复合器件，因此 IGBT 的转移特性 $I_C=f(U_{GE})$ 与 N 沟道增强型 MOS 管的转移特性相似，输出特性 $I_C=f(U_{CE})$ 与三极管的输出特性相似。

IGBT 具有 MOSFET 和 GTR 的优点：用 MOSFET 作为输入部分，使其成为电压驱动型器件，驱动电路简单，输入阻抗高，开关速度高；用 GTR 作为输出部件，器件的导通压降低，容易提高器件的容量。

13.2　功率变换电路

13.2.1　可控整流电路(AC/DC)

1. 单相桥式全控整流电路

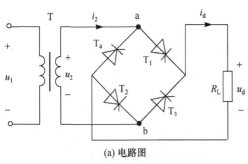

(a) 电路图

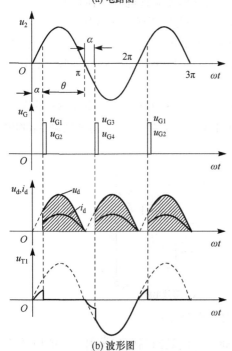

(b) 波形图

图 13-5　单相桥式全控整流电路

12.2 节介绍了由二极管组成的单相半波和桥式整流电路，由于二极管是不可控器件，因此这些整流电路的输出电压是不可控的。如果把这些电路中的二极管替换为晶闸管，则称为可控整流电路，其输出电压是可控的。这种整流电路称为**可控整流电路**。下面以单相桥式全控整流电路为例，来说明其控制过程。

图 13-5(a)是单相桥式全控整流电路带电阻性负载时的原理图，图中 $T_1\sim T_4$ 为晶闸管。当 u_2 为正半周时，a 点电位高于 b 点电位，在没有施加触发信号时，四个晶闸管均不导通，负载电流 $i_d=0$，负载电压 $u_d=0$，T_1、T_2 串联承受正向电压 u_2，如果 T_1、T_2 特性一致，那么 T_1、T_2 各承受 u_2 的一半电压。

在 $\omega t=\alpha$ 时，给晶闸管 T_1 和 T_2 施加触发信号，T_1 和 T_2 导通，电流从电源的 a 端经晶闸管 T_1、负载 R_L、晶闸管 T_2 流回电源 b 端。在 $\omega t=\pi$ 时，电源电压 $u_2=0$，流过晶闸管的电流也为零，晶闸管 T_1、T_2 关断。

在一个周期内，晶闸管从承受正向电压开始到触发导通时刻所对应的角度 α 称为**控制角**或**触发角**，从触发导通到关断所对应的角度 θ 称为**导通角**。

在 u_2 的负半波，同样在触发角 α 处给晶闸管 T_3、T_4 施加触发信号，T_3 和 T_4 导通，电流从电源的 b 端经晶闸管 T_3、负载 R_L、晶闸管 T_4 流回电源 a 端。在 $\omega t=2\pi$ 时，电源电压 $u_2=0$，流过晶闸管的电流也为零，晶闸管 T_3、T_4 关断。

下一个周期重复上述过程。变压器二次侧的电压 u_2、触发信号 u_G、负载上的电压 u_d 和电流 i_d、晶闸管 T_1 两端的电压波形如图 13-5(b)所示。

晶闸管承受的最大正向电压和反向电压分别为 $\dfrac{\sqrt{2}U_2}{2}$ 和 $\sqrt{2}U_2$。

根据图 13-5(b) u_d 的波形图，可以求得整流电压(即输出电压)的平均值为

$$U_d = \frac{1}{\pi}\int_{\alpha}^{\pi}\sqrt{2}U_2\sin\omega t\,\mathrm{d}(\omega t)$$

$$= \frac{2\sqrt{2}U_2}{\pi}\frac{1+\cos\alpha}{2} = 0.9U_2\frac{1+\cos\alpha}{2} \tag{13-2}$$

负载电流的平均值为

$$I_d = \frac{U_d}{R_L} = 0.9\frac{U_2}{R_L}\frac{1+\cos\alpha}{2} \tag{13-3}$$

晶闸管 T_1、T_2 和 T_3、T_4 分别在正半周和负半周导通，因此，流过晶闸管的平均电流只有输出直流电流的一半，即

$$I_{dT} = \frac{1}{2}I_d = 0.45\frac{U_2}{R_L}\frac{1+\cos\alpha}{2} \tag{13-4}$$

变压器二次侧电流 I_2 与负载电流的有效值 I 相等，为

$$I_2 = I = \sqrt{\frac{1}{\pi}\int_{\alpha}^{\pi}\left(\frac{\sqrt{2}U_2}{R_L}\sin\omega t\right)^2\mathrm{d}(\omega t)} = \frac{U_2}{R_L}\sqrt{\frac{1}{2\pi}\sin 2\alpha + \frac{\pi-\alpha}{\pi}} \tag{13-5}$$

流过晶闸管电流的有效值为

$$I_T = \sqrt{\frac{1}{2\pi}\int_{\alpha}^{\pi}\left(\frac{\sqrt{2}U_2}{R_L}\sin\omega t\right)^2\mathrm{d}(\omega t)} = \frac{U_2}{\sqrt{2}R_L}\sqrt{\frac{1}{2\pi}\sin 2\alpha + \frac{\pi-\alpha}{\pi}} \tag{13-6}$$

有效值主要用于选择晶闸管、变压器的容量以及导线截面等。

在图 13-5(a)所示的单相桥式全控整流电路中，正负半波都有两个晶闸管同时控制。

实际上，在正负半波中，用一个晶闸管来控制也能实现可控整流的目的，从而简化整个电路。把晶闸管 T_2、T_4 用二极管 D_2、D_4 替换，即得到如图 13-6 所示的单相桥式半控整流电路。在电阻负载时，它的工作情况与桥式全控整流电路相同。

可控整流
电路

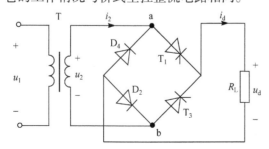

可控整流
电路例题

图 13-6 单相桥式半控整流电路

2. 单结晶体管触发电路

利用单结晶体管可以构成晶闸管的触发电路。具体电路和工作原理详见二维码中的内容。

13.2.2 逆变电路(DC/AC)

把直流电转变为交流电称为逆变，也称 DC/AC 变换。能够实现 DC/AC 变换的电路称为**逆变电路**或逆变器。逆变电路输出的交流电既能调节电压值，还能调节其频率。

通常，直流电是由交流电经过整流后得到的，由整流电路和逆变电路组成 AC/DC/AC 变换电路，称为**交-直-交变频电路**，也称为**变频器**。这类电路先由整流电路将频率 f 和幅值 u 固定不变的交流电转换为直流电 U_d，再经逆变电路将直流电转换为电压 u_o 和频率 f_o 都可调的交流电，其结构框图如图 13-7 所示。整流电路中，一般采用不可控元件——二极管作为整流元件，这时输出的直流电压 U_d 不能调节；也可以采用 P-MOSFET、IGBT 等可控器件作为整流元件，用以调节直流电压 U_d。

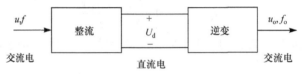

图 13-7   交-直-交变频电路示意图

单相逆变电路和三相逆变电路的电路结构与工作原理详见二维码中的内容。

13.2.3 交流调压电路

交流调压就是只改变交流电压有效值的大小，不改变交流电的频率。交流调压技术广泛应用于电动机的调压调速、灯光控制及温度控制等场合。

根据控制方式的不同，交流调压可分为相控式和斩控式两类。**相控式调压**是通过改变控制角来实现调压，而**斩控式调压**是通过控制可控器件的通断时间来实现调压。相控式调压可以采用半控器件——晶闸管，斩控式调压必须采用全控器件，如 IGBT、MOSFET 等。

1. 相控式交流调压电路

由晶闸管构成的相控式单相交流调压电路由两个反向并联的晶闸管组成，如图 13-8(a) 所示。假设负载为电阻性质，在交流电源的正半周，T_2 承受反向电压不能导通，T_1 承受正向电压，在 $\omega t=\alpha$ 时，给晶闸管 T_1 施加触发脉冲，则 T_1 导通，此时 $u_L=u_i$，当 $\omega t=\pi$ 时，电压过零(电流也过零)，晶闸管 T_1 关断。在交流电源的负半周，T_1 承受反向电压不能导通，T_2 承受正向电压，在 $\omega t=\pi+\alpha$ 时，给晶闸管 T_2 施加触发脉冲，则 T_2 导通，此时 $u_L=u_i$，当 $\omega t=2\pi$ 时，电压过零(电流也过零)，晶闸管 T_2 关断。

因此，在交流电源的正负半周，晶闸管 T_1、T_2 轮流导通，在负载电阻 R_L 上得到可控的交流电压 u_L，其波形如图 13-8(b)所示。

设输入电压为 $u_i = \sqrt{2}U\sin\omega t$，则输出电压的有效值为

$$U_L = \sqrt{\frac{1}{\pi}\int_{\alpha}^{\pi}(\sqrt{2}U\sin\omega t)^2\,\mathrm{d}(\omega t)} = U\sqrt{\frac{\pi-\alpha}{\pi}+\frac{1}{2\pi}\sin 2\alpha} \tag{13-7}$$

即负载电压的有效值与控制角 α 有关，调节控制角 α 的大小即可实现调压的目的。

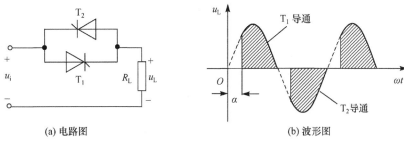

调压和变频
电路

图 13-8　相控式交流调压电路

在图 13-8(a)中，采用了两只反并联的晶闸管来实现交流电压正负半波的控制。实际上用双向晶闸管更为方便。

图 13-9 是用双向晶闸管和双向触发二极管等元件构成的调光台灯电路。图中 T 为双向晶闸管，L 为白炽灯，R_W 为带开关(S)的电位器，D 为双向触发二极管。双向触发二极管两个方向都可导通，正、反伏安特性完全对称，不论外加电压的极性如何，只要外加电压大于触发电压 V_{BO} 就可导通。导通后，只有将电源切断或使其电流、电压降至保持电流，保持电压以下，才能恢复阻断状态。双向触发二极管的伏安特性如图 13-10 所示。

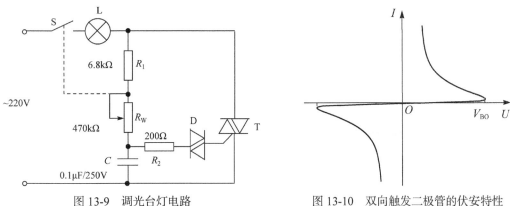

图 13-9　调光台灯电路　　　　　　　　图 13-10　双向触发二极管的伏安特性

电路的工作原理如下：接通开关 S 后，电源电压经灯泡 L、电阻 R_1 和电位器 R_W 对电容 C 进行充电，电容两端的电压逐渐升高，当电容 C 两端电压升高到触发二极管 D 的导通电压时，双向晶闸管 T 被触发导通，在电源电压过零时，双向晶闸管自行关断。调节电位器 R_W 可改变电容 C 的充电时间，从而改变双向晶闸管的触发角，实现灯光的调光控制。

相控式交流调压电路结构简单，但输出电压的谐波分量较大，且含有低次谐波，功率因数较低，要改善这些性质，可以采用斩控式交流调压电路。

2. 斩控式交流调压电路

斩控式交流调压电路的原理图如图 13-11(a)所示。S_1 和 S_2 是双向电子开关，S_1 和 S_2 的状态互补，假设一个周期的时间为 T，一个周期中开关 S_1 闭合(S_2 断开)的时间为 $t_{on}=DT$，S_1 断开(S_2 闭合)的时间为 $t_{off}=(1-D)T$，D 称为占空比。在 S_1 闭合(S_2 断开)时，负载两端电压 $u_o=u_i$，S_1 断开(S_2 闭合)时，负载两端电压 $u_o=0$。这样就在负载两端得到一系列幅值按正弦规律变化的脉冲，负载电压的包络线就是电源电压的波形。负载两端的电压 u_o 的波形如图 13-11(b)所示。

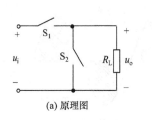
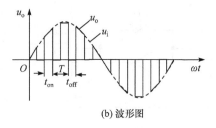

(a) 原理图   (b) 波形图

图 13-11　斩控式交流调压电路

通过分析可以知道,负载电压中与电源电压同频率的基波分量幅值是电源电压的 D 倍,因此,只要调节占空比 D,就能调节负载两端的电压 u_o。

采用斩控式调压,在输出电压 u_o 中也含有谐波分量,但只含有与电源频率和开关频率相关的谐波分量,这些谐波的频率比基波频率高很多,可以用简单的滤波电路将其滤除。实际应用的交流斩波电路如图 13-12 所示。图中输入滤波器能旁路斩波开关的高次谐波分量,使其不影响电源,保证电源电流为正弦波;输出滤波器能使负载得到工频正弦电压。

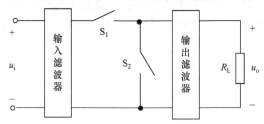

图 13-12　实际的斩控式交流调压电路

13.2.4　直流调压电路(DC/DC)

直流调压电路也称直流斩波电路,它是将某一恒定的直流电变换为另一大小的直流电,或大小可调的直流电。直流斩波电路利用全控型半导体器件作直流开关,将恒定直流电压变为断续的矩形波电压,通过改变矩形波电压的占空比来改变输出电压的平均值,实现直流调压。直流斩波电路广泛应用于无轨电车、地铁、电动汽车、开关电源等。

有关直流斩波电路的工作原理已经在 12.5 节进行了介绍,这里不再赘述。

习　　题

13-1　不可控、半控和全控型电力电子器件的主要区别是什么?

13-2　晶闸管的导通和关断条件分别是什么?

13-3　单相桥式全控整流电路中,变压器二次侧电流的波形和幅值与流过负载的电流的波形和幅值是否相同?

13-4　逆变器的作用是什么?

13-5　相控式交流调压与斩控式交流调压的主要区别是什么?

13-6　简述正弦脉宽调制型逆变器的工作原理。

13-7　某一电阻性负载,需要直流电压 60V,电流 30A。采用单相半波可控整流电路,直接由 220V 电网供电。试计算晶闸管的导通角。

13-8　有一纯电阻负载,对直流供电电源的要求:电压 $U_o = 0 \sim 180V$,电流 $I_o = 0 \sim 7A$。现用单相半控桥式整流电路，试求交流输入电压、输入电流的有效值，并选择晶闸管。

13-9　单相桥式半控整流电路，其输入交流电压为 220V，负载电阻为 1kΩ，当控制角 $\alpha=0\sim90°$时，(1)计算负载上电压和电流的平均值；(2)选择合适的功率器件。

13-10　已知单相半控桥式整流电路如图 13-13(a)所示，若 $u_2=20\sin\omega t$ V，$E=10$V 二极管和晶闸管的导通压降忽略不计，控制极触发信号 u_g 如图 13-13(b)所示，试画出输出电压 u_0 的波形。

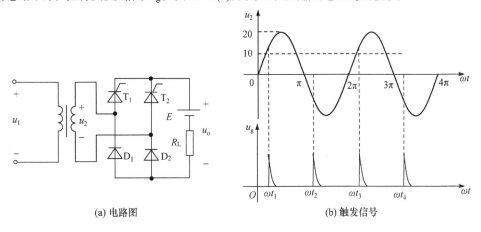

(a) 电路图　　　　　　　　　　　　　(b) 触发信号

图 13-13　题 13-10 图

13-11　单相桥式可控整流电路如图 13-14 所示，已知 $R_L=20\Omega$，要求 U_o 在 0～60V 的范围内连续可调。(1)估算变压器副边电压值 U_2(考虑电源电压±10%的波动)；(2)求晶闸管控制角 α 的变化范围；(3)如果不用变压器，直接将整流电路的输入端接在 220V 的交流电源上，要使 U_o 仍在 0～60V 范围内变化，问晶闸管的控制角 α 又将怎样变化？

13-12　图 13-15 所示的交流调压电路中，负载电阻 $R_L=20\Omega$，电源电压 $u_i=220\sqrt{2}\sin\omega t$ V。试画出触发角 $\alpha=30°$时输出电压 u_L 和晶闸管两端电压 u_T 的波形图，并求输出电压的有效值 U_L、晶闸管承受的最大正向电压 U_{BM} 和最大反向电压 U_{RM}。

习题答案13

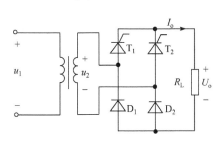

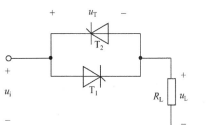

图 13-14　题 13-11 图　　　　　　　　　图 13-15　题 13-12 图

第 14 章　组合逻辑电路

在数字系统中，用 0 和 1 表示两种不同的逻辑状态，如真与假、开与关、高与低、通与断等。这种只有两种对立逻辑状态的逻辑关系称为二值数字逻辑，或简称**数字逻辑**。

数字逻辑电路可分为**组合逻辑电路**和**时序逻辑电路**两大类。组合逻辑电路在任意时刻的输出仅取决于同一时刻的输入，而与电路之前的输入无关，即是无记忆的。而时序逻辑电路在任意时刻的输出不仅与当前时刻的输入有关，还与过去的输入有关，即是有记忆的。

本章首先介绍分析数字逻辑电路的工具，即逻辑代数的相关知识，进而对组合逻辑电路的分析与设计方法进行介绍，时序逻辑电路将在第 15 章中进行介绍。

14.1　数制和码制

数制即计数体制，也就是多位数码的构成方式及从低位到高位的进位规则。日常生活中常用的是十进制，而在数字系统中则采用二进制。常用的还有八进制或十六进制。

码制即编码体制，在数字电路中主要是指用二进制数表示某种信息的编码方法和规则。常用的有 BCD 码、格雷码和 ASCII 码等。

数制和码制

数制和码制的详细介绍请参阅二维码中的内容。

14.2　逻辑代数基础

在数字逻辑电路中，用 1 位二进制数码的 0 和 1 表示一个事物的两种不同状态(即二值逻辑)。所谓"逻辑"，指事间的因果关系，表示逻辑状态的二进制数码可以按照指定的某种因果关系进行推理运算，这种运算称为逻辑运算。1849 年英国数学家乔治·布尔(George Boole)首先提出了进行逻辑运算的数学方法——**布尔代数**。后来，由于布尔代数广泛应用于数字逻辑电路的分析与设计中，所以布尔代数也称为**逻辑代数**。本章所讲的逻辑代数就是布尔代数在二值逻辑系统中的应用。

逻辑代数中的变量称为**逻辑变量**，一般用字母表示。虽然有些逻辑代数的运算公式在形式上与普通代数相似，但所包含的物理意义有本质的不同，逻辑运算表示逻辑之间而不是数量之间的推理运算。虽然在二值逻辑中，每个逻辑变量的取值只有 0 和 1 两种可能，但可以用多变量的不同组合来表示事物的多种逻辑状态，从而处理任何复杂的逻辑问题。

14.2.1　逻辑代数的基本运算

1. 基本逻辑运算

逻辑代数中的基本运算有与(AND)、或(OR)、非(NOT)三种。所谓基本运算是指任何复杂的逻辑函数都可以由与、或、非三种基本逻辑运算来实现。

逻辑与：只有决定事物结果的全部条件同时具备时，结果才会发生，这种逻辑关系称为逻辑与，又称逻辑乘。

逻辑或：在决定事物结果的几个条件中只要有任何一个满足，结果就会发生，这种逻辑关系称为逻辑或，又称逻辑加。

逻辑非：决定事物的结果只有一个条件，条件具备了，结果不会发生，而条件不具备时，结果反而发生，这种逻辑关系称为逻辑非，又称逻辑求反。

图 14-1 用灯泡亮灭的控制电路举例说明了以上三种不同的逻辑关系。

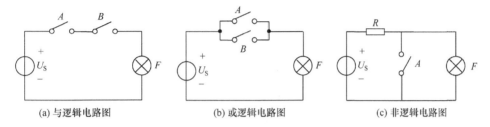

(a) 与逻辑电路图　　　　　　(b) 或逻辑电路图　　　　　　(c) 非逻辑电路图

图 14-1　与、或、非三种基本逻辑电路模型

若以 A、B 表示开关的状态，并且用 1 表示开关闭合，0 表示开关断开；以 F 表示灯泡的状态，并用 1 表示灯泡亮，用 0 表示灯泡不亮，则可以列出以 0 和 1 表示的三种基本逻辑关系的表格，这种表格称为**逻辑状态表**，也称逻辑真值表，简称**真值表**。三种基本逻辑关系的真值表如表 14-1～表 14-3 所示。

表 14-1　与逻辑真值表

A	B	F
0	0	0
0	1	0
1	0	0
1	1	1

表 14-2　或逻辑真值表

A	B	F
0	0	0
0	1	1
1	0	1
1	1	1

表 14-3　非逻辑真值表

A	F
0	1
1	0

三种基本逻辑运算用**逻辑表达式**表示时，分别为

与逻辑的表达式　　　　　　$$F = A \cdot B = AB \tag{14-1}$$

或逻辑的表达式　　　　　　$$F = A + B \tag{14-2}$$

非逻辑的表达式　　　　　　$$F = \overline{A} \tag{14-3}$$

实现与逻辑运算的单元电路称为**与门**；实现或逻辑运算的单元电路称为**或门**；实现非逻辑运算的单元电路称为**非门**(也称反相器)。在数字电路中，为了方便表示各种门电路，规定了两类通用的图形符号，一类是矩形轮廓的符号(我国国标规定的图形符号)，另一类是一些国外教材和 EDA 软件中采用的特定外形符号，如图 14-2 所示。

2. 复合逻辑运算

实际的逻辑问题要比基本的与、或、非逻辑复杂得多，有些逻辑运算是由两种或两种以上的基本逻辑运算复合而成的，称为**复合逻辑运算**。从电路实现的角度，最常见的复合

逻辑运算有**与非**(NAND)、**或非**(NOR)、**与或非**(AND-NOR)、**异或**(EXCLUSIVE OR)和**同或**(EXCLUSIVE NOR)等。表14-4～表14-7给出了这些复合逻辑运算的真值表(与或非的真值表可自行推导)。逻辑符号也有矩形和特定外形两种,本书采用矩形轮廓符号,如图14-3所示。

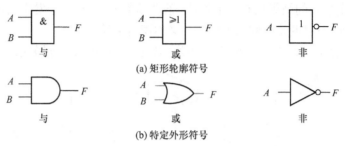

图14-2 与、或、非三种基本逻辑门电路的电路符号

表 14-4	与非逻辑真值表		**表 14-5**	或非逻辑真值表		**表 14-6**	异或逻辑真值表		**表 14-7**	同或逻辑真值表	
A	B	F	A	B	F	A	B	F	A	B	F
0	0	1	0	0	1	0	0	0	0	0	1
0	1	1	0	1	0	0	1	1	0	1	0
1	0	1	1	0	0	1	0	1	1	0	0
1	1	0	1	1	0	1	1	0	1	1	1

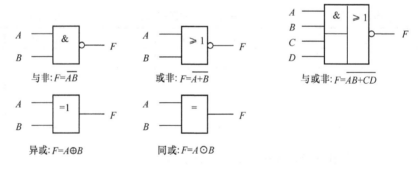

图14-3 复合逻辑门电路的电路符号

异或逻辑关系的特点为:当A和B不同时,输出F为1,否则为0。同或逻辑与异或逻辑相反,当A和B相同时,输出F为1,否则为0,即

$$A \odot B = \overline{A \oplus B}$$

(14-4)

14.2.2 逻辑代数中的基本公式

逻辑代数中有一系列基本定律、定理和恒等式,利用这些公式可以对复杂的逻辑表达式进行化简、变换、分析和设计。利用前面介绍的与、或、非三种基本逻辑运算规则就可以推导出这些逻辑代数中的基本公式,见表14-8。

表 14-8　逻辑代数的基本公式

0-1 律	$0+A=A$ $1+A=1$	$1\cdot A=A$ $0\cdot A=0$
互补律	$A+\overline{A}=1$	$A\cdot\overline{A}=0$
还原律	$\overline{\overline{A}}=A$	
重叠律	$A+A+A+\cdots=A$	$A\cdot A\cdot A\cdots=A$
交换律	$A+B=B+A$	$AB=BA$
结合律	$A+(B+C)=(A+B)+C$	$A\cdot(B\cdot C)=(A\cdot B)\cdot C$
分配律	$A\cdot(B+C)=A\cdot B+A\cdot C$	$A+B\cdot C=(A+B)\cdot(A+C)$
吸收律	$A+A\cdot B=A$ $A+\overline{A}\cdot B=A+B$	$A\cdot(A+B)=A$ $A(\overline{A}+B)=AB$
合并律	$A\cdot B+A\cdot\overline{B}=A$	$(A+B)(A+\overline{B})=A$
反演律(摩根定理)	$\overline{A+B+C\cdots}=\overline{A}\cdot\overline{B}\cdot\overline{C}\cdots$	$\overline{A\cdot B\cdot C\cdots}=\overline{A}+\overline{B}+\overline{C}+\cdots$
常用恒等式	$AB+\overline{A}C+BC=AB+\overline{A}C$	$AB+\overline{A}C+BCD=AB+\overline{A}C$

表 14-8 中所有公式都可以通过真值表证明，即分别列出等式左边表达式与右边表达式的真值表，如果等式两边的真值表相同，说明等式成立。

表 14-8 中的常用恒等式可以通过其他基本定律加以证明，例如：

$$AB+\overline{A}C+BC = AB+\overline{A}C+BC(A+\overline{A})$$
$$= AB+\overline{A}C+ABC+\overline{A}BC$$
$$= AB(1+C)+\overline{A}C(1+B)$$
$$= AB+\overline{A}C$$

逻辑代数及
基本运算规则

该式表明：与或表达式中，两个乘积项分别包含同一因子的原变量和反变量，而两项的剩余因子包含在第三个乘积项中，则第三项是多余的。因此，该式还可以推广

$$AB+\overline{A}C+BCDE=AB+\overline{A}C$$

14.3　逻辑函数的表示方法

在前面讲过的各种逻辑表达式中，如果以逻辑变量作为输入，把运算结果作为输出，那么当输入确定后，输出也就随之确定。因此输入和输出之间是一种函数关系，且输入和输出都是逻辑变量，遵循逻辑变量的运算规则，因此这种函数关系称为**逻辑函数**。

逻辑函数可以有多种表示方法。本节重点介绍真值表、逻辑表达式和逻辑图。

1. 真值表

由输入逻辑变量所有可能的取值组合及其对应的输出逻辑变量的值构成的表格，即为**真值表**。易知，真值表的行数由输入变量的个数决定。下面举例说明。

在举重比赛中一般有三名裁判，其中一名主裁判、两名副裁判，规定必须有两名裁判以

上(而且必须包含主裁判)认定运动员动作合格，试举才算成功。为列出与这一逻辑功能对应的真值表，首先进行逻辑规定。用逻辑变量 A、B、C 分别表示三名裁判，且 A 是主裁判，判决合格为 1，不合格为 0。用逻辑变量 F 表示运动员试举成绩，成功为 1，失败为 0。根据逻辑规定和功能要求，可以列出该逻辑功能对应的真值表，如表 14-9 所示。

表 14-9　举重裁判问题的真值表

A	B	C	F
0	0	0	0
0	0	1	0
0	1	0	0
0	1	1	0
1	0	0	0
1	0	1	1
1	1	0	1
1	1	1	1

2. 逻辑表达式

将输出和输入之间的逻辑关系写成与、或、非等运算的组合式，即逻辑代数式，就得到了逻辑函数表达式，简称**逻辑表达式**。上面举重裁判员对应的逻辑问题，根据其逻辑功能和与逻辑、或逻辑的定义，可以总结为：B 和 C 至少有一个同意是"或"的关系：$B+C$；A 一定要同意才能算成功，和 $B+C$ 是"与"的关系，因此，输出对应的逻辑表达式为

$$F = A(B + C)$$

对于更复杂的逻辑功能一般不能那么容易总结出各变量之间的逻辑关系，下面给出通过真值表直接获得逻辑表达式的两种方法。

1) 与-或形式的逻辑表达式

在真值表中找出所有输出为 1 的输入组合，并将其写成乘积项，写乘积项的规则是变量值为 1 的写原变量，变量值为 0 的写反变量，最后将所有的乘积项相"或"，即得到与-或形式的逻辑表达式。

例如，举重裁判问题的真值表中，当输入变量 $ABC = 101,110,111$ 时，输出变量 $F = 1$，即有三种输入变量组合能使输出为 1，对应的乘积项分别为 $A\overline{B}C, AB\overline{C}, ABC$，则与-或形式的逻辑表达式为

$$F = A\overline{B}C + AB\overline{C} + ABC$$

上式与 $F = A(B + C)$ 其实是相等的，这里可以看出，同一个逻辑问题，真值表是唯一的，但逻辑表达式可以有多种，且有些逻辑表达式可以进一步化简。关于逻辑函数的化简将在 14.4 节介绍。

2) 或-与形式的逻辑表达式

找出真值表中所有输出为 0 的输入组合，并将其写成和项，写和项的规则是变量值为 1 的写反变量，为 0 的写原变量，最后将所有的和项相"与"，即得到或-与形式的逻辑表达式。

仍以举重裁判问题的真值表为例，当输入变量 $ABC = 000,001,010,011,100$ 时，输出变

量 $F=0$ ，即有五种输入变量组合能使输出为 0，对应的和项分别为：$A+B+C$ ，$A+B+\overline{C}$ ，$A+\overline{B}+C$ ，$A+\overline{B}+\overline{C}$ ，$\overline{A}+B+C$ ，则或-与形式的逻辑表达式为

$$F=(A+B+C)(A+B+\overline{C})(A+\overline{B}+C)(A+\overline{B}+\overline{C})(\overline{A}+B+C)$$

3. 逻辑图

将逻辑表达式中各逻辑变量之间的与、或、非等逻辑关系用电路符号和相应的连线表示出来，就可以画出表示函数关系的逻辑图。以逻辑表达式 $F=A(B+C)$ 为例，对应的逻辑图如图 14-4 所示。

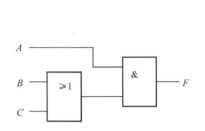

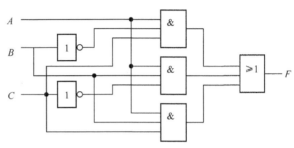

图 14-4　$F=A(B+C)$ 的逻辑电路图　　　图 14-5　$F=A\overline{B}C+AB\overline{C}+ABC$ 的逻辑电路图

若以逻辑表达式 $F=A\overline{B}C+AB\overline{C}+ABC$ 为基础，则对应的逻辑图如图 14-5 所示。

根据之前对逻辑表达式的讨论，上述两个逻辑图实现的逻辑功能是相同的，但实现的复杂程度却不同。逻辑表达式越简单，越有利于用更少的门电路实现这个逻辑函数，硬件电路成本也就越低，因此逻辑表达式的化简非常重要。

综上，本节主要介绍了三种逻辑函数的表示方法，这几种表示方法之间也能够相互转换。在实际中根据逻辑功能将利用这三种表示方法进行数字逻辑电路的分析与设计。

14.4　逻辑函数的化简

如前所述，一个逻辑函数可以有多种不同的逻辑表达式，逻辑表达式越简单，它所表示的逻辑关系越明显，同时也有利于用较少的门电路实现这个逻辑函数，使所设计的电路成本更低，因此，经常通过化简找出逻辑函数的最简形式。常用的化简方法有公式法和卡诺图法，下面主要介绍公式化简法。

公式化简法是运用逻辑代数中的基本公式和基本定律对逻辑函数的表达式进行化简。这种方法需要一些经验和技巧，没有固定的步骤。下面举例介绍常用的方法。

(1) 并项法。

利用公式：$A+\overline{A}=1$ ，将两项合并成一项，同时消去一个变量。

例 14-1　化简逻辑函数：$F=A\overline{B}C+AB\overline{C}+ABC+A\overline{B}\overline{C}$

解　$F=A\overline{B}C+AB\overline{C}+ABC+A\overline{B}\overline{C}=AB(C+\overline{C})+A\overline{B}(C+\overline{C})$

$\qquad=AB+A\overline{B}=A(B+\overline{B})=A$

(2) 吸收法。

利用公式：$A + AB = A$ 或 $AB + \overline{A}C + BC = AB + \overline{A}C$，消除多余项。

例 14-2　化简逻辑函数：$F = AB + A\overline{B} + AD + BD + ACEF + \overline{B}EF + DEFG$

解　$F = AB + A\overline{B} + AD + BD + ACEF + \overline{B}EF + DEFG$

$= A(B + \overline{B}) + AD + BD + ACEF + \overline{B}EF + DEFG$

$= A + AD + BD + ACEF + \overline{B}EF + DEFG$

$= A + BD + \overline{B}EF + DEFG$

$= A + BD + \overline{B}EF$

(3) 消去法。

利用公式：$A + \overline{A}B = A + B$，消除多余的因子。

例 14-3　化简逻辑函数：$F = AB + \overline{A}C + \overline{B}C$

解　$F = AB + \overline{A}C + \overline{B}C = AB + \overline{AB}C = AB + C$

(4) 配项法。

利用公式：$A + A = A$，可以在逻辑表达式中重复写入某一项，有时可以获得更加简单的化简结果。

例 14-4　化简逻辑函数：$F = AB\overline{C} + \overline{A}BC + ABC$

解　$F = AB\overline{C} + \overline{A}BC + ABC = AB\overline{C} + \overline{A}BC + ABC + ABC$

$= AB\overline{C} + ABC + ABC + \overline{A}BC$

$= AB(C + \overline{C}) + BC(A + \overline{A})$

$= AB + BC$

利用公式：$A + \overline{A} = 1$，可以在逻辑表达式中的某一项中乘以 $(A + \overline{A})$，然后拆成两项分别与其他项合并，有时可以得到更加简单的化简结果。

例 14-5　化简逻辑函数：$F = AB + \overline{A}\overline{C} + B\overline{C}$

解　$F = AB + \overline{A}\overline{C} + B\overline{C} = AB + \overline{A}\overline{C} + (A + \overline{A})B\overline{C}$

$= AB + \overline{A}\overline{C} + AB\overline{C} + \overline{A}B\overline{C}$

$= AB(1 + \overline{C}) + \overline{A}\overline{C}(1 + B)$

$= AB + \overline{A}\overline{C}$

在化简复杂逻辑函数时，需要灵活、交替地运用上述方法，才能得到最后的简化结果。下面再举几个例子。

逻辑函数的表示与化简

例 14-6　化简逻辑函数：$F = AC + \overline{A}D + \overline{B}D + B\overline{C}$

解　$F = AC + \overline{A}D + \overline{B}D + B\overline{C} = AC + B\overline{C} + D(\overline{A} + \overline{B})$

$= AC + B\overline{C} + \overline{AB}D = AC + B\overline{C} + AB + \overline{AB}D$

$= AC + B\overline{C} + AB + D = AC + B\overline{C} + D$

例 14-7　说明等式 $\overline{A}\overline{C} + BC + A\overline{B} = \overline{A}B + AC + \overline{B}\overline{C}$ 成立吗？

解 $\overline{A}\,\overline{C} + BC + A\overline{B} = \overline{A}\,\overline{C}(B+\overline{B}) + BC(A+\overline{A}) + A\overline{B}(C+\overline{C})$

$$= \overline{A}\,\overline{B}\,\overline{C} + \overline{A}B\overline{C} + \overline{A}BC + ABC + A\overline{B}\,\overline{C} + A\overline{B}C$$

$$= \overline{A}B(\overline{C}+C) + AC(B+\overline{B}) + (A+\overline{A})\overline{B}\,\overline{C}$$

$$= \overline{A}B + AC + \overline{B}\,\overline{C}$$

即等式成立。该式说明，一个逻辑表达式的最简形式可能并不是唯一的，例如，假设 $F = \overline{A}\,\overline{B}\,\overline{C} + \overline{A}B\overline{C} + \overline{A}BC + ABC + A\overline{B}\,\overline{C} + A\overline{B}C$，则 $\overline{A}\,\overline{C} + BC + A\overline{B}$ 和 $\overline{A}B + AC + \overline{B}\,\overline{C}$ 都是 F 的最简与-或式。

14.5 集成门电路及应用

门电路是最简单的逻辑电路,是构成复杂逻辑电路的基础。常用的门电路有与门、或门、非门、与非门、或非门、与或非门、异或门等。在早期的数字逻辑电路中，每个门电路都是由若干个分立的半导体器件(如二极管、三极管)和电阻、电容连接而成的，称为分立元器件门电路。这种门电路体积大、功耗大、可靠性低，实现大规模的数字电路非常困难，因此限制了数字电路的普遍应用。随着微电子技术的发展，将门电路的所有器件及连接导线制作在同一块半导体基片上，就构成了集成逻辑门电路。集成门电路具有体积小、功耗低、可靠性高的特点，为数字电路的快速发展奠定了基础。现在已经能将大量的门电路集成在一块很小的半导体芯片上，实现功能非常复杂的数字系统。数字电路的集成化为其发展应用开拓了广阔的天地。

集成门电路可基于不同的工艺和电路结构进行分类,常见的有晶体管-晶体管逻辑(TTL)门电路、发射极耦合逻辑(ECL)门电路、互补金属氧化物半导体(CMOS)门电路、双极型CMOS(BiCMOS)门电路等。下面简要介绍 TTL 门电路、CMOS 门电路以及集成门电路的使用注意事项。

集成门电路

14.5.1 TTL 门电路

TTL(transistor-transistor-logic)门电路由双极型二极管和三极管组成，所以又称双极型集成电路。双极型数字集成电路是利用电子和空穴两种不同极性的载流子参与导电的器件，是数字集成电路的一大门类。

在 TTL 门电路中，二极管和三极管一般工作在开关状态。二极管由一个 PN 结构成，具有单向导电性，因此其开关状态是指当二极管加正向电压时，二极管导通，压降维持在 0.7V 左右，当二极管加反向电压时，处于截止状态，只有极微小的电流 I_S(微安级)流过。三极管相对复杂，在电路中有三个工作状态：截止状态、放大状态和饱和状态。在模拟电路中，三极管一般工作在放大状态，在 TTL 门电路中，三极管主要工作在截止状态(对应"关")和饱和导通状态(对应"开")。

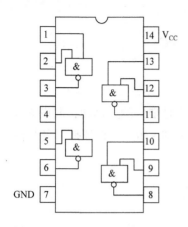

图 14-6　7400 与非门引脚排列图

下面简单介绍 TTL 门电路中的与非门、集电极开路门和三态门。

1. 与非门

TTL 与非门的集成芯片较多，图 14-6 为 2 输入四与非门 7400 的引脚排列图，引脚 14(V_{CC})接 5V 电源，引脚 7(GND)接地。

门电路的输出电压随输入电压变化的特性称为**电压传输特性**。TTL 与非门的电压传输特性可按图 14-7(a)所示的电路测试。其中输入端 A 接可调直流电源，其余输入端接标准高电平电压 3.6V 或 5V。改变 A 点电位，逐点测出输入电压 U_i 和对应输出电压 U_o 的值，可得电压传输特性曲线如图 14-7(b)所示。

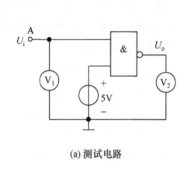

(a) 测试电路

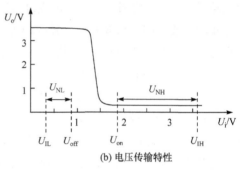

(b) 电压传输特性

图 14-7　与非门测试电路与电压传输特性

与非门的
主要参数

从电压传输特性可以看出，当输入电压 U_i 从 0V 逐渐增大时，在一定范围内输出电压 U_o 一直保持高电平不变。当输入电压 U_i 上升到一定数值后，输出电压 U_o 迅速下降为低电平，如果继续增大输入电压 U_i，输出保持低电平不变。

与非门的主要参数详见二维码中的内容。

2. 集电极开路门

集电极开路门是一种内部输出级晶体管集电极开路(open collector)的门电路，简称 **OC** 门。因为集电极开路输出，在实际应用时，输出端必须通过电阻连接到电源正端，以保证能正常输出逻辑电平。OC 与非门的图形符号和输出端的连接方法如图 14-8 所示，图中电源 U_{CC1} 可以与 OC 与非门共用一个电源，也可以是与 OC 与非门电路不同的其他电源。

OC 门的输出端可以直接相连，以实现逻辑与的功能，称为"**线与**"，如图 14-9 所示。此时输出端的逻辑表达式为

$$F = F_1 F_2 = \overline{AB} \cdot \overline{CD} = \overline{AB + CD}$$

即两个 OC 与非门线与后，可得到与或非的逻辑输出。

在采用线与方式时，需要特别注意电阻 R 的选择。应根据两种极端情况——所有 OC 门都截止和只有一个 OC 门导通时，都能正常输出高电平和低电平，由此来确定电阻的最大值 R_{max} 和最小值 R_{min}，电阻 R 的阻值应在该范围内选取。

3. 三态门

三态门是一种带控制端的门电路。三态门除了输出高电平和低电平这两种状态外，还能输出第三种状态——**高阻状态**(开路状态)。当输出处于高阻状态时，三态门的输出与外电路处于"断开"的状态。图 14-10 是三态与非门的图形符号，EN、$\overline{\text{EN}}$ 为控制端，也称使能端。在图 14-10(a)中，EN 高电平有效，即当 EN=1 时，$F = \overline{AB}$，当 EN=0 时，不管输入 A、B 的状态如何，输出端处于高阻(开路)状态；而在图 14-10(b)中，$\overline{\text{EN}}$ 低电平有效，图中 $\overline{\text{EN}}$ 端的"○"即表示低电平有效，即当 $\overline{\text{EN}}=0$ 时，$F = \overline{AB}$，当 $\overline{\text{EN}}=1$ 时，不管输入 A、B 的状态如何，输出端处于高阻(开路)状态。

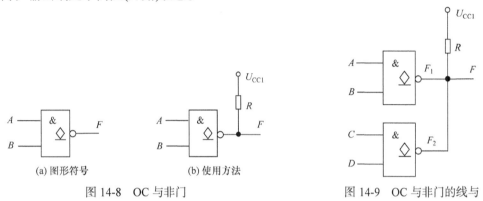

图 14-8　OC 与非门　　　　　图 14-9　OC 与非门的线与

三态门广泛应用在信号传输场合，可以用一根总线轮流传送多路信号，如图 14-11 所示。

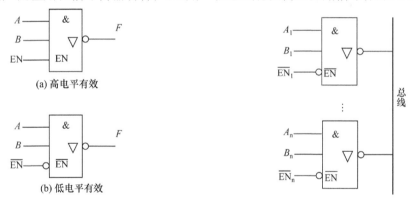

图 14-10　三态与非门的图形符号　　　　图 14-11　三态与非门构成的总线

14.5.2　CMOS 门电路

CMOS 门电路由 N 沟道增强型 MOS 管和 P 沟道增强型 MOS 管构成，只利用一种极性的载流子(电子或空穴)进行电传导，属于单极型数字集成电路。CMOS 集成电路采用的场效应管是互补结构，工作时两个串联的场效应管总是处于一个管子导通而另一个管子截止的状态，电路静态功耗很低。CMOS 门电路还具有工作电压范围宽、抗干扰能力强、输入阻抗高、温度稳定性能好、输出驱动能力强、抗辐射能力强等优越的性能，非常适合制造大规模集成电路。目前微处理器、存储器等复杂数字系统均采用 CMOS 工艺，即使在中、小规模的集成电路中，CMOS 门电路也逐步取代 TTL 门电路，成为当前数字电路的主流产品。

CMOS 门电路的电源电压范围较宽(3～18V)，使得选择电源电压灵活方便，但在与 TTL 门电路同时使用时，要注意逻辑电平的差异，通常需要采用适当的接口电路以转换电平。但高速 CMOS 集成电路 74HCT 系列可以与 TTL 集成电路 74LS 系列直接连接，它们的逻辑电平是兼容的。

14.5.3 使用集成门电路的注意事项

(1) 多余输入端的处理。

与(非)门多余的输入端应接高电平，或(非)门多余的输入端应接低电平，以保证正常的逻辑功能。接高电平时，一般是通过电阻接到电源正端，虽然直接接到电源正端或悬空(CMOS 输入端不允许悬空)也可以，但不建议这样使用。接低电平时可直接接地。

在前级门电路的驱动能力足够时，也可以把几个输入端接在一起，作为一个输入端使用。

(2) 输入信号的电压范围。

输入信号的电压范围为 $-0.5V \leqslant u_i \leqslant U_{CC}$，$U_{CC}$ 为电源电压。

(3) 输出端的连接。

除 OC 门和三态门外，门电路的输出端不允许接在一起，也不允许直接接电源或直接接地，否则可能损坏芯片。同时要注意，每个门电路输出端所带的负载不能超过它的负载能力。

(4) 电源要求。

TTL 门电路对电源电压要求较高，电源电压范围为 $5 \times (1 \pm 5\%) V$。CMOS 门电路的电源电压的范围较宽，如 4000B 系列的电源电压范围为 3～18V。电源电压越大，门电路的抗干扰性能也就越好。

14.6 组合逻辑电路的分析

组合逻辑电路在逻辑功能上的特点是任意时刻的输出仅仅取决于该时刻的输入，与电路原来的状态无关。从电路结构上看，组合逻辑电路具有两个特点：第一，组合逻辑电路由门电路构成，不包含任何记忆元件；第二，电路中的信号传递是单方向的，即电路中不包含反馈回路。

分析组合逻辑电路的目的是对于一个给定的逻辑电路，确定其逻辑功能，一般步骤如下。

(1) 根据逻辑电路，写出输出端和输入端之间的逻辑函数表达式。

(2) 将逻辑函数表达式化简，以得到更简单的表达式。

(3) 根据简化后的逻辑表达式列出真值表。

(4) 根据真值表和简化后的逻辑表达式，对逻辑电路进行分析，最后确定其逻辑功能。

组合逻辑电路的分析过程如图 14-12 所示。

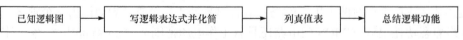

图 14-12 组合逻辑电路的分析过程

下面通过例题说明如何对组合逻辑电路进行分析。

例 14-8　试分析图 14-13(a)所示组合逻辑电路的逻辑功能。

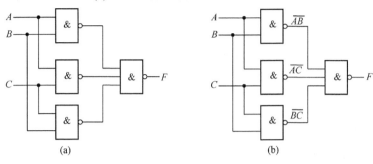

图 14-13　例 14-8 的组合逻辑电路图

解　第一步，根据逻辑电路写出各输出端的逻辑表达式，如图 14-13(b)所示，并进行化简和变换。

组合逻辑
电路分析
例题

$$F = \overline{\overline{AB} \cdot \overline{AC} \cdot \overline{BC}} = AB + AC + BC$$

第二步，列写真值表，如表 14-10 所示。

第三步，确定逻辑功能。通过分析真值表可知，输入 A、B、C 有两个或两个以上为 1 时，输出 F 为 1，因此这是一个少数服从多数电路，也称表决电路。

表 14-10　例 14-8 的真值表

输入			输出
A	B	C	F
0	0	0	0
0	0	1	0
0	1	0	0
0	1	1	1
1	0	0	0
1	0	1	1
1	1	0	1
1	1	1	1

14.7　组合逻辑电路的设计

组合逻辑
电路的分
析和设计

组合逻辑电路的设计与分析过程相反，是对于实际要求的逻辑问题，得出满足这一逻辑问题的逻辑电路。通常要求电路简单，所用器件的种类和每种器件的数目尽可能少，所以需要将逻辑函数进行化简，有时还需要一定的变换，以便能用最少的门电路组成逻辑电路，从而使电路结构紧凑，工作可靠且经济。设计组合逻辑电路的一般步骤如下。

(1) 明确实际问题的逻辑功能。许多实际设计的要求是用文字描述的，因此，需要确定实际问题的逻辑功能，并确定输入、输出变量数及表示符号。

(2) 根据对逻辑功能的要求，列出真值表。

(3) 由真值表写出逻辑表达式，并进行化简和变换。

(4) 画出逻辑图。

组合逻辑电路的设计过程如图 14-14 所示。

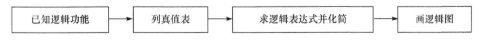

图 14-14　组合逻辑电路的设计过程

下面通过例题说明如何设计组合逻辑电路。

例 14-9   设计一个监视交通信号灯工作状态的逻辑电路。每一组信号灯都由红、黄、绿三盏灯组成，正常情况下，任意时刻必须有一盏灯且只有一盏灯亮。当出现不正常工作状态时，要发出故障信号，以提醒工作人员。请设计该组合逻辑电路。

解   第一步，根据实际问题给出逻辑规定。

用 A、B、C 作为输入逻辑变量，表示红、黄、绿三盏灯的工作状态，并规定灯亮时为 1，不亮时为 0。用 F 作为输出逻辑变量表示交通灯的故障情况，并规定正常工作为 0，发生故障为 1。

第二步，根据逻辑功能列写真值表，如表 14-11 所示。

第三步，根据真值表，写出与或形式的逻辑表达式，并进行化简。

$$F = \overline{A}\,\overline{B}\,\overline{C} + \overline{A}BC + A\overline{B}C + AB\overline{C} + ABC$$
$$= \overline{A}\,\overline{B}\,\overline{C} + \overline{A}BC + A\overline{B}C + AB\overline{C} + ABC + ABC + ABC$$
$$= \overline{A}\,\overline{B}\,\overline{C} + BC + AC + AB$$

第四步，根据表达式画出逻辑电路图如图 14-15 所示。

表 14-11   例 14-9 的真值表

输入			输出
A	B	C	F
0	0	0	1
0	0	1	0
0	1	0	0
0	1	1	1
1	0	0	0
1	0	1	1
1	1	0	1
1	1	1	1

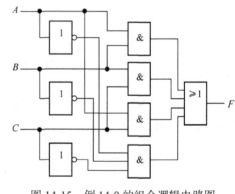

图 14-15   例 14-9 的组合逻辑电路图

下面分别介绍加法器、编码器、译码器等常用组合逻辑电路，讨论这些电路的功能、原理和应用。

14.7.1   半加器和全加器

加法器是数字计算机中的核心部件，因为加、减、乘、除四则运算都可以通过加法运算来实现。直接设计多位加法器太复杂，通常由 N 个一位加法器的组合来实现 N 位加法器。实现一位加法运算的组合逻辑电路有半加器和全加器两种。

1. 半加器

两个一位二进制数相加，不考虑低位进位，称为半加运算，实现这种半加运算的逻辑电路即为**半加器**。用逻辑变量 A、B 表示加数和被加数，S 表示和，CO 表示向高位的进位，则半加器的真值表如表 14-12 所示。

由真值表可以写出半加器输出变量的逻辑表达式：

$$S = A\overline{B} + \overline{A}B = A \oplus B$$
$$CO = AB$$

即半加器可以由一个异或门和一个与门构成，半加器的逻辑图和图形符号如图 14-16 所示。

表 14-12　半加器的真值表

输入		输出	
A	B	S	CO
0	0	0	0
0	1	1	0
1	0	1	0
1	1	0	1

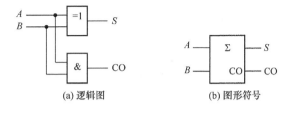

图 14-16　半加器的逻辑图和图形符号

2. 全加器

两个一位二进制数相加，同时考虑低位进位，则称为全加运算，实现这种全加运算的逻辑电路即为**全加器**。用逻辑变量 CI 表示从低位来的进位，其他逻辑变量的规定与半加器相同，则全加器的真值表如表 14-13 所示。

由真值表可以写出全加器输出变量的逻辑表达式并化简：

$$S = \overline{A}\,\overline{B}CI + \overline{A}B\overline{CI} + A\overline{B}\,\overline{CI} + ABCI$$
$$= (\overline{AB} + A\overline{B})\overline{CI} + (\overline{A}\,\overline{B} + AB)CI$$
$$= A \oplus B \oplus CI$$

$$CO = \overline{A}BCI + A\overline{B}CI + AB\overline{CI} + ABCI$$
$$= \overline{A}BCI + A\overline{B}CI + AB\overline{CI} + ABCI + ABCI + ABCI$$
$$= AB + BCI + ACI$$

由逻辑表达式，可得全加器的逻辑图如图 14-17(a) 所示，图形符号如图 14-17(b) 所示。

表 14-13　全加器的真值表

输入			输出	
A	B	CI	S	CO
0	0	0	0	0
0	0	1	1	0
0	1	0	1	0
0	1	1	0	1
1	0	0	1	0
1	0	1	0	1
1	1	0	0	1
1	1	1	1	1

3. 串行进位加法器

把多个全加器适当连接，就可以构成多位二进制加法器，其中串行进位加法器是最简单的一种。图 14-18 为一个 4 位串行加法器的原理图，由 4 个一位全加器连接而成，基本原理是将进位从最低有效位开始串行传递到最高有效位。

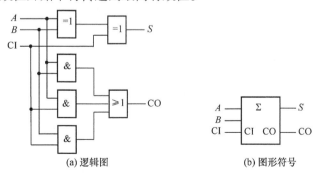

图 14-17　全加器逻辑图和逻辑符号

串行进位加法器虽然电路结构简单，但是运算时需要先进行低位加法，再依次进行高位加法，速度较慢，且加法器位数越多，完成加法运算的时间越长。为了提高加法运算速度，可以采用超前进位加法器,基本思路是提前获得每一位全加器的进位信息,电路会相对复杂,这里不再展开。

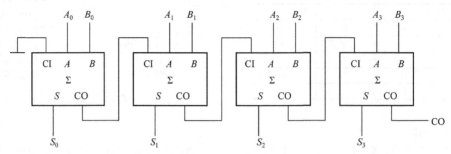

图 14-18　4 位串行加法器的原理图

14.7.2　编码器

数字系统中存储和处理的信息通常用二进制代码表示,用一个二进制代码表示特定含义的信息称为**编码**,实现编码功能的组合逻辑电路即为**编码器**。为某一类信息进行编码通常先根据信息的种类确定二进制代码的位数,根据二进制数制的特点,n 位二进制代码可以有 2^n 种组合,因此若有 m 种信息需要编码,则需要 $n = \log_2 m$ 位二进制代码,进而可以根据编码规则写出编码表。将需要编码的信息作为输入,编码后的 n 位二进制代码作为输出,根据编码表就能得到编码器的真值表,从而写出输出的逻辑表达式,整理化简后就可以画出编码器的逻辑电路图。

下面以 8421 BCD 码编码器为例,介绍具体编码过程。用二进制代码表示十进制数,称为二-十进制编(binary coded decimal,BCD)码,十进制数有 0~9 共 10 种取值,因此编码时至少需要 4 位二进制代码。最常用的二-十进制编码器是 8421 BCD 码,8、4、2、1 分别表示 4 位二进制数从高位到低位的权值,若用 $DCBA$ 表示编码后的二进制代码,则编码表如表 14-14 所示。

表 14-14　8421 BCD 码编码表

十进制数	8421 BCD 码			
	D	C	B	A
0	0	0	0	0
1	0	0	0	1
2	0	0	1	0
3	0	0	1	1
4	0	1	0	0
5	0	1	0	1
6	0	1	1	0
7	0	1	1	1
8	1	0	0	0
9	1	0	0	1

设逻辑变量 $S_0 \sim S_9$ 分别对应十进制数 $0 \sim 9$，编码器输出即为二进制代码 $DCBA$，且 $S_0 \sim S_9$ 为 1 有效，且任何时刻 $S_0 \sim S_9$ 中只能有一个取值为 1，则 8421 BCD 编码器的真值表如表 14-15 所示。

表 14-15　8421 BCD 码编码器的真值表

输入										输出			
S_9	S_8	S_7	S_6	S_5	S_4	S_3	S_2	S_1	S_0	D	C	B	A
0	0	0	0	0	0	0	0	0	1	0	0	0	0
0	0	0	0	0	0	0	0	1	0	0	0	0	1
0	0	0	0	0	0	0	1	0	0	0	0	1	0
0	0	0	0	0	0	1	0	0	0	0	0	1	1
0	0	0	0	0	1	0	0	0	0	0	1	0	0
0	0	0	0	1	0	0	0	0	0	0	1	0	1
0	0	0	1	0	0	0	0	0	0	0	1	1	0
0	0	1	0	0	0	0	0	0	0	0	1	1	1
0	1	0	0	0	0	0	0	0	0	1	0	0	0
1	0	0	0	0	0	0	0	0	0	1	0	0	1

根据真值表，对应输出的逻辑表达式为

$$A = S_1 + S_3 + S_5 + S_7 + S_9$$
$$B = S_2 + S_3 + S_6 + S_7$$
$$C = S_4 + S_5 + S_6 + S_7$$
$$D = S_8 + S_9$$

图 14-19 为实现 8421 BCD 编码器的一种逻辑图。

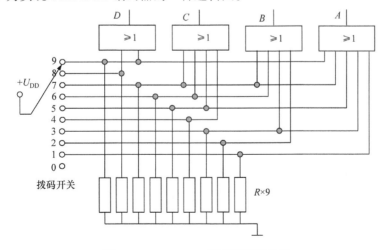

编码器
和译码器

图 14-19　8421 BCD 码编码器逻辑图

以上设计的编码器电路虽然简单，但对于可能出现两个输入同时有效的电路，如按键式输入的编码器,将产生错误。这种情况需要为每个输入规定优先级,通过优先编码器来解决,相应的电路也会更加复杂,有兴趣的读者可以参阅相关书籍。

14.7.3　译码器

译码是编码的逆过程,是将二进制代码所表示的信息翻译过来的过程。实现译码功能的电路称为**译码器**。具体地说,译码器的逻辑功能就是将每个输入的二进制代码转换成对应的输出信号(在具体电路中,输出可能是高电平有效,也可能是低电平有效)或另外一个代码。译码器是一种多输入多输出的组合电路,常用的译码器有二进制译码器和显示译码器。

1. 二进制译码器

二进制译码器以 n 位二进制码为输入信号,n 个输入端有 2^n 种组合,译码器的每一个输出对应一种输入组合,因此有 2^n 个输出信号,译码过程就是找到与 n 位二进制码对应的输出信号,并置为有效电平,其他输出信号处于无效电平。根据输入输出信号的个数,这种译码器又称 n 线-2^n 线译码器,如 2 线-4 线译码器、3 线-8 线译码器、4 线-16 线译码器等。

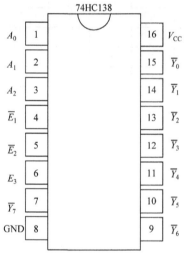

图 14-20　74HC138 译码器的引脚图

下面以 74HC138 为例介绍二进制译码器的电路结构和工作原理。74HC138 是一种典型的二进制译码器,采用高速 CMOS 工艺制作,引脚定义如图 14-20 所示,逻辑功能如表 14-16 所示。

74HC138 是 3 线-8 线译码器,A_2、A_1、A_0 为三位二进制码输入端,它们共有八种组合状态,对应译码器的八个输出端 $\overline{Y}_0 \sim \overline{Y}_7$,且低电平有效。为了增加控制的灵活性,还设置了 E_3、$\overline{E}_2$、$\overline{E}_1$ 三个使能输入端,方便电路功能扩展。由逻辑功能表易知,$E_3 = 1$、$\overline{E}_2 = \overline{E}_1 = 0$ 时,译码器才处于工作状态。由功能表可以得到输出信号的逻辑表达式

$$\overline{Y}_0 = \overline{E_3 \cdot \overline{E}_2 \cdot \overline{E}_1 \cdot \overline{A}_2 \cdot \overline{A}_1 \cdot \overline{A}_0}$$

$$\overline{Y}_1 = \overline{E_3 \cdot \overline{E}_2 \cdot \overline{E}_1 \cdot \overline{A}_2 \cdot \overline{A}_1 \cdot A_0}$$

$$\vdots$$

$$\overline{Y}_7 = \overline{E_3 \cdot \overline{E}_2 \cdot \overline{E}_1 \cdot A_2 \cdot A_1 \cdot A_0}$$

根据输出信号的逻辑表达式可以画出译码器的逻辑电路图,如图 14-21 所示。

利用两个 74HC138 可以构成 4 线-16 线译码器,利用 4 个 74HC138 可以构成 5 线-32 线译码器,利用 8 个 74HC138 可以构成 6 线-64 线译码器,有兴趣的读者可以参阅相关书籍。

表 14-16　74HC138 译码器的逻辑功能表

输入						输出							
E_3	$\overline{E_2}$	$\overline{E_1}$	A_2	A_1	A_0	$\overline{Y_0}$	$\overline{Y_1}$	$\overline{Y_2}$	$\overline{Y_3}$	$\overline{Y_4}$	$\overline{Y_5}$	$\overline{Y_6}$	$\overline{Y_7}$
×	1	×	×	×	×	1	1	1	1	1	1	1	1
×	×	1	×	×	×	1	1	1	1	1	1	1	1
0	×	×	×	×	×	1	1	1	1	1	1	1	1
1	0	0	0	0	0	0	1	1	1	1	1	1	1
1	0	0	0	0	1	1	0	1	1	1	1	1	1
1	0	0	0	1	0	1	1	0	1	1	1	1	1
1	0	0	0	1	1	1	1	1	0	1	1	1	1
1	0	0	1	0	0	1	1	1	1	0	1	1	1
1	0	0	1	0	1	1	1	1	1	1	0	1	1
1	0	0	1	1	0	1	1	1	1	1	1	0	1
1	0	0	1	1	1	1	1	1	1	1	1	1	0

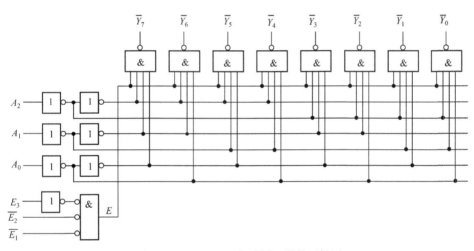

图 14-21　74HC138 集成译码器的逻辑图

2. 显示译码器

在很多数字系统中，为了将测量和运算的结果，如一些数字、字母、符号等直观地显示出来，需要数字显示电路。数字显示电路通常由显示器和对应的显示译码器组成。七段 LED 数码管是目前常用的显示器，下面介绍其显示原理和对应的显示译码器电路。常见的七段 LED 数码管的外形和引脚排列如图 14-22(a)、(b)所示。数码管的每个笔画都是一个发光二极管，右下角的点状发光二极管用来表示小数点。数码管有**共阴极接法**和**共阳极接法**两种，共阴极接法如图 14-22(c)所示，共阳极接法如图 14-22(d)所示。

通过控制每个二极管的亮或灭可以使数码管显示不同的内容，最常用的就是显示数字。例如，在共阴极接法中，若 $a \sim f = 1, g = 0$，则显示数字 0；若 $b = c = 1, a = d = e = f = g = 0$，则显示数字 1；若 $a = b = d = e = g = 1, c = f = 0$，则显示数字 2；……即七段 LED 数码管的每个显示字符都与七位显示段码 $a \sim g$ 的一种组合相对应，而这种对应关系需要显示译码器来进行"翻译"实现。

74LS48 显示译码器的工作原理详见二维码内容。

74LS48显示
译码器

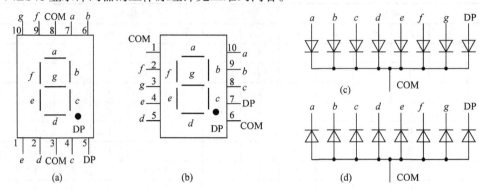

图 14-22   七段 LED 数码管

习   题

14-1   将下列十进制数转换为二进制数、八进制数和十六进制数(要求转换误差不大于 2^{-4}):

(1) 53   (2) 139   (3) 12.718

14-2   将下列数转换为十进制数:

(1) $(101011)_2$ (2) $(177)_8$ (3) $(104.2)_{16}$

14-3   将下列数码作为自然二进制数或 8421 BCD 码时,分别求出相应的十进制数:

(1) 10010111   (2) 100010010011   (3) 000101001001

14-4   用真值表证明下列式子:

(1) $A \cdot (B + C) = A \cdot B + A \cdot C$

(2) $\overline{A}C + BC + A\overline{B} + D \neq \overline{BC} + \overline{A}B + AC + D$

14-5   用逻辑代数证明下列式子:

(1) $ABC + A\overline{B}C + AB\overline{C} = AB + AC$

(2) $A + A\overline{B}\,\overline{C} + \overline{A}CD + (\overline{C} + \overline{D})E = A + CD + E$

(3) $A\overline{B} + BD + AD + CDE + D\overline{A} = A\overline{B} + D$

14-6   用代数法化简下列式子:

(1) $Y = A\overline{B} + BD + CDE + \overline{A}D$

(2) $Y = A\overline{B}C + \overline{A} + B + \overline{C}$

(3) $Y = A\overline{B}CD + ABD + A\overline{C}D$

(4) $Y = AC(\overline{C}D + \overline{A}B) + BC(\overline{\overline{\overline{B}} + AD + CE})$

14-7   已知逻辑电路及其输入波形如图 14-23 所示,画出输出波形。

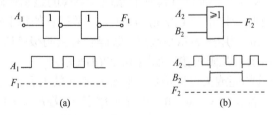

图 14-23   题 14-7 图

14-8   已知某组合电路的输入 A、B、C 和输出 F 的波形如图 14-24 所示,试写出 F 的最简与或表达式。

14-9   逻辑电路如图 14-25 所示,写出逻辑表达式,并列出逻辑状态表。

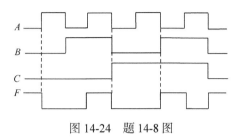

图 14-24 题 14-8 图

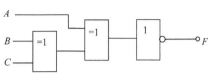

图 14-25 题 14-9 图

14-10 逻辑电路如图 14-26 所示，写出逻辑表达式并化简。

14-11 逻辑电路如图 14-27 所示，试写出逻辑表达式并化简。

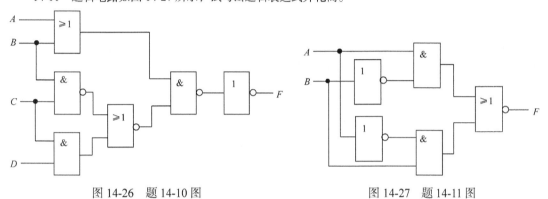

图 14-26 题 14-10 图

图 14-27 题 14-11 图

14-12 逻辑电路如图 14-28 所示，试写出逻辑表达式并化简。

14-13 逻辑图及输入信号 A 的波形如图 14-29 所示，试画出各输出端 F_1，F_2，F_3 的波形。

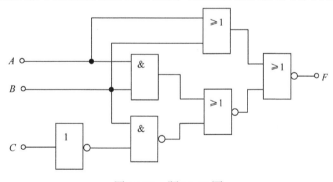

图 14-28 题 14-12 图

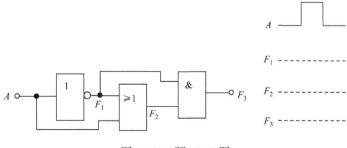

图 14-29 题 14-13 图

14-14   逻辑图和输入的波形如图 14-30 所示，试画出输出 F 的波形。

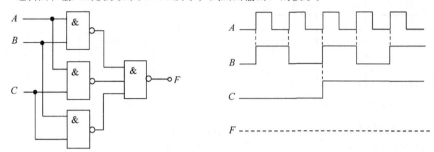

图 14-30   题 14-14 图

14-15   在图 14-31(a)所示的门电路中，输入 A 和 B 的波形如图 14-31(b)所示。试求控制端 $C=1$ 和 $C=0$ 两种情况时输出 F 的逻辑表达式和波形，并说明该电路的功能。

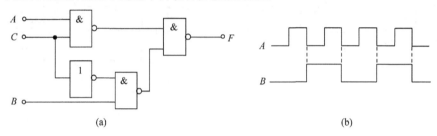

(a)   (b)

图 14-31   题 14-15 图

14-16   已知 8421 BCD 码可以通过译码器驱动七段 LED 数码管，显示出十进制数字，逻辑"1"表示该笔画亮。指出表 14-17 中的变换真值表中哪一行是正确的。

表 14-17   题 14-16 表

	D	C	B	A	a	b	c	d	E	f	g
0	0	0	0	0	0	0	0	0	0	0	0
4	0	1	0	0	0	1	1	0	0	1	1
7	0	1	1	1	0	0	0	1	1	1	1
9	1	0	0	1	0	0	0	0	1	0	0

14-17   逻辑电路如图 14-32 所示。写出输出 Y 的逻辑表达式，并画出用与非门实现的逻辑图。

14-18   用与非门设计三人表决电路。当 A、B、C 三人中有两人及以上同意提案时，该提案通过，否则该提案不能通过。写出逻辑表达式，画出逻辑电路图。

14-19   某汽车驾驶员培训班进行结业考试，有三名评判员，其中 A 为主评判员，B 和 C 为副评判员。在评判时，主评判员认为合格即可通过，否则，要按照少数服从多数的原则才可通过。试用与非门实现该逻辑电路。

14-20   三位二进制编码器如图 14-33 所示，试写出 A，B，C 的逻辑表达式及编码表。

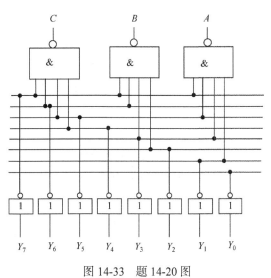

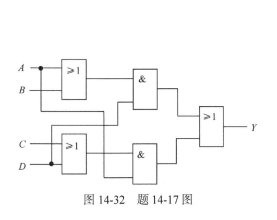

图 14-32 题 14-17 图

图 14-33 题 14-20 图

习题答案14

第15章　时序逻辑电路

在第14章所讨论的组合逻辑电路中,任一时刻的输出信号仅取决于当前的输入信号,而与电路原来的状态无关,这也是组合逻辑电路在逻辑功能上的共同特点。本章介绍的时序逻辑电路,其任一时刻的输出信号不仅与当前的输入信号有关,还与电路原来的状态有关,或者说还与以前的输入有关,因此在时序逻辑电路中,必须含有具有记忆功能的逻辑单元电路。

锁存器和触发器就是能够记忆 1 位二进制信号的逻辑电路,其共同特点是都具有 **0** 和 **1** 两种稳定状态,且能长期保持,直到有外部信号作用才有可能改变。

本章先介绍锁存器和触发器的相关知识,进而对时序逻辑电路的分析方法以及常用的时序逻辑电路进行详细说明。

15.1　锁　存　器

锁存器是一种对脉冲电平敏感(电平触发)的存储单元电路,它们可以在特定输入脉冲电平作用下改变状态,而由锁存器构成的**触发器**是一种对脉冲边沿敏感(边沿触发)的存储电路,它们只有在作为触发信号的时钟脉冲上升沿或下降沿才能改变状态,要特别注意电平触发和边沿触发两者概念上的区别。本节介绍锁存器,15.2 节将介绍触发器。

15.1.1　基本 RS 锁存器

1. 由或非门构成的基本 RS 锁存器

图 15-1 是由两个或非门构成的基本 RS(set、reset)锁存器的逻辑图、逻辑符号以及典型波形图。它由两个二输入或非门 G_1、G_2 交叉连接而成,有两个输入端,其中 S 称为**置位(置1)端**,R 称为**复位或清零(置 0)端**。Q 和 $\overline{Q}$ 是输出端,正常工作时两者电平是反相的。下面分析该电路的工作原理。

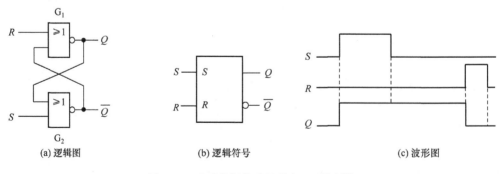

(a) 逻辑图　　　　　　　　(b) 逻辑符号　　　　　　　　(c) 波形图

图 15-1　由或非门构成的基本 RS 锁存器

当 $S=0$，$R=0$ 时，S 和 R 对或非门 G_1、G_2 不起作用，电路保持当前状态不变。即若 Q 为低电平，则 $\overline{Q}$ 为高电平，$\overline{Q}$ 反馈到 G_1 输入端，使 G_1、G_2 输出保持不变，电路处于稳定状态；若 Q 为高电平，则 $\overline{Q}$ 为低电平，$\overline{Q}$ 反馈到 G_1 输入端，同样使 G_1、G_2 输出保持不变，电路处于另一个稳定状态。

当 $S=0$，$R=1$ 时，置 0 操作，$Q=0, \overline{Q}=1$，即输入 R 使 G_1 的输出 Q 为 0，Q 反馈到 G_2 的输入端使 $\overline{Q}$ 为 1。

当 $S=1$，$R=0$ 时，置 1 操作，$Q=1, \overline{Q}=0$，即输入 S 使 G_2 的输出 $\overline{Q}$ 为 0，$\overline{Q}$ 反馈到 G_1 的输入端使 Q 为 1。

当 $S=1$，$R=1$ 时，$Q=0, \overline{Q}=0$，即输入 R 使 G_1 的输出 Q 为 0，输入 S 使 G_2 的输出 $\overline{Q}$ 也为 0，两者不再满足逻辑反的关系，在正常工作时，应避免使 S 和 R 同时为 1。

根据以上分析，可以得到由或非门构成的基本 RS 锁存器的输入输出关系，如表 15-1 所示。

2. 由与非门构成的基本 RS 锁存器

图 15-2 是由两个与非门构成的基本 RS 锁存器的逻辑图和逻辑符号，分析方法与或非门构成的 RS 锁存器相同，区别在于与非门输入为低电平时才对输出起作用，因此置位端和复位端都是低电平有效，分别用加了非号的 $\overline{S}$ 和 $\overline{R}$ 表示。逻辑符号中也在输入端加了小圆圈以表示低电平有效。对应的输入输出关系如表 15-2 所示。

表 15-1　或非门构成的基本 RS 锁存器功能表

输入		输出	
S	R	Q	$\overline{Q}$
0	0	不变	不变
0	1	0	1
1	0	1	0
1	1	0	0

表 15-2　与非门构成的基本 RS 锁存器功能表

输入		输出	
$\overline{S}$	$\overline{R}$	Q	$\overline{Q}$
0	0	1	1
0	1	1	0
1	0	0	1
1	1	不变	不变

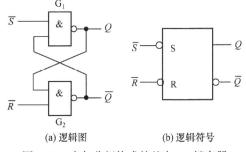

(a) 逻辑图   (b) 逻辑符号

图 15-2　由与非门构成的基本 RS 锁存器

3. 基本 RS 锁存器的特性方程

为了方便分析锁存器的功能，通常以输出 Q 的状态为依据，将 $Q=0, \overline{Q}=1$ 称为 **0 态**，而将 $Q=1, \overline{Q}=0$ 称为 **1 态**，对应锁存器的两种稳态。而正常工作时不会出现的 $Q=0, \overline{Q}=0$ 和 $Q=1, \overline{Q}=1$ 称为非正常态。锁存器具有记忆功能，锁存器的状态有时间上的先后关系，因此将锁存器接收输入信号之前所处的状态称为**现态**，用 Q^n 表示；锁存器接收输入信号之后建立的新状态称为**次态**，用 Q^{n+1} 表示。

有了以上的状态定义，就可以将锁存器的次态 Q^{n+1} 与输入信号以及现态的关系通过表格表示出来。以或非门构成的基本 RS 锁存器为例，对应的状态关系如表 15-3 所示，一般称为锁存器的特性表。

表 15-3　或非门构成的基本 RS 锁存器特性表

S	R	Q^n	Q^{n+1}	功能
0	0	0	0	保持
0	0	1	1	
0	1	0	0	置0
0	1	1	0	
1	0	0	1	置1
1	0	1	1	
1	1	0	×	禁止
1	1	1	×	

由 RS 锁存器的功能和表 15-3 可知,当 $S=0$,$R=0$ 时,$Q^{n+1}=Q^n$,保持当前状态不变;当 $S=0$,$R=1$ 时,$Q^{n+1}=0$,置 0 态;当 $S=1$,$R=0$ 时,$Q^{n+1}=1$,置 1 态;$S=1$,$R=1$ 的情况不允许出现。由逻辑代数的知识,可以推出 Q^{n+1} 的逻辑表达式

$$Q^{n+1} = S\bar{R} \cdot 1 + \bar{S}R \cdot 0 + \bar{S}\bar{R} \cdot Q^n$$
$$= \bar{R}(S + \bar{S}Q^n)$$
$$= \bar{R}(S + Q^n) = S\bar{R} + \bar{R}Q^n$$

由于 $S=1$,$R=1$ 不允许出现,上式可进一步化简并得到基本 RS 锁存器的**特性方程**为

$$\begin{cases} Q^{n+1} = S + \bar{R}Q^n \\ SR = 0 \quad (约束方程) \end{cases} \tag{15-1}$$

15.1.2　钟控 RS 锁存器

在数字系统中往往要求各部件步调一致,但是基本 RS 锁存器在任何时候都可以接收 S、R 的输入信号,不能保证整个系统同步工作,这就需要有一个起同步作用的信号以协调各部件的动作。图 15-3 的钟控 RS 锁存器是在与非门构成的基本 RS 锁存器的基础上增加了一对逻辑门 G_3 和 G_4,并引入了一个起同步作用的时钟脉冲信号 CP。

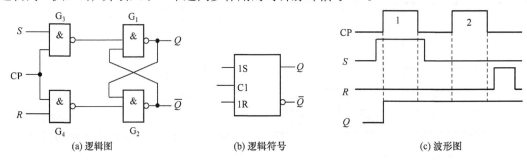

(a) 逻辑图　　　　　　　(b) 逻辑符号　　　　　　　(c) 波形图

图 15-3　钟控 RS 锁存器

时钟信号 CP 一般为高低电平对称的方波信号。从图 15-3(a) 的逻辑图可以看出,当 CP=0 时,S 和 R 信号被封锁,两个与非门 G_3 和 G_4 的输出为 1,锁存器的状态保持不变。只有在 CP = 1 时,S 和 R 信号才可以通过 G_3 和 G_4 传送到由 G_1 和 G_2 组成的基本 RS 锁存器,使其状态发生改变。这种触发方式称为**电平触发**。输入信号 S 和 R 高电平有效,因此在图 15-3(b) 的逻辑符号中 R 和 S 的输入端没有加小圆圈,而输入信号 C1 中的数字"1"表示该时钟的编号,而 1S 和 1R 表示与 C1 关联,即受到 C1 的控制。时钟信号 C1 的输入端也没有小圆

圈，表示高电平有效，即 C1 为高电平时，1S 和 1R 信号才能起作用，此时逻辑功能与基本 RS 锁存器一致，特性方程也与式(15-1)相同。图 15-3(c)给出了相应的波形图，其动作特点与基本 RS 锁存器不同，即在时钟信号 CP 的高电平期间，S 和 R 才对输出 Q 起作用，或者说只有在 CP 的高电平期间，输出 Q 才可能发生变化。

15.1.3　钟控 D 锁存器

虽然钟控 RS 锁存器解决了系统"步调一致"的问题，但与基本 RS 锁存器一样，也存在 RS＝0 的约束条件，即禁止出现 S 和 R 同时为 1 的状态，而这个限制给 RS 锁存器的使用带来不便。为了解决这一问题，对钟控 RS 锁存器进行适当改进，得到图 15-4(a)所示的钟控 D 锁存器。钟控 D 锁存器将 S 和 R 两个信号合成一个输入端，并增加了一个反相器，即 $S＝D$, $R＝\overline{D}$。这样，无论 D 取什么值，都能满足 RS＝0 的约束条件。将 $S＝D$, $R＝\overline{D}$ 代入钟控 RS 锁存器的特性方程，可以得到钟控 D 锁存器的特性方程：

$$Q^{n+1} = D \tag{15-2}$$

该特性方程表示，当 CP＝0 时，D 输入端被封锁，输出 Q 保持状态不变；当 CP＝1 时，输出 Q 的状态由 D 输入端的电平决定，典型波形图如图 15-4(c)所示。

钟控 RS 锁存器和钟控 D 锁存器的输出状态 Q 在 CP 的高电平期间才能改变，这种触发方式称为电平触发方式。电平触发方式的优点是结构简单、动作快，缺点是在一个时钟周期内输出状态可能会发生多次变化，不但降低了其抗干扰能力，而且不能用于构成计数器、移位寄存器等常用的时序逻辑电路。

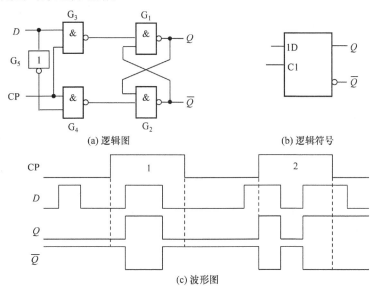

RS 和 D
锁存器

(c) 波形图

图 15-4　钟控 D 锁存器

15.2 触 发 器

锁存器是电平触发的逻辑单元，而本节要介绍的触发器是时钟脉冲边沿触发的逻辑单元。这种触发方式保证了一个时钟周期内输出状态最多翻转一次。触发器根据触发边沿的不同分为上升沿触发器和下降沿触发器，根据功能又可分为 D 触发器、JK 触发器等。

15.2.1 D 触发器

D 触发器与钟控 D 锁存器的特性方程一致，即 $Q^{n+1} = D$，区别在于 D 触发器只有在时钟信号的边沿才能改变输出状态，这种触发方式称为**边沿触发**。图 15-5(a)即为由两个钟控 D 锁存器和反相器构成的上升沿触发的 D 触发器，从电路结构的角度属于主从触发器。图 15-5(b)的逻辑符号中时钟信号 C1 输入端的符号 ">" 表示边沿触发，若是下降沿触发，还要加小圆圈。

在主从 D 触发器的逻辑图中，两个锁存器都是高电平触发，左边的锁存器称为主锁存器，右边的锁存器称为从锁存器。当 CP = 0 时，主锁存器打开接收信号，即 Q_M 跟随 D 的变化而变化，而从锁存器处于锁存状态，输出信号 Q 的状态保持不变；当 CP = 1 时，主锁存器进入锁存状态，它锁存的是 CP 上升沿时刻 D 端输入的信号，同时从锁存器打开接收信号，输出信号 Q 跟随 Q_M 变化，但 Q_M 在此期间不再改变，因此 Q 得到的就是上升沿时刻的 D 信号，且保持不变，直到下一个 CP 上升沿的到来。图 15-6 给出了主从 D 触发器的波形图。

思考：若将图 15-5(a)的逻辑图变为下降沿触发，电路要如何改变？

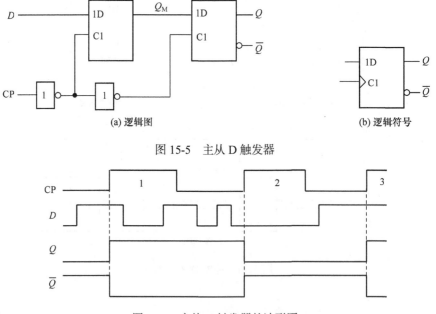

(a) 逻辑图   (b) 逻辑符号

图 15-5 主从 D 触发器

图 15-6 主从 D 触发器的波形图

15.2.2　JK 触发器

JK 触发器是另一种常用的触发器，其特性方程为

$$Q^{n+1} = J\overline{Q^n} + \overline{K}Q^n \tag{15-3}$$

对应的特性表如表 15-4 所示。JK 触发器的功能比较丰富，可以在时序逻辑电路中灵活应用。

表 15-4　JK 触发器特性表

J	K	Q^n	Q^{n+1}	功能
0	0	0	0	$Q^{n+1} = Q^n$　保持
0	0	1	1	
0	1	0	0	$Q^{n+1} = 0$　置 0
0	1	1	0	
1	0	0	1	$Q^{n+1} = 1$　置 1
1	0	1	1	
1	1	0	1	$Q^{n+1} = \overline{Q}$　翻转
1	1	1	0	

JK触发器

图 15-7(a)为上升沿触发的 JK 触发器的逻辑符号。在 D 触发器的基础上，增加一些逻辑门并进行适当的连接就可以得到 JK 触发器，如图 15-7(b)所示，即 $Q^{n+1} = D = J\overline{Q^n} + \overline{K}Q^n$。

锁存器和触发器是构成各种时序逻辑电路的基础，它们和门电路一样，是数字系统中的基本逻辑单元电路，它与门电路的最主要区别在于具有记忆功能，可以存储 1 位二值信号。

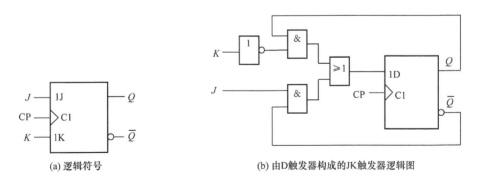

(a) 逻辑符号　　　　　　　　(b) 由D触发器构成的JK触发器逻辑图

图 15-7　JK 触发器

锁存器是对时钟信号电平敏感的电路。基本 RS 锁存器由输入信号的电平直接控制其输出状态，钟控锁存器在时钟信号的高电平或低电平期间才能接收输入信号改变其输出状态。

触发器是对时钟信号边沿敏感的电路，只有在时钟信号的上升沿或下降沿才能接收输入信号改变其状态。在实际的时序逻辑电路中，触发器的应用更为广泛。

15.3　时序逻辑电路的分析方法

组合逻辑电路的输出只与当前的输入有关，而与电路原来的状态无关，即没有记忆功能。而时序逻辑电路在某一给定时刻的输出，不仅取决于该时刻电路的输入，还取决于前一时刻电路的状态，有记忆功能。时序逻辑电路由组合逻辑电路和存储电路两部分组成，存储电路由具有记忆功能的锁存器或触发器组成，在实际应用中，绝大多数的存储单元都是由边沿敏感的触发器构成。

图 15-8 给出了时序逻辑电路结构框图的一般形式，包含四组不同的信号。X 表示外部

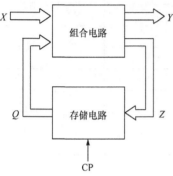

图 15-8　时序逻辑电路结构框图

输入信号；Q 表示各触发器的状态信号，即各触发器的现态；Z 表示各触发器的输入信号，用于驱动各触发器在时钟的控制下改变状态；Y 表示输出信号。

几组信号之间的关系可以通过以下三个方程来表示。

(1) **输出方程**：$Y = F_1(X, Q^n)$，体现了时序逻辑电路在某一时刻的输出 Y 不但与当前的输入有关，还与之前的输入有关(之前的输入体现在 Q^n 中)。

(2) **驱动方程**：$Z = F_2(X, Q^n)$，表征了各触发器的驱动信号 Z 与输入信号 X 和触发器当前状态 Q^n 之间的关系。例如，D 触发器的驱动信号即为 D，JK 触发器的驱动信号为 J、K。

(3) **状态方程**：$Q^{n+1} = F_3(Z, Q^n)$，对应各触发器的特性方程，获得下一个时钟周期触发器的状态。

时序逻辑电路又分为**同步时序逻辑电路**和**异步时序逻辑电路**。同步时序逻辑电路中所有触发器的时钟输入端都与同一个时钟脉冲相连，因此各触发器的状态转换在同一时钟信号控制下同步进行。异步时序逻辑电路中的触发器不采用统一的时钟脉冲，因此各触发器的状态更新不是同时发生的。在数字系统设计中，大多数采用同步时序逻辑电路的设计方案，因此本节只介绍同步时序逻辑电路的分析，简称时序逻辑电路。

时序逻辑电路的分析就是根据已知的逻辑电路图，获得电路状态转换的规律和输出信号变化的规律，从而确定逻辑电路的功能。同步时序逻辑电路分析的一般步骤如下。

(1) 分析电路的组成。明确哪些是输入量，哪些是输出量，各触发器之间的连接关系以及组合逻辑电路的结构。

(2) 写出各触发器输入信号的逻辑表达式，即驱动方程。

(3) 将驱动方程代入各触发器的特性方程，写出各触发器的状态方程，即各触发器次态 Q^{n+1} 的表达式。

(4) 根据逻辑图，写出对外输出信号的逻辑表达式，即输出方程。若将各触发器的 Q 信号直接输出，则不用写输出方程。

(5) 根据状态方程和输出方程，列出电路的逻辑状态转换表。

(6) 画出状态图和波形图，确定该时序逻辑电路的状态变化规律和逻辑功能。

下面举例说明具体分析方法。

例 15-1　分析图 15-9 所示时序逻辑电路的功能。

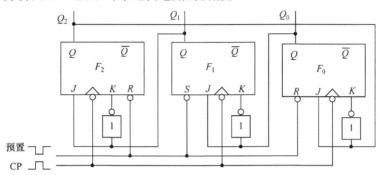

图 15-9　例 15-1 的逻辑电路图

解　该电路由三个 JK 触发器和三个非门组成，触发器都受同一个时钟信号 CP 控制，因此属于同步时序逻辑电路。

先列写驱动方程。假设三个 JK 触发器 F_0、F_1、F_2 的输入信号分别为 J_0、K_0、J_1、K_1、J_2、K_2，则**驱动方程**为

$$J_0 = Q_2^n, \quad K_0 = \overline{Q_2^n}$$
$$J_1 = Q_0^n, \quad K_1 = \overline{Q_0^n}$$
$$J_2 = Q_1^n, \quad K_2 = \overline{Q_1^n}$$

将驱动方程代入 JK 触发器的特性方程 $Q^{n+1} = J\overline{Q^n} + \overline{K}Q^n$，得到**状态方程**：

$$Q_0^{n+1} = J_0\overline{Q_0^n} + \overline{K_0}Q_0^n = Q_2^n\overline{Q_0^n} + Q_2^nQ_0^n = Q_2^n$$
$$Q_1^{n+1} = J_1\overline{Q_1^n} + \overline{K_1}Q_1^n = Q_0^n\overline{Q_1^n} + Q_0^nQ_1^n = Q_0^n$$
$$Q_2^{n+1} = J_2\overline{Q_2^n} + \overline{K_2}Q_2^n = Q_1^n\overline{Q_2^n} + Q_1^nQ_2^n = Q_1^n$$

注：图中直接将触发器的输出作为系统的输出信号，因此没有单独的输出方程。

根据状态方程列出**状态转换表**，如表 15-5 所示。

表 15-5　例 15-1 的状态转换表

Q_2^n	Q_1^n	Q_0^n	Q_2^{n+1}	Q_1^{n+1}	Q_0^{n+1}
0	0	0	0	0	0
0	0	1	0	1	0
0	1	0	1	0	0
0	1	1	1	1	0
1	0	0	0	0	1
1	0	1	0	1	1
1	1	0	1	0	1
1	1	1	1	1	1

根据状态转换表，可以画出如图 15-10 所示的**状态转换图**。

时序逻辑电
路分析例题

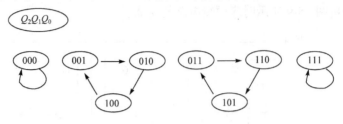

图 15-10　例 15-1 的状态转换图

进一步观察电路图，输入信号除了 CP 时钟，还设置了"预置"输入端，分别接入 F_0 和 F_2 的异步清零端(R 端)以及 F_1 的异步置位端(S 端)，都是低电平有效，因此"预置"输入端的负脉冲将电路的初始状态设为：$Q_2Q_1Q_0 = 010$。在 CP 时钟的作用下，对应的波形如图 15-11 所示，注意是下降沿触发。经分析该电路的功能为顺序脉冲发生器，也是三位循环移位器。

时序逻辑
电路的分析

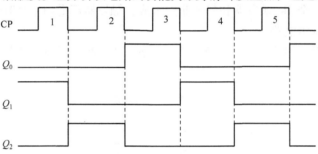

图 15-11　例 15-1 的波形图

15.4　寄　存　器

寄存器是一种典型的时序逻辑电路，在数字系统中用来存储一组二进制代码，应用广泛。寄存器一般由 D 触发器构成，分为**数码寄存器**和**移位寄存器**两大类。

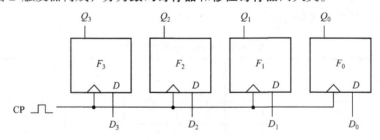

图 15-12　D 触发器构成的四位数码寄存器

15.4.1　数码寄存器

一个触发器可以储存一位二进制代码，因此 N 个触发器组成的寄存器能够存储一组 N 位的二进制代码。图 15-12 即为由四个 D 触发器构成的四位数码寄存器。$D_3D_2D_1D_0$ 为需要存储的二进制代码，在时钟信号 CP 的上升沿会将这四位二进制数存到四个 D 触发器的输出

端 $Q_3Q_2Q_1Q_0$。

15.4.2 移位寄存器

在很多数字系统中，不仅要求寄存器有存放二进制代码的功能，还要有移位功能。所谓移位功能是指寄存器里存储的二进制代码可以在时钟信号的作用下依次左移或者右移，而既具有存储功能又具有移位功能的寄存器就称为**移位寄存器**。移位寄存器可以用来实现串行运算、串并转换以及其他数值处理功能，移位寄存器又可分为单向移位寄存器和双向移位寄存器。

1. 单向移位寄存器

图 15-13 是由 D 触发器构成的四位数码右移寄存器的逻辑图。输入二进制代码加到串行输入端 D_R，四个 D 触发器受统一时钟信号 CP 的控制，并在 CP 的上升沿实现赋值操作，同时实现数据的右移。$\overline{R_D}$ 为低电平有效的异步清零信号，实现移位寄存器的复位。该电路的输出有两种方式，如果只从 Q_3 输出，则称为**串行输出**，如果从 $Q_0 \sim Q_3$ 输出，则称为**并行输出**，便于系统根据功能需要进行电路连接。

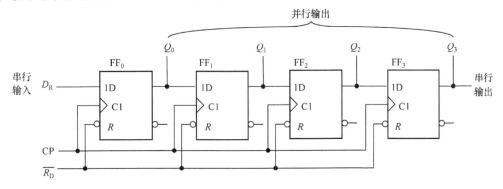

图 15-13 D 触发器构成的四位数码右移寄存器

根据图 15-13 和 D 触发器特性方程，可以直接写出各个触发器的状态方程：

$$\begin{cases} Q_0^{n+1} = D_R \\ Q_1^{n+1} = Q_0^n \end{cases} \qquad \begin{cases} Q_2^{n+1} = Q_1^n \\ Q_3^{n+1} = Q_2^n \end{cases}$$

图 15-14 为该右移寄存器的波形图，假设各触发器初始状态都为 0，通过 D_R 输入串行数据 1101，在每个时钟信号 CP 的上升沿将数据送入移位寄存器，各触发器之间实现右移功能。

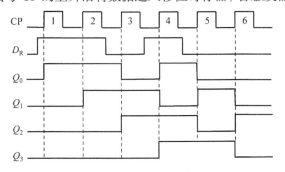

图 15-14 四位右移寄存器的波形图

2. 双向移位寄存器

双向移位寄存器是指在控制信号作用下可以实现左移或者右移的寄存器。下面以集成电路 74LS194 为例,介绍双向移位寄存器的工作原理。图 15-15 是双向移位寄存器 74LS194 的引脚排列图和逻辑功能示意图。

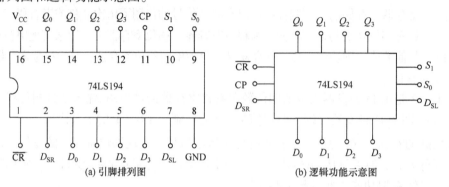

图 15-15 双向移位寄存器 74LS194 引脚排列图和逻辑功能示意图

图中 CP 为时钟信号,上升沿有效;$\overline{CR}$ 为异步清零端,不受 CP 控制,低电平有效;D_{SR} 为数据右移串行输入端;D_{SL} 为数据左移串行输入端;$D_3 \sim D_0$ 为数据并行输入端;$Q_3 \sim Q_0$ 为数据并行输出端;S_1、S_0 为移位寄存器工作状态控制端。图 15-16 给出了双向移位寄存器 74LS194 的内部逻辑图。

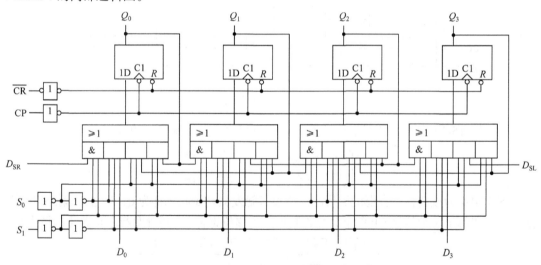

图 15-16 双向移位寄存器 74LS194 逻辑图

通过逻辑图,可以得到每个 D 触发器的状态方程:

$$\begin{cases} Q_3^{n+1} = \overline{S_1}\,\overline{S_0}Q_3 + \overline{S_1}S_0Q_2 + S_1\overline{S_0}D_{SL} + S_1S_0D_3 \\ Q_2^{n+1} = \overline{S_1}\,\overline{S_0}Q_2 + \overline{S_1}S_0Q_1 + S_1\overline{S_0}Q_3 + S_1S_0D_2 \\ Q_1^{n+1} = \overline{S_1}\,\overline{S_0}Q_1 + \overline{S_1}S_0Q_0 + S_1\overline{S_0}Q_2 + S_1S_0D_1 \\ Q_0^{n+1} = \overline{S_1}\,\overline{S_0}Q_0 + \overline{S_1}S_0D_{SR} + S_1\overline{S_0}Q_1 + S_1S_0D_0 \end{cases}$$

即在 S_1、S_0 的控制下，分别实现不同的功能，同时考虑 $\overline{CR}$ 信号的异步清零功能，可以得到表 15-6 所示的 74LS194 功能表。

表 15-6 74LS194 功能表

输入										输出				功能
$\overline{CR}$	S_1	S_0	CP	D_{SR}	D_{SL}	D_3	D_2	D_1	D_0	Q_3	Q_2	Q_1	Q_0	
0	×	×	×	×	×	×	×	×	×	0	0	0	0	清零
1	0	0	×	×	×	×	×	×	×	Q_3	Q_2	Q_1	Q_0	保持
1	0	1	↑	A	×	×	×	×	×	Q_2	Q_1	Q_0	A	右移
1	1	0	↑	×	B	×	×	×	×	B	Q_3	Q_2	Q_1	左移
1	1	1	↑	×	×	d_3	d_2	d_1	d_0	d_3	d_2	d_1	d_0	置数

注：左移方向为 $Q_3 \rightarrow Q_0$，右移方向为 $Q_0 \rightarrow Q_3$。

15.5　计　数　器

在数字系统中，计数器是应用最广泛的时序逻辑电路，不但可以对脉冲个数进行计数，还可以用于分频、定时、产生控制节拍等。计数器的种类很多，若按数字的增减分类，可以分为加法计数器、减法计数器和可逆计数器，若按所有触发器是否由同一个时钟信号控制分类，可以分为**同步计数器**和**异步计数器**。若按照计数进制分类又可以分为二进制计数器、十进制计数器和其他进制计数器。下面按进制数的不同对计数器分别举例介绍。

15.5.1　二进制计数器

1. 异步二进制计数器

计数器一般由 JK 触发器或 D 触发器构成，二进制计数器是各种计数器的基础。以三位二进制加法计数器为例，假设计数器输出的计数值从高位到低位分别用 $Q_2Q_1Q_0$ 表示，则状态的转换规律为 000、001、010、011、100、101、110、111、000…由二进制的计数规律易知，Q_1 在 Q_0 由 1 变为 0 时发生状态翻转，Q_2 在 Q_1 由 1 变为 0 时发生状态翻转，更多位的计数器规律类似。图 15-17 给出了异步三位二进制加法计数器的逻辑图。

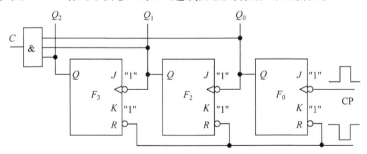

图 15-17　异步三位二进制加法计数器逻辑图

图 15-17 中的计数器由三个 JK 触发器组成，且都将 J 和 K 的输入端接成 "1"，实现的

都是翻转功能。每来一个时钟信号 CP 的下降沿，Q_0 发生状态翻转；每来一个 Q_0 的下降沿，Q_1 发生状态翻转；每来一个 Q_1 的下降沿，Q_2 发生状态翻转；当 $Q_2=Q_1=Q_0=1$ 时，$C=1$，用于表示进位，波形如图 15-18 所示。从波形图可以看出，计数器除了可以实现计数功能，也能实现**分频**功能，即 Q_0 的变化频率是 CP 的一半，Q_1 的变化频率是 Q_0 的一半，即 CP 的四分之一，以此类推。若要实现更多位的二进制计数器，可以在图 15-17 基础上扩展。

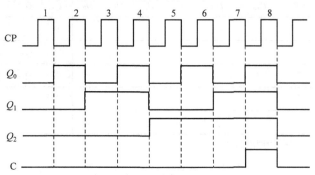

图 15-18 　异步三位二进制加法计数器波形图

异步计数器电路结构简单，除了触发器，需要的其他元件很少。但由于触发器动作时会有时间延时，使得 Q_1 滞后于 Q_0，Q_2 滞后于 Q_1…且位数越多，完成一次状态变化的延时时间就越长，导致异步二进制计数器速度较慢，在实际中，主要采用同步二进制计数器。

2. 同步二进制计数器

在同步二进制计数器中，所有触发器都采用同一个时钟信号控制，每个触发器的状态同时发生变化，因此比异步计数器的速度明显要快。图 15-19 给出了由 JK 触发器构成的同步四位二进制加法计数器，下面分析其逻辑功能。由图 15-19 的连接关系可以列出各个 JK 触发器的驱动方程：

$$\begin{cases} J_0 = K_0 = 1 \\ J_1 = K_1 = Q_0^n \end{cases} \qquad \begin{cases} J_2 = K_2 = Q_0^n Q_1^n \\ J_3 = K_3 = Q_0^n Q_1^n Q_2^n \end{cases}$$

由驱动信号易知，每一个 JK 触发器的 J 和 K 信号都取值相同，因此各个 JK 触发器的功能都是要么保持，要么翻转。Q_0 是最低位，每个时钟下降沿都翻转；当 Q_0 为 1 时，Q_1 在时钟的下一个下降沿翻转；当 $Q_1 Q_0$ 为 11 时，Q_2 在时钟的下一个下降沿翻转；当 $Q_2 Q_1 Q_0$ 为 111 时，Q_3 在时钟的下一个下降沿翻转，更多位的二进制计数器原理相同。将驱动方程代入 JK 触发器的特性方程 $Q^{n+1} = J \overline{Q^n} + \overline{K} Q^n$，就可以得到各个触发器的状态方程：

$$\begin{cases} Q_0^{n+1} = \overline{Q_0^n} \\ Q_1^{n+1} = Q_0^n \overline{Q_1^n} + \overline{Q_0^n} Q_1^n \end{cases} \qquad \begin{cases} Q_2^{n+1} = Q_0^n Q_1^n \overline{Q_2^n} + \overline{Q_0^n Q_1^n} Q_2^n \\ Q_3^{n+1} = Q_0^n Q_1^n Q_2^n \overline{Q_3^n} + \overline{Q_0^n Q_1^n Q_2^n} Q_3^n \end{cases}$$

C 是进位输出，对应的输出方程为

$$C = Q_0^n Q_1^n Q_2^n Q_3^n$$

通过以上方程，可以得到该计数器的逻辑状态转换表如表 15-7 所示。

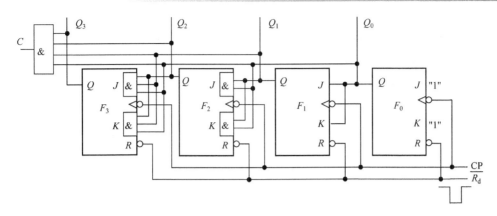

图 15-19　同步四位二进制加法计数器逻辑图

在实际应用中，一般都直接采用标准的集成计数器模块。这里以 74LS193 为例，介绍集成计数器的逻辑功能和使用方法。74LS193 为一款中规模集成四位同步二进制加/减计数器，异步清零，异步置数。图 15-20 给出了 74LS193 的引脚排列图，其中 R_D 为异步清零端，高电平有效；$\overline{LD}$ 为异步置数端，低电平有效，$\overline{LD}$ 有效时，将从置数输入端 A、B、C、D 送入的数据分别置入四个触发器，即 $Q_A = A$，$Q_B = B$，$Q_C = C$，$Q_D = D$；CP_+ 为加法计数时的时钟信号输入端，上升沿触发，$\overline{CO}$ 为加法计数时的进位输出端，当 $Q_D Q_C Q_B Q_A = 1111$ 时输出低电平；CP_- 为减法计数时的时钟信号输入端，上升沿触发，$\overline{BO}$ 为减法计数时的借位输出端，当 $Q_D Q_C Q_B Q_A = 0000$ 时输出低电平。表 15-8 是 74LS193 的功能表。

表 15-7　同步四位二进制加法器计数器的状态转换表

脉冲数	Q_3	Q_2	Q_1	Q_0	进位
0	0	0	0	0	0
1	0	0	0	1	0
2	0	0	1	0	0
3	0	0	1	1	0
4	0	1	0	0	0
5	0	1	0	1	0
6	0	1	1	0	0
7	0	1	1	1	0
8	1	0	0	0	0
9	1	0	0	1	0
10	1	0	1	0	0
11	1	0	1	1	0
12	1	1	0	0	0
13	1	1	0	1	0
14	1	1	1	0	0
15	1	1	1	1	1
16	0	0	0	0	0

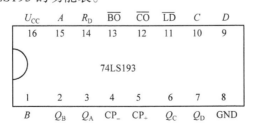

图 15-20　74LS193 的引脚排列图

表 15-8 74LS193 功能表

输入								输出				功能描述
R_D	$\overline{LD}$	CP_+	CP_-	D	C	B	A	Q_D	Q_C	Q_B	Q_A	
1	×	×	×	×	×	×	×	0	0	0	0	清零
0	0	×	×	d_3	d_2	d_1	d_0	d_3	d_2	d_1	d_0	置数
0	1	↑	1	×	×	×	×	按四位二进制数规律加 1				加计数
0	1	1	↑	×	×	×	×	按四位二进制数规律减 1				减计数
0	1	其他组合		×	×	×	×	Q_D	Q_C	Q_B	Q_A	保持

15.5.2 十进制计数器

二进制计数器虽然更适合计算机实现，但在日常生活中，人们更常用十进制。十进制计数器是用四位二进制表示的逢十进一的计数器，下面以一位十进制加法计数为例介绍其基本原理。根据十进制计数器的状态转换关系，可以直接通过触发器和门电路构成，也可以利用集成计数器配以门电路间接构成，下面分别说明。

1. 由触发器和门电路直接构成的十进制计数器

图 15-21 给出了用 JK 触发器构成的一位十进制加法计数器的逻辑图。由连接关系，可以写出各触发器的驱动方程

$$\begin{cases} J_0 = K_0 = 1 \\ J_1 = Q_0^n \overline{Q_3^n}, \quad K_1 = Q_0^n \end{cases} \qquad \begin{cases} J_2 = K_2 = Q_0^n Q_1^n \\ J_3 = Q_0^n Q_1^n Q_2^n, \quad K_3 = Q_0^n \end{cases}$$

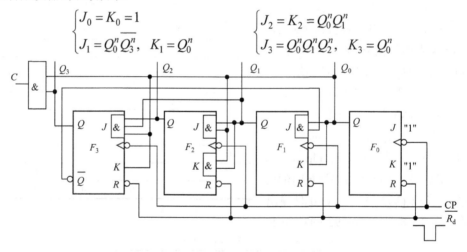

图 15-21 同步一位十进制加法计数器逻辑图

进而写出各触发器的状态方程和输出方程

$$\begin{cases} Q_0^{n+1} = \overline{Q_0^n} \\ Q_1^{n+1} = Q_0^n \overline{Q_3^n}\, \overline{Q_1^n} + \overline{Q_0^n} Q_1^n \end{cases} \qquad \begin{cases} Q_2^{n+1} = Q_0^n Q_1^n \overline{Q_2^n} + \overline{Q_0^n Q_1^n} Q_2^n \\ Q_3^{n+1} = Q_0^n Q_1^n Q_2^n \overline{Q_3^n} + \overline{Q_0^n} Q_3^n \end{cases} \qquad C = Q_0^n Q_3^n$$

对应的状态转换图如图 15-22 所示。

由状态转换图可以看出，该电路的有效循环实现了一位十进制加法计数器功能，且能够自启动。

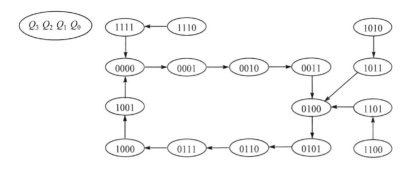

图 15-22　同步一位十进制加法计数器的状态转换图

2. 由集成计数器实现十进制计数器

74LS193 集成计数器功能丰富，在设置成加计数时，可以利用清零功能实现十进制计数器。由于 74LS193 是高电平有效的异步清零，因此需要计数到 1010 时使清零信号有效，有效后将即刻对计数器的状态清零，因此实际上 1010 只出现一瞬间。连接方法如图 15-23 所示。

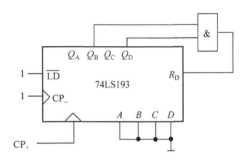

15.5.3　其他进制计数器

图 15-23　74LS193 构成一位十进制加法计数器

其他非模二进制的计数器也可以利用集成计数器间接实现，一般利用集成计数器的清零功能和置数功能，但要注意，对于同步清零/置数和异步清零/置数，其连接方法会有不同。下面以 74LS161/163 为例，介绍具体的实现方法。74LS161 和 74LS163 基本功能相同，都是同步四位二进制加法计数器，且都是同步置数，但 74LS161 为异步清零，而 74LS163 为同步清零。以实现十二进制计数器为例，若利用置数功能实现，74LS161 和 74LS163 没有区别，都是同步置数，电路图如图 15-24 所示。计数到 1011 时产生置数信号，但要等到时钟的上升沿才能完成置数(这里 $ABCD$ 都接地，即将触发器全部置成 0)功能。

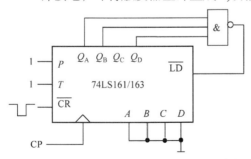

图 15-24　74LS161/163 同步置数功能实现的十二进制加法计数器

若利用清零功能实现，由于 74LS161 是异步清零，而 74LS163 是同步清零，因此，连接方法会不同，两种不同的连接电路图如图 15-25 所示。74LS161 计数到 1100 时产生清零信号，且即刻清零，而 74LS163 计数到 1011 时产生清零信号，但要等到时钟的上升沿才能完成清零功能，最终实现的功能是相同的。

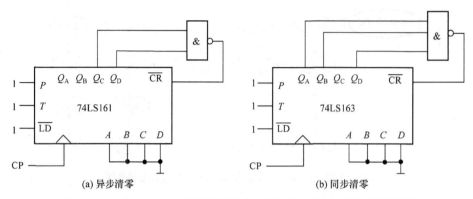

(a) 异步清零   (b) 同步清零

图 15-25   74LS161/163 异步/同步清零功能实现的十二进制加法计数器

15.6   半导体存储器

在大多数数字系统工作的过程中，都需要对程序或大量数据进行存储，因此半导体存储器是数字系统最重要的部件之一。按照存储器的访问方式，可以把半导体存储器分为只读存储器(read-only memory，ROM)和随机存储器(random access memory，RAM)两大类。

只读存储器是存储固定信息的存储器件，即先把信息写入存储器中，正常工作时存储器只能读出不能写入，结构如图 15-26 所示。

随机存取存储器可以任意选中某一地址的存储单元，从该单元读取信息，或写入新的信息，因此也称读写存储器，结构如图 15-27 所示。

容量和速度是半导体存储器的主要性能指标。最小的存储容量单位是位(bit)，数据以字为单位进行读出或写入。一个字由多位二进制数组成，其字长(位数)通常为 8 位(Byte)、16 位。存储器的容量有两种表示方法：一种是字数×字长，如 512K×8；另一种用总的位数来表示，如 4Mbit。$1K = 2^{10} = 1024$，$1M = 2^{20} = 1024K$。$1G = 2^{30} = 1024M$。表示半导体存储器的速度的主要参数是存取时间。

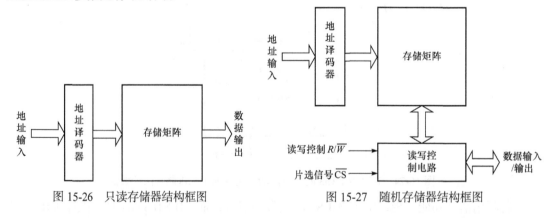

图 15-26   只读存储器结构框图   图 15-27   随机存储器结构框图

习   题

15-1   什么是电平触发？什么是边沿触发？

15-2   由或非门构成的基本 RS 锁存器如图 15-28(a)所示，已知输入端 S、R 的电压波形如图 15-28(b)所示，画出输出端 Q、$\overline{Q}$ 的波形(设初始状态为 $Q=0$)。

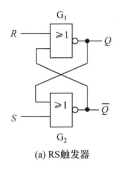

(a) RS触发器

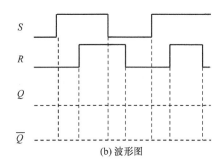

(b) 波形图

图 15-28　题 15-2 图

15-3　钟控 RS 锁存器如图 15-29 所示,已知输入端CP、S、R的电压波形,画出输出端Q、$\overline{Q}$的电压波形(设初始状态为 Q=0)。

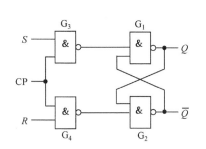

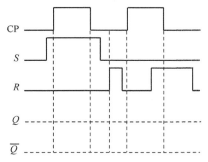

图 15-29　题 15-3 图

15-4　上升沿触发的 D 触发器输入波形如图 15-30 所示,试画出输出端 Q 的波形(设初始状态为 Q=0)。

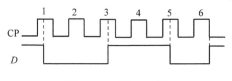

图 15-30　题 15-4 图

15-5　JK 触发器如图 15-31 所示,已知输入端CP、J、K的电压波形,画出输出端Q的电压波形(设触发器初始状态为 0)。

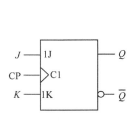

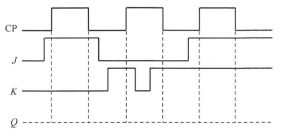

图 15-31　题 15-5 图

15-6　逻辑电路图及 A、B、C 的波形如图 15-32 所示,试画出 Q 的波形(设 Q 的初始状态为 0)。

15-7　已知逻辑电路图及 A、B、D 和 CP 脉冲的波形如图 15-33 所示,试写出 J、K 的逻辑表达式,并列出 Q 的状态表(设 Q 的初始状态为 0)。

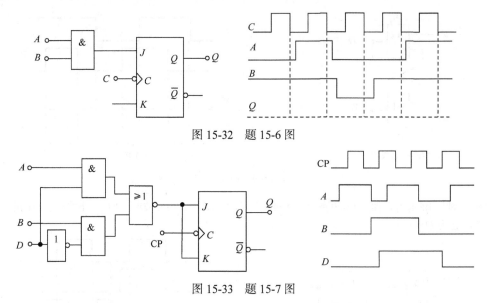

图 15-32　题 15-6 图

图 15-33　题 15-7 图

15-8　有一四位右移寄存器，其输入信号 D_i 和时钟脉冲 CP 的波形如图 15-34 所示，试根据输入信号波形和时钟脉冲波形画出移位寄存器的各位输出端 Q_3、Q_2、Q_1、Q_0 的波形图。设移位寄存器的初始状态 $Q_3Q_2Q_1Q_0$=0000。

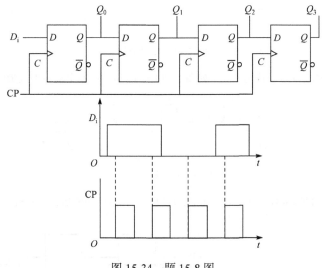

图 15-34　题 15-8 图

15-9　试分析如图 15-35 所示时序电路的逻辑功能，画出相应的状态转换图。

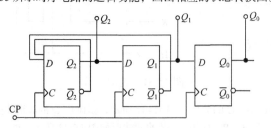

图 15-35　题 15-9 图

15-10　用 74LS161 构成十三进制加法计数器，要求分别用(异步)清零法和(同步)置数法实现。

15-11 在如图 15-36 所示的电路中，各触发器的初始状态为 0。要求：(1)写出驱动方程和状态方程；(2)列出状态转换表，并画出波形图；(3)分析该电路的逻辑功能。

15-12 在如图 15-37 所示的电路中，各触发器的初始状态均为 0。要求：(1)写出电路的驱动方程和状态方程；(2)画出状态转换图，并分析该电路的逻辑功能；(3)分析该电路是否具有自启动功能。

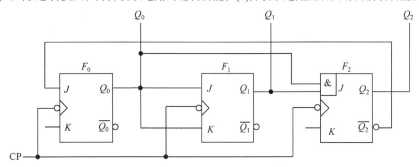

图 15-36 题 15-11 图

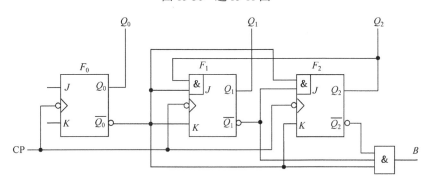

图 15-37 题 15-12 图

15-13 在图 15-38(a)所示的电路中各触发器的初始状态均为 0。要求：(1)写出触发器输出端 Q_1 和 Q_2 的表达式。(2)根据图 15-38(b)所给定的输入信号波形，画出输出端 Q_1 和 Q_2 的波形。

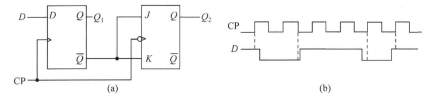

图 15-38 题 15-13 图

15-14 已知时序逻辑电路如图 15-39 所示，假设触发器的初始状态均为 0。(1)写出电路的状态方程 Q_1^{n+1}、Q_2^{n+1} 和输出方程。(2)列出 $X=0$ 和 $X=1$ 两种情况下，CP 脉冲引起的状态转换表并说明逻辑功能。(3)画出 $X=1$ 时，在 CP 脉冲作用下的 Q_1、Q_2 和输出 Z 的波形。

15-15 已知逻辑电路图及 CP 脉冲的波形如图 15-40 所示，试写出各触发器输入端 J、K 及 D 的逻辑式，并列出 Q_3，Q_2，Q_1，Q_0 的状态表(设触发器的初始状态 $Q_3Q_2Q_1Q_0=0000$)。

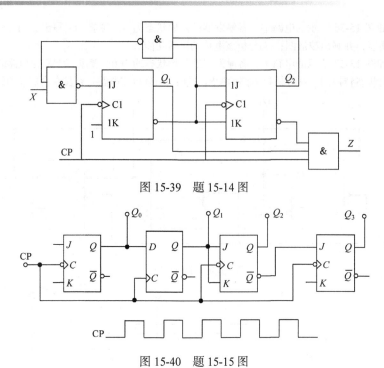

图 15-39   题 15-14 图

图 15-40   题 15-15 图

第 16 章　信号的测量和处理

在生产、科研和社会生活的各个领域，各种测量控制系统经常需要对各种物理量(信号)进行测量和控制，如温度、压力、扭矩等非电量和电压、电流等电量。这些物理量通过传感器的转换、模拟电路的调理后，需要进行模/数转换，才能变为计算机、数字信号处理器(DSP)或单片机等能接收的数字信号，经过计算机、DSP 或单片机的运算控制，还需要把控制量经过数/模转换变为模拟量，来实施控制。随着科学技术的不断发展，现代的测量和控制系统已将电子技术、自动化技术、测量技术和计算机控制技术有机地结起来。本章主要介绍测控系统的概念、传感器技术、滤波电路、模拟开关、采样保持电路、模/数转换和数/模转换等信号的采集、处理和转换等相关内容。

16.1　测量控制系统概述

信号测量系统通常由传感器、变送器、模拟开关、采样保持、模/数转换和计算机等几部分组成。其结构框图如图 16-1 所示。

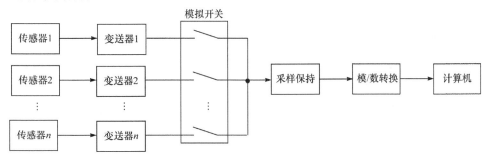

图 16-1　信号测量系统结构框图

1. 传感器

传感器的作用是把被测的电量或非电量转换成与被测量有一定函数关系的电阻、电感、电容或电压、电流等，传感器在信号测量中起着非常关键的作用。传感器的精度、可靠性和稳定性直接影响整个系统的性能。

传感器的种类很多，常见的电量传感器有电压传感器和电流传感器等，非电量传感器可以按被测对象的不同和变换原理不同分成以下几类。

按被测对象的不同，可以分为温度传感器、湿度传感器、压力传感器、位移传感器、流量传感器、液位传感器、力矩传感器、速度传感器、加速度传感器、振动传感器等。

按变换原理的不用，可以分为电阻式传感器、电感式传感器、电容式传感器、压电式传感器、光电式传感器、热电式传感器、红外传感器、超声波传感器、激光传感器等。

通过传感器得到的信号一般都是非常微小的,而且与被测量之间也不是线性关系。因此,需要经过变送器处理后才能进一步处理。

2. 变送器

变送器的作用是把传感器的输出量转换成标准信号。变送器通常需要完成以下几部分的工作:信号变换和放大、滤波、线性化和标准化。

变送器首先需要把传感器的输出量(电量和非电量)转换为电压或电流信号,并进行适当的放大,有时还需要进行隔离,再对放大后的信号进行线性化处理,使得输出的电压或电流信号与被测量之间呈线性关系,最后还需要把输出信号进行标准化。

所谓标准化,是指把输出信号最终转换为标准的 4~20mA 的直流电流信号。当被测量为最小时,对应输出电流 4mA,当被测量为最大时,对应输出电流 20mA。在允许的测量范围内,被测量与输出电流呈线性关系。

采用电流信号输出的最主要原因是不容易受外界的干扰,而且导线电阻串联在回路中不会影响测量的精度,用普通双绞线就可以传输数百米。上限取 20mA 是为了满足防爆的要求:20mA 的电流通断引起的火花能量不足以引燃瓦斯。下限取 4mA 是为了能检测断线:正常工作时的电流不会低于 4mA,当传输线因故障断路,环路电流降为 0。

3. 模拟开关

模拟开关的主要作用是接通或断开模拟信号。由于模拟开关具有功耗低、速度快、无机械触点、体积小和使用寿命长等特点,在自动控制系统、测量系统和计算机中得到了广泛的应用。

4. 模/数转换

现在的测量控制系统通常都是由计算机(或单片机、DSP)系统进行控制的,而计算机系统对数据进行采集时,必须把电压、电流等模拟信号转换为数字信号。把模拟量转换为数字量的过程称为**模/数转换**,实现模/数转换的电路称为**模/数转换器**,简称 ADC 或 A/D。相应地,把数字量转换为模拟量的过程称为**数/模转换**,实现数/模转换的电路称为**数/模转换器**,简称 DAC 或 D/A。

通常,需要测量的模拟量都是连续变化的,而在模数转换期间要求模拟量恒定不变,因此,在进行 A/D 前必须增加一个电路实现上述功能,这个电路称为**采样保持电路**。A/D 转换电路结构较为复杂,成本较高,在计算机(或单片机、DSP)中通常只配置一个 A/D,当需要对多路模拟信号进行模/数转换时,需要加入一个模拟开关,通过模拟开关的切换,依次对各个模拟信号进行 A/D 转换,模拟开关、采样保持电路和 A/D 转换器的连接关系如图 16-1 所示。

16.2 传　感　器

传感器是测量系统中用于信号采集的必不可少的器件,应用日益广泛,发展非常迅速。本节主要介绍一些常见的传感器件。

16.2.1　电压与电流传感器

电压互感器与电流互感器的工作原理已在 5.2.6 节进行了介绍。电压互感器和电流互感器主要用于高电压(几百伏特以上)和大电流(几十安培以上)的测量。采用互感器除了能保障操作人员安全、降低仪表的绝缘要求，还能在互感器同时接入几种仪表(如电流表和功率表的电流线圈)，而且能实现测量仪表的统一化(仪表的量程统一为 5A 或 100V)。

电压、电流
互感器

电流互感器的等级有 0.01、0.02、0.05、0.1、0.2、0.5、1.0 和 3.0 级等，电压互感器的等级有 0.1、0.2、0.5、1.0 和 3.0 级等。**准确度等级**表示测量仪表的误差等级。如 0.1 级表示在整个测量范围内的最大误差**与量程之比**小于±0.1%。

采用霍尔效应方式隔离的电流、电压传感器也称为霍尔电流、电压传感器。

在半导体薄片两端通以控制电流 I，并在薄片的垂直方向施加磁感应强度为 B 的匀强磁场，则在垂直于电流和磁场的方向上，将产生电位差，这种现象称为**霍尔效应**，如图 16-2 所示。这个电位差称为霍尔电动势 E，其大小为

$$E = \frac{KIB}{d} \tag{16-1}$$

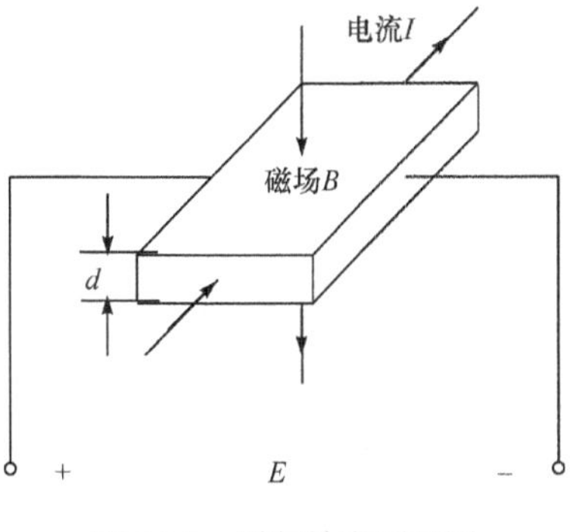

霍尔电压、
电流传感器

图 16-2　霍尔效应原理图

式中，K 为霍尔系数，d 为薄片的厚度。

霍尔传感器的核心是霍尔元件，一般将霍尔元件、放大电路、温度补偿电路及电源电路等集成在一块芯片上，称为霍尔器件。用霍尔器件可以制成霍尔电流传感器、霍尔电压传感器等，还可以用于位置、速度、转速等的测量。

16.2.2　温度传感器

温度是最常见的被测量之一，因此感测它的方法有很多，温度传感器是指能感受温度并转换成可用输出信号的传感器，温度感应既可以通过与热源直接接触来完成，也可以通过远程方式来完成，而不是直接与辐射源接触。

按测量方式的不同，温度传感器可分为接触式和非接触式两大类。

接触式温度传感器的检测部分与被测对象有良好的接触，通过传导或对流达到热平衡，一般测量精度较高。在一定的测温范围内，接触式温度传感器也可测量物体内部的温度分布。但对于运动物体、小目标或热容量很小的对象则会产生较大的测量误差。

接触式温度传感器主要有热电偶、热电阻、热敏电阻和集成温度传感器等。

非接触式温度传感器是通过检测从被测物发射出的热放射能来测温的，它的敏感元件与被测对象互不接触，可用来测量运动物体、小目标和热容量小或温度变化迅速的物体的表面温度，也可用于测量温度场的温度分布。

温度传感器
的工作原理

非接触式温度传感器的优点是测量上限不受感温元件耐温程度的限制，因而对最高可测温度原则上没有限制。

非接触式温度传感器主要有红外线温度传感器(常温)和可见光温度传感器(1000℃以上)。

16.2.3　压力传感器

压力传感器是一种检测压力并将其转换为电信号的装置，主要用于压力监视、压力测量

和压力控制等场合。

常用的压力传感器有应变片压力传感器、陶瓷压力传感器、扩散硅压力传感器、蓝宝石压力传感器、压电压力传感器等。

1. 应变片压力传感器

电阻应变片是一种将被测件上的应变变化转换成为一种电信号的敏感器件。它是压阻式应变传感器的主要组成部分之一。

电阻应变片中应用最多的是**金属电阻应变片**和**半导体应变片**两种。金属电阻应变片又有

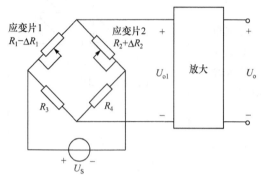

图 16-3   应变片电桥示意图

丝状应变片和金属箔状应变片两种。通常是将应变片通过特殊的黏合剂紧密地黏合在产生力学应变的基体上,当基体受力发生应力变化时,电阻应变片也一起产生形变,使应变片的阻值发生改变,从而使加在电阻上的电压发生变化。这种应变片在受力时产生的阻值变化通常较小,一般都组成应变电桥,如图 16-3 所示。在电桥的相邻两臂同时接入两个应变片,使一片受拉,另一片受压,并通过后续的仪表放大器进行放大,再传输给处理电路(通常是 A/D 转换和 CPU)。

如果选择 $R_1=R_2$,$R_3=R_4$,$\Delta R_1=\Delta R_2$,通过计算可得

$$U_{o1} = \frac{\Delta R_1}{2R_1} U_S \tag{16-2}$$

说明在电源电压 U_S 和电阻 R_1 一定的情况下,电桥的输出电压 U_{o1} 与应变片的阻值变化量 ΔR_1 成正比。

2. 其他类型压力传感器

其他类型的压力传感器的工作原理详见二维码中的内容。

压力传感器
的工作原理

16.2.4   液位传感器

液位传感器的种类很多,常用的液位传感器有电容式液位传感器、浮球式液位传感器、差压式液位传感器、超声波式液位传感器。

电容式液位传感器是利用被测液体高度的变化引起电容面积或介质的变化,从而使电容量发生变化的原理制成的,通过测量电容的变化来测量液面的高低。

浮球式液位传感器依靠液体的浮力带动内含环状磁铁的浮球沿测量导管上下运动,从而使导管内部的干簧管断开或闭合,配合多个精密电阻和放大电路,就能输出与液位成正比的电压信号。

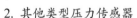

液位传感器
的工作原理

差压式液位传感器是利用容器内的液位改变时,由液体产生的静压也相应变化的原理工作的。

超声波液位传感器是通过换能器(探头)发出高频超声波脉冲,超声波脉冲遇到被测介质表面被反射回来,部分反射波被同一换能器接收,转换成电信号,通过超声波的发射和接收

之间的时间可以计算出传感器与被测液体表面的距离。

16.3　变　送　器

变送器通常有电流型变送器和电压型变送器两大类。下面主要介绍常用的电流型变送器。

电流型变送器将物理量转换成 4～20mA 电流输出，同时要有外电源为其供电。最典型的变送器需要两根电源线，加上两根信号线，总共需要四根连接线，称为**四线制变送器**，如图 16-4(a)所示。如果把电流输出与电源中的一根线共用，可节省一根线，称为**三线制变送器**，如图 16-4(b)所示。

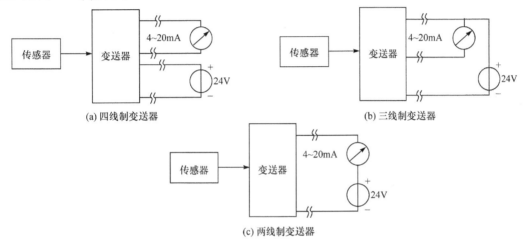

(a) 四线制变送器　　　　　　　　　　　　　　　(b) 三线制变送器

(c) 两线制变送器

图 16-4　变送器的接线方式

实际上，4～20mA 电流本身就可以为变送器供电。变送器在电路中相当于一个特殊的负载，特殊之处在于变送器的耗电电流是根据传感器的输出在 4～20mA 变化。显示仪表只需要串在电路中即可。这种变送器只需外接两根线，因而称为**两线制变送器**，如图 16-4(c)所示。

两线制变送器是利用 4～20mA 信号为自身供电。因此要求两线制变送器本身耗电(包括传感器及信号处理电路)不能大于 4mA(通常要小于 3.5mA)。

两线制变送器通常由传感器、信号处理电路和两线制 V/I 变换电路三部分构成，如图 16-5 所示。传感器将被测量转换为电量，信号处理电路将传感器输出的微弱或非线性的电信号进行放大、调理和线性化处理后输出一个与被测量呈线性关系的电压信号。两线制 V/I 变换电路根据信号处理电路的输出来控制整个电路总的耗电电流，同时从 4～20mA 环路上获得电源供信号处理电路和传感器使用。两线制变送器的核心设计思路是将所有的电流都包含在 V/I 变换的反馈环路内。在图 16-5 中，取样电阻 R_S 串联在电路中，所有的电流都将通过取样电阻 R_S 流回到电源负极，从 R_S 上得到的反馈信号包含了所有电路的耗电。

两线制V/I
变送器电路

与一般 V/I 变换电路不同的是，传感器经处理后的电压信号不是直接控制输出电流，而是控制整个电路自身消耗的电流，而且还要从电流环路上提取稳定的电源为信号处理电路和传感器供电。

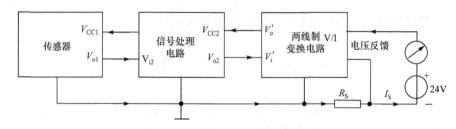

图 16-5   两线制变送器的结构框图

两线制 V/I 变换也可以用集成芯片来实现，如 XTR115 等。

在工业应用中，一般测量点在现场，而显示设备或者控制设备在控制室或控制柜上。两者之间距离有数十至数百米，采用两线制变送器能明显节省成本。

如果在输出的 4～20mA 电流信号回路中串联一个 250Ω 的电阻，就可以把电流信号转换为 1～5V 的电压信号，供仪表或计算机等进行数据采集。

也有少数变送器的输出为 1～5V 的直流电压信号或频率可变的脉冲信号。脉冲信号的抗干扰能力是最强的，但检测相对比较烦琐。

16.4   有源滤波器

滤波器也称滤波电路，可分为有源滤波电路和无源滤波电路两类。无源滤波电路在 3.8.1 节中已进行了介绍，这里只对有源滤波电路进行分析。

滤波电路不仅可由无源元件组成，还可以由有源元件(双极型晶体管、单极型晶体管、集成运放)组成，称为**有源滤波电路**。有源滤波的主要形式是有源 RC 滤波。

有源滤波电路的负载不影响滤波特性，因此常用于信号处理要求高的场合。有源滤波电路一般由 RC 网络和集成运放组成，因而必须在合适的直流电源供电的情况下才能使用，同时还可以进行放大。但有源滤波电路的组成和设计也较复杂。有源滤波电路不适用于高电压大电流的场合，只适用于信号处理。

下面介绍有源低通滤波电路和有源高通滤波电路。

1. 有源低通滤波器(LPF)

图 16-6(a)为有源低通滤波器的电路图。从图中可以求得运放同相端的电压 $\dot{U}_+$ 为

$$\dot{U}_+ = \dot{U}_C = \frac{\dfrac{1}{\mathrm{j}\omega C}}{R + \dfrac{1}{\mathrm{j}\omega C}} \dot{U}_\mathrm{i} = \frac{1}{1 + \mathrm{j}\omega RC} \dot{U}_\mathrm{i}$$

由运放构成的是一同相比例放大电路，因此，输出电压 $\dot{U}_\mathrm{o}$ 为

$$\dot{U}_\mathrm{o} = \frac{1 + \dfrac{R_\mathrm{f}}{R_1}}{1 + \mathrm{j}\omega RC} \dot{U}_\mathrm{i}$$

电路的传递函数(也称为电压放大倍数)为

$$A_{\mathrm{u}} = \frac{\dot{U}_{\mathrm{o}}}{\dot{U}_{\mathrm{i}}} = \frac{1+\dfrac{R_{\mathrm{f}}}{R_1}}{1+\mathrm{j}\omega RC} = \frac{1+\dfrac{R_{\mathrm{f}}}{R_1}}{1+\mathrm{j}\dfrac{\omega}{\omega_0}} \qquad (16\text{-}3)$$

式中，$\omega_0 = \dfrac{1}{RC}$，称为截止角频率。

其幅频特性为

$$|A_{\mathrm{u}}| = \frac{1+\dfrac{R_{\mathrm{f}}}{R_1}}{\sqrt{1+\left(\dfrac{\omega}{\omega_0}\right)^2}} \qquad (16\text{-}4)$$

当角频率 $\omega=0$(直流)时，电压放大倍数的值最大，为

$$|A_{\mathrm{um}}| = 1 + \frac{R_{\mathrm{f}}}{R_1}$$

当角频率 $\omega=\omega_0$(截止角频率)时，电压放大倍数的值为

$$|A_{\mathrm{u}}'| = \frac{1+\dfrac{R_{\mathrm{f}}}{R_1}}{\sqrt{2}} = \frac{|A_{\mathrm{um}}|}{\sqrt{2}}$$

有源低通滤波器的幅频特性如图 16-6(b)所示。

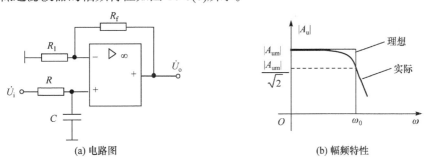

(a) 电路图　　　　　　　　　　　　(b) 幅频特性

图 16-6　有源低通滤波器

2. 有源高通滤波器(HPF)

有源高通滤波器与有源低通滤波器具有对偶性，将低通滤波器的电阻与电容互换，就能得到高通滤波器，其电路如图 16-7(a)所示。

用同样的方法，可以推导出高通滤波器的电压放大倍数为

$$A_{\mathrm{u}} = \frac{\dot{U}_{\mathrm{o}}}{\dot{U}_{\mathrm{i}}} = \frac{1+\dfrac{R_{\mathrm{f}}}{R_1}}{1-\mathrm{j}\dfrac{\omega_0}{\omega}} \qquad (16\text{-}5)$$

其幅频特性为

$$|A_u| = \frac{1 + \dfrac{R_f}{R_1}}{\sqrt{1 + \left(\dfrac{\omega_0}{\omega}\right)^2}} \tag{16-6}$$

式中，$\omega_0 = \dfrac{1}{RC}$，为截止角频率。

有源高通滤波器的幅频特性如图 16-7(b)所示。

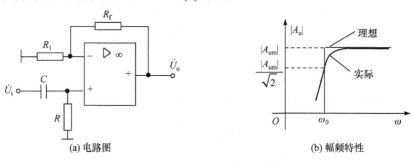

(a) 电路图   (b) 幅频特性

图 16-7   有源高通滤波器

16.5   采样保持电路

模拟信号在进行模/数转换时，在转换期间要求模拟量保持不变，这时就需要采样保持电路。而在一般的测量电路中，往往会有多个模拟信号输入，为了能对多个模拟信号轮流进行模/数转换，还需要用到模拟开关。

16.5.1   模拟开关

模拟开关用于传输模拟信号，它的构成方式较多，常见的是利用两个 MOS 场效应管来构成模拟开关。

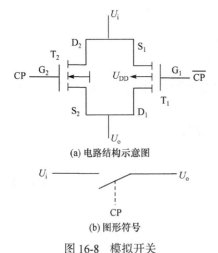

(a) 电路结构示意图

(b) 图形符号

图 16-8   模拟开关

图 16-8 是用两个 MOS 场效应管构成的 CMOS 模拟开关的示意图。图中 T_1 是一个 P 沟道增强型 MOS 管，其衬底接电源+U_{DD}；T_2 是一个 N 沟道增强型 MOS 管，其衬底接地。P 沟道 MOS 管的漏极 D_1 和源极 S_1 分别与 N 沟道 MOS 管的源极 S_2 和漏极 D_2 连接，CP 为控制信号($\overline{CP}$ 是与 CP 相反的信号)。利用 P 沟道 MOS 管和 N 沟道 MOS 管的互补性，使得模拟开关具有工作速度高(10^6 次/s)，导通电阻低(几十欧姆)，关断电阻大($10^{10}\Omega$)，且能实现双向传输等特点。

假设 T_1、T_2 管的开启电压的绝对值均为 3V，输入电压 U_i 的变化范围为 0~10V。当加在 CP 端的电压为 10V(CP=1)，即 MOS 管 T_2 的栅极电位为 10V，$\overline{CP}$ 端的电压为 0V($\overline{CP}$ =0)，即 MOS 管 T_1 的栅极电位为 0V 时，在输入电压 U_i 为 0～7V 时，T_2 管导通；在输入电压 U_i 为 3～10V 时，T_1 管导通。其中在输入电压 U_i 为 3～7V 时，T_1、T_2 管同时导通。因此，当 CP=1 时，输入电压 U_i 在 0～+U_{DD} 变化，T_1、T_2 管至少有一个导通，使信号从输入端传送到输出端。

当控制信号 CP=0($\overline{CP}$ =1)时，T_2 管的 $U_{GS} \leqslant 0$，而 T_1 管的 $U_{GS} \geqslant 0$，因此 T_1、T_2 管都截止，两个管子都是高阻状态，相当于开关处于断开状态，输入信号不能传送到输出端。

由于 MOS 管的漏极和源极在结构上完全一样，可以互换，因此由 MOS 管构成的模拟开关具有双向传输的特性。

在实际应用中，常采用集成多路模拟开关。集成多路模拟开关有单刀单掷型、单刀双掷型和单刀多掷型等不同类型。

模拟开关
集成芯片

单刀单掷型的模拟开关常用的集成器件 CD4066 和单刀双掷型的模拟开关常用的集成器件 CD4053 的具体介绍详见二维码中的内容。

16.5.2　采样保持电路

模拟信号在进行模/数转换时，从启动转换到转换结束输出数字量，需要一定的转换时间，当输入信号变化较快时，会使转换结果造成很大的误差。因此，模拟信号在进行模/数转换前，需要采用一种电路，使得在模/数转换时保持输入信号不变，在模/数转换结束后又能跟踪输入信号的变化，实现这种功能的电路称为**采样保持电路**。

图 16-9 是采样保持电路的结构示意图。电路主要由模拟开关 K、电容 C_H 和缓冲放大器组成。它是一种具有信号输入、信号输出以及由外部信号控制的模拟门电路。

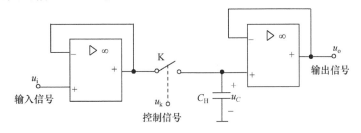

图 16-9　采样保持电路结构图

采样保持电路的工作过程如图 16-10 所示，其原理简述如下。

在 0～t_1 期间，控制信号 u_k 为高电平时，模拟开关 K 闭合，模拟输入信号 u_i 通过模拟开关加到电容 C_H 上，使得电容 C_H 的电压 u_C 跟随输入信号 u_i 的变化而变化。

在 t_1 时刻，控制信号变为低电平，模拟开关 K 断开，此时电容 C_H 上的电压 u_C 保持模拟开关断开瞬间 u_i 的值不变，并等待模/数转换。

在 t_2 时刻，保持结束，新一个采样时刻到来，此时控制信号又变为高电平，模拟开关 K 重新闭合，电容 C_H 端电压 u_C 又跟随 u_i 的变化而变化。

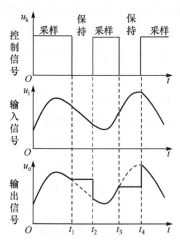

图 16-10　采样保持电路工作过程

在 t_3 时刻，控制信号为低电平时，模拟开关 K 断开，再次进入保持阶段，电路就这样循环往复地工作。

从上面的分析过程可以看出，采样保持电路有采样和保持两种工作状态。在采样阶段，应尽可能快地接收模拟输入信号，并精确地跟随着模拟输入信号的变化。在保持阶段，对接收到保持信号那一刻的模拟输入信号进行保持。因此采样保持电路是在"保持"信号发出的瞬间进行采样，而在"保持"信号消失时，跟踪模拟输入量，为下次采样做准备。

采样保持电路主要起以下两种作用。首先，它能"保持"快速变化的输入信号，减小转换误差；其次，能用来储存多路模拟开关输出的模拟信号，以便多路模拟开关可以切换到下一个模拟信号。

16.6　数/模、模/数转换器

16.6.1　数/模转换器

数/模转换器是将数字信号转换为与其成正比的模拟信号(电压或电流)。数/模转换器是由输入二进制码的各位分别控制相应的模拟开关，通过解码网络得到一个与二进制数码各位权值成正比的电流，再经过运放求和电路，转换成与输入二进制码成正比的模拟输出电压。数/模转换器原理框图如图 16-11 所示。

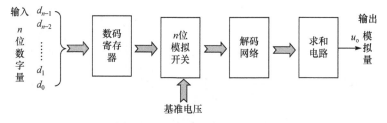

图 16-11　数/模转换器的原理框图

图中的解码网络有 T 形电阻网络、倒 T 形电阻网络、权电阻网络、权电流网络和权电容网络等多种类型，这里只介绍用得较多的倒 T 形和 T 形电阻网络构成的数/模转换器。

1. 数/模转换器的工作原理

图 16-12 所示为一个四位倒 T 形 R-$2R$ 电阻网络数/模转换器的原理图。该转换器主要由倒 T 形电阻网络、双向模拟开关、求和放大器和参考电源等几部分组成。

倒 T 形电阻网络由多个 R 和 $2R$ 电阻构成。

双向模拟开 $S_3 \sim S_0$ 的通断分别受输入数字信号 $d_3 \sim d_0$ 控制，每一位二进制码控制一个开关。例如，当 $d_3=0$ 时，模拟开关 S_3 合向右边，该支路的电流 I_3 流向接地端(运放的同相端)；当 $d_3=1$ 时，模拟开关 S_3 合向左边，该支路的电流 I_3 流向 I_Σ(运放的反相端)。

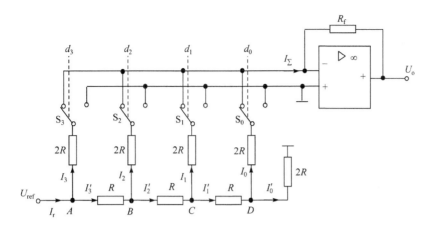

图 16-12　倒 T 形电阻网络 DAC 原理图

求和放大器通过运放实现，通过运放，把数码为"1"的各位数字量所对应的电流进行求和，并转换为相应的模拟电压。

基准电压 U_{ref} 要求有极高的精度和稳定度，一般需要通过专用的稳压电路获得。

倒T形电阻
网络DAC的
工作原理

通过分析(详见二维码中的内容)，可以得到运放的输出电压为

$$U_o = -I_\Sigma R_f = -\frac{R_f}{2^4} \times \frac{U_{ref}}{R}(2^3 d_3 + 2^2 d_2 + 2^1 d_1 + 2^0 d_0) \tag{16-7}$$

由此可见，输出的模拟电压与二进制数字信号成正比。推广到 n 位的数/模转换器，可得

$$U_o = -\frac{R_f}{2^n} \times \frac{U_{ref}}{R}(2^{n-1} d_{n-1} + 2^{n-2} d_{n-2} + \cdots + 2^1 d_1 + 2^0 d_0) \tag{16-8}$$

T 形 R-$2R$ 电阻网络数/模转换器的原理图 16-13 所示。

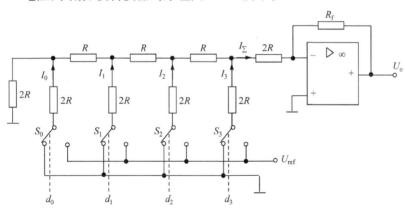

图 16-13　T 形电阻网络 DAC 原理图

用类似的分析方法，并应用叠加定理，可求得流经反馈电阻 R_f 的电流为

$$I_\Sigma = \frac{U_{ref}}{3R \cdot 2^4}(d_0 \times 2^0 + d_1 \times 2^1 + d_2 \times 2^2 + d_3 \times 2^3) \tag{16-9}$$

运放的输出电压为

$$U_o = -R_f I_\Sigma = -\frac{R_f U_{ref}}{3R \cdot 2^4}(d_0 \times 2^0 + d_1 \times 2^1 + d_2 \times 2^2 + d_3 \times 2^3) \tag{16-10}$$

T 形电阻网络数/模转换器特点：输出只与电阻比值有关，且电阻取值只有两种，易于集成；但电阻网络各支路存在传输时间差异，易造成动态误差，对转换精度和转换速度有较大影响。

倒 T 形电阻网络数/模转换器特点：既具有 T 形网络的优点，又避免了它的缺点，转换精度和转换速度都得到提高。

2. 数/模转换器的主要参数

数/模转换器的主要参数如下。

(1) 分辨率。

分辨率是数/模转换器的最小输出电压(对应输入的二进制数为 1)与最大输出电压(对应输入的二进制数全为 1)之比，即

$$分辨率 = \frac{U_{\min}}{U_{\max}} = \frac{1}{2^n - 1}$$

显然，数/模转换器的位数越多，能分辨出的最小电压也就越小，通常直接用数/模转换器的位数表示分辨率。位数越多，分辨率越高。

(2) 线性度。

通常用非线性误差的大小表示数/模转换器的线性度。产生非线性误差的主要原因有模拟开关的导通压降不相同、电阻网络上各电阻的阻值不完全相同等。

(3) 精度。

精度是指输出模拟电压的实际值与理想值的偏差。产生偏差的主要原因有模拟开关的导通压降、电阻网络各电阻的阻值不完全相同、参考电压的误差、运放的零漂等。

(4) 输出电压(电流)的建立时间。

从输入数字信号到输出电压(电流)到达稳定值所需时间，称为建立时间。建立时间主要取决于运放达到稳定状态所需时间和离运放最远一位输入信号的传输时间。像 10 位或 12 位的集成数/模转换器的转换时间一般不超过 1μs。

数/模转换器的其他参数还有功率消耗、电源电压抑制比、温度系数等。

3. 集成数/模转换器

随着集成电路制造技术的发展，出现了很多种类的数/模转换器集成电路芯片。按输入的二进制位数的不同，可分为 8 位、10 位、12 位和 16 位等。

DAC0832 是 8 位 D/A 转换集成芯片，由 8 位输入锁存器、8 位 DAC 寄存器、8 位 D/A 转换器及控制电路构成。其双排直插式封装的引脚排列如图 16-14 所示，其原理框图如图 16-15 所示。DAC0832 的引脚功能及应用电路详见二维码中的内容。

DAC0832
的引脚功能
及应用电路

16.6.2　模/数转换器

与数/模转换器相反，模/数转换器是将一个时间上和幅值上都连续的模拟信号(电压或电流)转变为与其成正比的数字量。

模拟信号经采样-保持后得到的信号在时间上是离散的，但在幅值上仍是连续变化的。为了能用数字量来表示，必须在幅值上也离散化，即将保持期间的信号幅值转化为某个最小数量单位(称量化单位)的整数倍，这个过程称为量化。量化后的数值用二进制代码表示，称为编码。

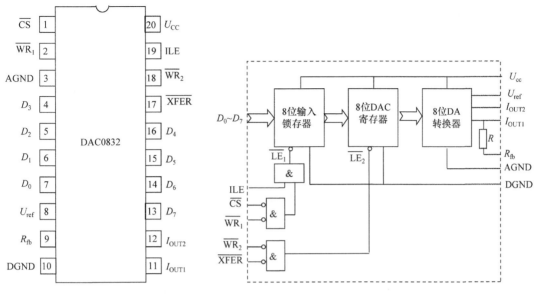

图 16-14　DAC0832 引脚排列图　　　　　　图 16-15　DAC0832 原理框图

模/数转换器的种类很多,按工作原理的不同,可分成间接 ADC 和直接 ADC。间接 ADC 是先将输入模拟电压转换成时间或频率,然后再把这些中间量转换成数字量,常用的有双积分型 ADC。直接 ADC 则是把模拟电压直接转换成数字量,常用的有并行比较型 ADC 和逐次逼近型 ADC。

1. 模/数转换器的工作原理

不同类型的模/数转换器的工作原理也各不相同,这里主要介绍最常见的逐次逼近型 ADC 的工作原理。

逐次逼近型 ADC 由 D/A 转换器、电压比较器、逐次逼近寄存器(SAR)、时序逻辑控制电路、输出寄存器、基准电源和时钟等几部分组成。其原理框图如图 16-16 所示。

逐次逼近型 ADC 的工作原理与天平称重过程非常相似。天平称重物的过程,是从最重的砝码开始试放(最重的砝码通常是所有砝码重量的一半),与被称物体的重量进行比较,如果物体比砝码重,则保留该砝码,否则移除该砝码;加上第二个次重的砝码,同样通过比较物体和砝码的重量,来决定是保留还是移除第二个砝码;依照这个方法,一直加到最后一个砝码,这个最后的砝码也是这个天平所能分辨的最小重量。

逐次比较型的 ADC 就是将输入的模拟信号与不同的参考电压进行多次比较,使转换所得的数字量逐次逼近输入模拟量的对应值。

在图 16-16 中,以 8 位 ADC 为例,在时钟信号 CP 的作用下,通过时序逻辑控制电路,使得逐次逼近寄存器的最高位为 1,其余位都为 0(即 SAR=1000 0000),将该值送到 D/A 转换器,输入的模拟电压 U_X 与 D/A 转换器的输出电压 $U_A(U_{ref}/2)$ 进行比较,如果 $U_X \geqslant U_A$,比较器输出为 1,如果 $U_X < U_A$,比较器输出为 0。假设这次的比较结果为 1,将该比较结果"1"保留在逐次逼近寄存器的最高位(d_7)中,并将次高位(d_6)置"1",此时 SAR=1100 0000。同样

在时钟信号 CP 和时序逻辑控制电路的作用下，再次将该值(1100 0000)送到 D/A 转换器，输入的模拟电压 U_X 与 D/A 转换器的输出电压 $U_A(3U_{ref}/4)$ 再次进行比较，如果 $U_X \geqslant U_A$，比较器输出为 1，如果 $U_X < U_A$，比较器输出为 0。假设这次的比较结果为 0，将该比较结果"0"保留在逐次逼近寄存器的次高位(d_6)中，并将后一位(d_5)置"1"，此时 SAR=1010 0000。以此类推，逐次比较得到输出数字量。

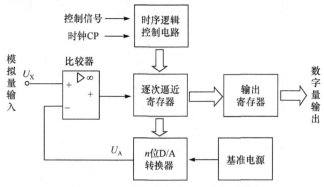

图 16-16　逐次逼近型 ADC 原理框图

为了能进一步理解逐次比较 ADC 的工作原理，下面通过一个实例加以说明。假设一个 8 位 ADC，输入的模拟量为 U_X=3.42V，基准电压 U_{ref}=5V。开始转换后，在第一个 CP 作用下，SAR 将 1000 0000 送入 D/A 转换器，D/A 转换器的输出电压为 U_A=2.5V。因为 U_X>2.5V，SAR 的最高位 d_7=1；在第二个 CP 作用下，SAR 将 1100 0000 送入 D/A 转换器，D/A 转换器的输出电压为 U_A=3.75V。因为 U_X<3.75V，SAR 的次高位 d_6=0；在第三个 CP 作用下，SAR 将 1010 0000 送入 D/A 转换器，D/A 转换器的输出电压为 U_A=3.125V。因为 U_X>3.125V，SAR 的 d_5=1；……，重复这样的比较。经过 8 个时钟周期，转换结束。其逐次比较过程如图 16-17 所示。从图中可以看出，与输出数字量对应的 D/A 转换器的输出电压逐渐逼近输入的模拟电压，最后得到的 A/D 转换结果为 10101111。该数字量所对应的模拟电压约为 3.4180V，与实际输入的模拟电压 3.42V 的误差仅为 0.058%。

逐次逼近型 A/D 转换器具有较高的转换速度，其转换速度主要由数字量的位数和控制电路所决定；其转换精度主要取决于比较器的灵敏度和内部 D/A 转换器的精度。但由于对模拟输入电压进行瞬时采样比较，它的抗干扰能力较差。

2. 模/数转换器的主要参数

A/D 转换器的主要参数如下。

(1) 分辨率。

分辨率是指 A/D 转换器所能分辨模拟输入信号的最小变化量。设 A/D 转换器的位数为 n，满量程电压为 U_{im}，则分辨率定义为

$$分辨率 = \frac{U_{im}}{2^n - 1}$$

例如，满量程电压 U_{im}=5V 时，8 位 A/D 转换器的分辨率为 19.61mV，10 位 A/D 转换器的分辨率为 4.89mV。

A/D 转换器的分辨率取决于位数的多少，因此，也常用位数 n 来表示分辨率。

(2) 量程。

量程是指 A/D 转换器能转换模拟信号的电压范围，如 0～5V，0～10V，–5～5V 等。

(3) 精度。

精度是指实际输出的数字量与理想的数字量之间的误差，一般用相对误差表示。

(4) 转换时间。

转换时间是指按照规定的精度将模拟信号转换为数字信号所需的时间。这个时间是指从接到转换信号到输出端得到稳定的数字信号所需要的时间，如图 16-17 所示。

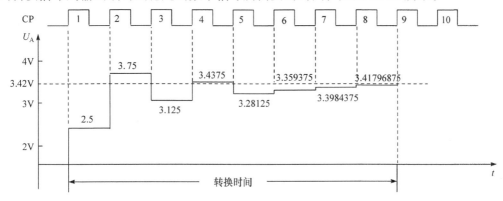

图 16-17　逐次逼近型 ADC 波形图

A/D 转换器的其他参数还有电源电压抑制比、功率消耗、温度系数、偏移误差、线性误差等。

3. 集成模/数转换器

常用的集成逐次逼近型 A/D 转换器有 ADC0809(8 位)、AD575(10 位)、AD574(12 位)等。

ADC0809 是美国国家半导体公司生产的 CMOS 工艺 8 通道、8 位逐次逼近型 A/D 模/数转换器。其内部有一个 8 通道多路开关，它可以根据地址码锁存译码后的信号，选通 8 路模拟输入信号中的一个进行 A/D 转换。内部逻辑框图如图 16-18 所示。

ADC0809 的主要特性有：8 路输入通道；8 位分辨率；具有转换起停控制端；在时钟为 640kHz 时的转换时间为 100μs；单电源(+5V)供电；模拟输入电压范围 0～+5V，工作温度范围为–40～+85℃；功耗低(约 15mW)等。

ADC0809 芯片有 28 个引脚，采用双列直插式封装，引脚排列如图 16-19 所示。其引脚功能及工作原理详见二维码中的内容。

ADC0809
的引脚功能
及工作原理

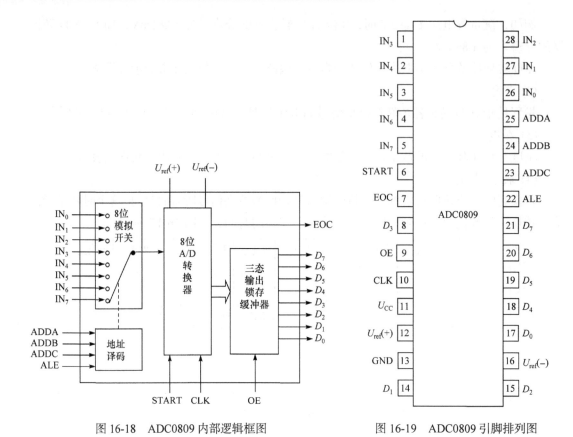

图 16-18　ADC0809 内部逻辑框图　　　图 16-19　ADC0809 引脚排列图

习　题

16-1　电压、电流互感器能否测量直流电压和电流？霍尔电压、电流传感器能否测量直流电压和电流？

16-2　接触式温度传感器主要有哪些？

16-3　用热电偶测量温度时为什么要进行冷端补偿？

16-4　简述热电偶、热电阻、热敏电阻和集成温度传感器的优缺点。

16-5　常用的压力传感器有哪些？

16-6　电容式液位传感器的工作原理是什么？

16-7　超声波液位传感器的工作原理是什么？

16-8　有源滤波电路有哪几种类型？各有什么作用？

16-9　有源高通(低通)滤波器在截止频率处的电压放大倍数与最大电压放大倍数是什么关系？

16-10　采样保持电路的作用是什么？

16-11　什么是模/数转换和数/模转换？

16-12　某一数/模转换电路的最大输出电压为 5V，要求其分辨率为 5mV，应选择几位的数/模转换器？

16-13　某一模/数转换电路，输入的最大模拟信号为 5V，要求模拟信号变化 10mV 时，能使输出的数字信号发生变化，至少应该选几位的模/数转换器？

16-14　简述逐次逼近型 ADC 的工作原理。

16-15　某变送器输出信号的最高频率约为 1kHz，为防止干扰，应选用哪种滤波器，截止频率是否可以选为 1kHz？

16-16　某一 10 位 D/A 转换器，输出电压为 1～5V，试问输入数字量的最低 1 位代表几毫伏？

16-17　A/D 转换器的参考电压 U_{ref}=5V，输入模拟电压为 2.8V，如果分别用 8 位和 10 位逐次逼近型 A/D 转换器来转换，输出的 8 位码和 10 位码分别是多少？

16-18　设 10 位逐次逼近型 A/D 转换器的时钟频率为 1MHz，则完成一次转换需要多少时间？

16-19　D/A 转换电路如图 16-20 所示，已知 R_f=3R，U_{ref}=3.3V，当 d_1d_0 分别为 00、01、10、11 时，输出电压 U_o 各为多少？

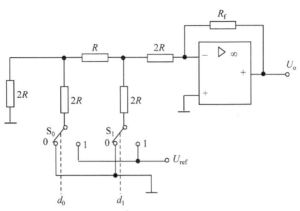

图 16-20　题 16-19 图

参 考 文 献

顾伟驷, 2015. 现代电工学. 3 版. 北京: 科学出版社.

贾贵玺, 姚海彬, 2013. 电工技术(电工学 I). 4 版. 北京: 高等教育出版社.

贾立新, 2017. 数字电路. 3 版. 北京: 电子工业出版社.

康华光, 2006. 电子技术基础: 模拟部分. 5 版. 北京: 高等教育出版社.

南余荣, 2018. 电力电子技术. 北京: 电子工业出版社.

秦曾煌, 2009. 电工学(上册)电工技术. 7 版. 北京: 高等教育出版社.

邱关源, 罗先觉, 2006. 电路. 5 版. 北京: 高等教育出版社.

王兆安, 刘进军, 2010. 电力电子技术. 5 版. 北京: 机械工业出版社.

吴根忠, 2018. 电工技术基础题解. 北京: 科学出版社.

吴根忠, 李剑清, 顾伟驷, 等, 2014. 电工学实验教程. 2 版. 北京: 清华大学出版社.

徐淑华, 2013. 电工电子技术. 3 版. 北京: 电子工业出版社.

叶挺秀, 张伯尧, 2014. 电工电子学. 4 版. 北京: 高等教育出版社.